版式基础

版式设计思维、技术与实践

红糖美学◎著

内 容 提 要

版式设计是一门结合理性分析与感性审美的综合学科，如果盲目地进行设计，没有遵循版式设计规律，所产生的效果不会很好。而这本集版式、色彩理论与实战案例演练的设计书籍，将是你从设计小白直达版式高手的秘籍。

本书共有12章。开篇介绍了10种拿来即用的版式设计法则，让读者快速了解版式设计的基本法则；接着从版式设计的构成法则、文字、图片、网格、配色五个方面，全面讲解版式设计原理；最后则是跨平台设计实战案例篇，结合当下的热门设计案例，使读者能够全面理解案例的设计过程。详实的技巧解答帮助读者解决设计中遇到的困惑；丰富的成功案例有助于提升审美和设计能力。

本书理论简明易懂、案例丰富实用，适合入门学习设计的读者，对于没有版式设计经验，或者有一定基础但急需提高设计水平的读者来说，本书是不二之选。

图书在版编目(CIP)数据

版式基础：版式设计思维、技术与实践 / 红糖美学著. — 北京：北京大学出版社，2023.6

ISBN 978-7-301-33887-2

Ⅰ. ①版… Ⅱ. ①红… Ⅲ. ①版式 – 设计 Ⅳ. ①TS881

中国国家版本馆CIP数据核字 (2023) 第059025号

书　　名 版式基础：版式设计思维、技术与实践
BANSHI JICHU: BANSHI SHEJI SIWEI、JISHU YU SHIJIAN

著作责任者 红糖美学　著

责任编辑 刘　云

标准书号 ISBN 978-7-301-33887-2

出版发行 北京大学出版社

地　　址 北京市海淀区成府路205号　100871

网　　址 http://www.pup.cn　新浪微博：@ 北京大学出版社

电子信箱 pup7@ pup.cn

电　　话 邮购部 010-62752015　发行部 010-62750672　编辑部 010-62570390

印 刷 者 北京宏伟双华印刷有限公司

经 销 者 新华书店

720毫米×1020毫米　16开本　13.5印张　380千字

2023年6月第1版　2023年6月第1次印刷

印　　数 1–4000册

定　　价 88.00元

PREFACE 前言

假设把一堆文字、图片、符号等元素放到你面前，让你把它们组合到一起，你会怎么组合呢?

路人：图文依靠感觉，随机组合……

学生：像做笔记一样，图对应文字，划出重点……

学者：像写论文一般，缩小图片，大段文字……

版式设计师：将视觉元素遵循版式设计规律编排，进行视觉调整、布局优化，以达到更好地传达信息的目的。

版式设计是一门结合理性分析与感性审美的综合学科，如果盲目地进行设计，没有遵循版式的设计规律，那么所产生的效果不会很好。而这本集版式、色彩理论与实战案例演练于一体的设计书籍，将是设计小白直达设计高手的秘籍。

本书共有12章。开篇介绍了10种拿来即用的版式设计法则，让读者快速了解版式设计的基本法则；接着从版式设计的构成法则、文字、图片、网格、配色五个方面，全面讲解版式设计原理；最后是跨平台设计实战案例，结合当下的热门设计案例，使读者能够全面理解案例的设计过程。翔实的技巧解答帮助读者解决设计中遇到的困惑；丰富的成功案例有助于提升审美和设计能力。对于没有版式设计经验，或者有一定基础但急需提高设计水平的读者来说，本书是不二之选。

在本书的写作过程中，为体现设计作品的版式效果，书中部分案例使用了示意文字。另外，为方便设计师参考选色，在UI、网页设计等电子设计作品章节中提供了颜色的RGB色值，在海报、DM单、包装、图书杂志等印刷制品设计章节中，同时提供了颜色的RGB和CMYK色值。

衷心希望本书能为读者提供有效的帮助，帮助大家踏上版式设计的成功之路!

红糖美学

温馨提示

本书相关学习资源及习题答案可扫描“博雅读书社”二维码，关注微信公众号，输入本书77页资源下载码，根据提示获取。也可扫描“红糖美学”二维码，添加客服，回复“版式基础”，获得本书相关资源。

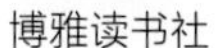

博雅读书社

红糖美学

CONTENTS 目录

入门必学

拿来即用的版式设计法则

CHAPTER 01 设计小白快速入门

版式设计构成法则

CHAPTER
06

UI 版式设计

网页版式设计

海报版式设计

DM 单版式设计

包装版式设计

图书杂志版式设计

入门必学

拿来即用的版式设计法则

这部分汇总了十个版式基础法则，为读者整理了版式设计的要点与常见问题，在后边的内容中将会进行拓展与巩固。

时长：2 课时

入门必学

拒绝散乱的页面

作为初学者，大部分人通常喜欢满版排列，但又因不善用轴线和对齐的手法，所以导致文字版块、图片大小不一，版面排布散乱。通过贯穿水平线、垂直线或是对角线，可以让原本散乱的页面变得整齐。乍看之下是比较普通的编排，但是通过版面中看不见的轴线，能够让图文信息整合起来，给观者统一、整齐的视觉印象。

家居杂志内页

家居画册 温和
舒适美好

远离城市的喧嚣 走一场回家的旅行

在“主题墙”上，可以采用各种手段来突出主人的个性特点，利用各种装饰材料在墙面上做一些造型，以突出整个客厅的装饰风格。使用较多的如各种毛坯石板、木材等。既然有了“主题墙”，客厅中其他地方的装饰就可以简单一些，做到“四白落地”即可。如果客厅的四壁都成了“主体墙”，就会使人产生杂乱无章的感觉。另外，“主题墙”前的家具也要与墙壁的装饰相匹配，否则也不能获得完美的效果。主体墙的设计以美观、大方、简约为主。

·客厅宜用浅色，让客人有耳目一新的感觉，使来宾消除一天奔波的疲劳。
·客厅风水首重光线充足，所以阳台上尽量避免摆放太多浓密的盆栽，以免遮挡光线。明亮的客厅能带来家运旺盛，

厅的天花板象征“天”，颜色当然是以轻清为宜。所谓轻清，是指较浅较淡的颜色。一般来说以白色、淡黄色和浅蓝色为主，象征朗朗蓝天，白色则象征白云悠悠。而地板的颜色则宜稍深色为主，以符合天轻地重之意。
·客厅是家庭住宅的核心区域，现代住宅中，客厅的面积最大，空间也是开放性的，地位也最高，它的风格基调往往是家居格调的主脉，把握着整个居室的风格。
·一般的居室色调都采用较淡雅或偏冷些的色调。向南的居室有充足的日照，可采用偏冷的色调，朝北居室可以用偏暖的色调。色调主要是通过地面、墙面、顶面来体现的，而装饰品、家具等只起调剂、补充的作用。

在“主题墙”上，可以采用各种手段来突出主人的个性特点，利用各种装饰材料在墙面上做一些造型，以突出整个客厅的装饰风格。使用较多的如各种毛坯石板、木材等。

在“主题墙”上，可以采用各种手段来突出主人的个性特点，利用各种装饰材料在墙面上做一些造型，以突出整个客厅的装饰风格。使用较多的如各种毛坯石板、木材等。

Exposure to
natule美好就在身边

在“主题墙”上，可以采用各种手段来突出主人的个性特点，利用各种装饰材料在墙面上做一些造型，以突出整个客厅的装饰风格。使用较多的如各种毛坯石板、木材等。既然有了“主题墙”，客厅中其他地方的装饰就可以简单一些，做到“四白落地”即可。如果客厅的四壁都成了“主体墙”，就会使人产生杂乱无章的感觉。另外，“主题墙”前的家具也要与墙壁的装饰相匹配，否则也不能获得完美的效果。主体墙的设计以美观、大方、简约为主。

·客厅宜用浅色，让客人有耳目一新的感觉，使来宾消除一天奔波的疲劳。
·客厅风水首重光线充足，所以阳台上尽量避免摆放太多浓密的盆栽，以免遮挡光线。明亮的客厅能带来家运旺盛，

标题文字左对齐，版面框架清晰

标题与左页的文字、图片左对齐，使整个版面边缘没有缺口，给人整洁、饱满的印象。

文字与图片分区，内容信息直观

版面采用双栏对称式排版，图片主要集中在上方，文字主要集中在下方，使文章内容更加直观。

图片尺寸统一，版面整齐、流畅

图片均采用相同尺寸，搭配双栏对称排版，将版面划分为8个版块，使版面简洁，阅读流畅。

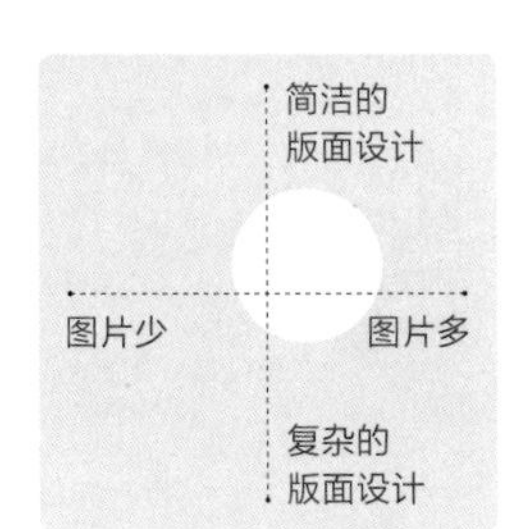

版面适用分析

对于需要展示一系列图片的版面来说，这种版式比较百搭，丰富的图片与适量的文字整齐搭配，给人规整、舒适、清爽的视觉感受，仿佛让人置身于画廊中。但要注意，在该版式下，图片应处于同一层级，没有明显的主次关系。

版面杂乱
无章

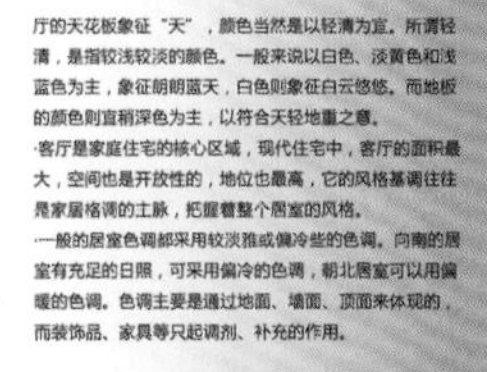

家居画册 温和舒适美好

远离城市的喧嚣 走一场回家的旅行

在“主题墙”上，可以采用各种手段来突出主人的个性特点，利用各种装饰材料在墙面上做一些造型，以突出整个客厅的装饰风格。使用较多的如各种毛坯石板、木材等。既然有了“主题墙”，客厅中其他地方的装饰就可以简单一些，做到“四白落地”即可。如果客厅的四壁都成了”主体墙”，就会使人产生杂乱无章的感觉。另外，“主题墙”前的家具也要与墙壁的装饰相匹配，否则也不能获得完美的效果。主体墙的设计以美观、大方、简约为主。

·客厅宜用浅色，让客人有耳目一新的感觉，使来宾消除一天奔波的疲劳。

厅的天花板象征“天”，颜色当然是以轻清为宜。所谓轻清，是指较浅较淡的颜色。一般来说以白色、淡黄色和浅蓝色为主，象征朗朗蓝天，白色则象征白云悠悠。而地板的颜色则宜稍深色为主，以符合天轻地重之意。

·客厅是家庭住宅的核心区域，现代住宅中，客厅的面积最大，空间也是开放性的，地位也最高，它的风格基调往往是家居格调的主脉，把握着整个居室的风格。

·一般的居室色调都采用较淡雅或偏冷些的色调。向南的居室有充足的日照，可采用偏冷的色调，朝北居室可以用偏暖的色调。色调主要是通过地面、墙面、顶面来体现的，而装饰品、家具等只起调剂、补充的作用。

在“主题墙”上，可以采用各种手段来突出主人的个性特点，利用各种装饰材料在墙面上做一些造型，以突出整个客厅的装饰风格，使用较多的如各种毛坯石板、木材等。既然有了“主题墙”，客厅中其他地方的装

厅的天花板象征“天”，颜色当然是以轻清为宜。所谓轻清，是指较浅较淡的颜色。一般来说以白色、淡黄色和浅蓝色为主，象征朗朗蓝天，白色则象征白云悠悠。而地板的颜色则宜稍深色为主，以符合天轻地重之意。

·客厅是家庭住宅的核心区域，现代住宅中，客厅的面积最大，空间也是开放性的，地位也最高，它的风格基调往往是家居格调的主脉，把握着整个居

然有了“主题墙”，客厅中其他地方的装饰就可以简单一些，做到“四白落地”即可。如果客厅的四壁都成了”主体墙就会使人产生杂乱无章的感觉。另外，“主题墙”前的家具也要与墙壁的装饰相匹配，否则也不能获得完美的效果。主体墙的设计以美观、大方、简约为主。

·客厅宜用浅色，让客人有耳目一新的感觉，使来宾消除一天奔波的疲劳。客厅风水首重光线充足，所以阳台上尽量避免摆放太多浓密的盆栽，以免遮挡光线。明亮的客厅能带来家运旺盛，所以客厅壁面也不宜选择太暗的色调。

·厅的天花板象征“天”，颜色当然是以轻清为宜。所谓轻清，是指较浅较淡的颜色。一般来说以白色、淡黄色和浅蓝色

Exposure to
natule美好就在身边

在“主题墙”上，可以采用各种手段来突出主人的个性特点，利用各种装饰材料在墙面上做一些造型，以突出整个客厅的装饰风格。使用较多的如各种毛坯石板、木材等。既然有了“主题墙”，客厅中其他地方的装饰就可以简单一些，做到“四白落地”即可。如果客厅的四壁都成了”主体墙”，就会使人产生杂乱无章的感觉。另外，“主题墙”前的家具也要与墙壁的装饰相匹配，否则也不能获得完美的效果。主体墙的设计以美观、大方、简约为主。

·客厅宜用浅色，让客人有耳目一新的感觉，使来宾消除一天奔波的疲劳。

·客厅风水首重光线充足，所以阳台上尽量避免摆放太多浓密的盆栽，以免遮挡光线。明亮的客厅能带来家运旺盛，

失败的原因

页面中有多张大小不同的图片，且文字版块的宽度也各不相同，整体显得杂乱、松散，视觉上没有重点。

如何改善

分类整理好图片和文字，建立版面轴线，统一图片尺寸，可以形成清晰、整洁的版面，减轻视觉压力。

拓展案例

由于图片的特殊性，不能做任意裁剪，因此尺寸无法统一。这种情况下我们可以为图片加上相同尺寸的色底，同样可以达到统一、整齐的效果。另外，色底尽量不要影响图片内容。

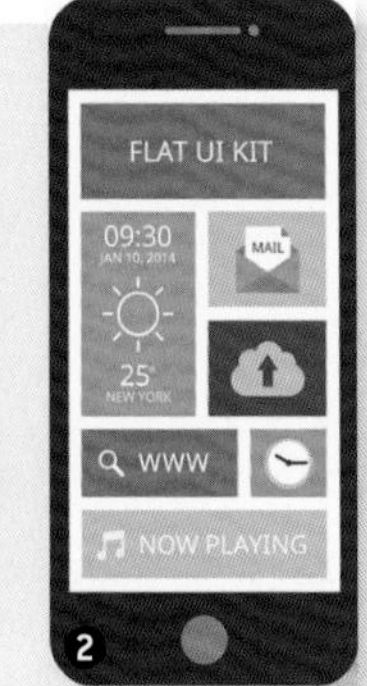

（注：本书中的有些图中的文字是为了表现设计效果，无具体意义，特此说明。）

入门必学

增加版面活力

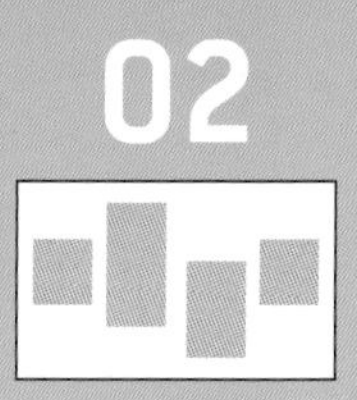

当版面中图片较多时，如果编排不恰当很容易使版面显得混乱。在排版经验不足的情况下，我们通常会选择整齐、满版的排布，虽然有效避免了凌乱感，但却十分呆板、教条。在这种情况下，我们可以通过改变图片的尺寸大小及分布位置来调整呆板僵硬的版式，为页面创造节奏感，呈现出趣味性和轻松感。

旅游杂志内页

ARIFI LAKE

DREAM LANDSCAPE

The scenery of Walden is on a humble scale,and,though very beautiful,does not approach to grandeur,nor can it much concern one who has not long frequented it or lived by its shore; yet this pond is so remarkable for its depth and purity as to merit a particular description.

It is a clear and deep green well,half a mile long and a mile and three quarters in circumference,and contains about sixty-one and a half acres; a perennial spring in the midst of pine and oak woods,without any visible inlet or outlet except by the clouds and evaporation.The surrounding hills rise abruptly from the water to the height of forty to eighty feet,though on the southeast and east they attain to about one hundred and one hrs have two colors at least; one when viewed at a distance,and another,more proper,close at hand.The first depends more on the light,and follows the sky.

Bauwelt 37 | 2006

betrifft Radiale Systeme im Radialsystem V 13

ARIFI LAKE

PAVILION

It is a clear and deep green well,half a mile long and a mile and three quarters in circumference,and contains about sixty-one and a half acres; a perennial spring in the midst of pine and oak woods,without any visible inlet or outletand evaporation.

ARIFI LAKE

WILD DUCK

It is a clear and deep green well,half a mile long and a mile and three quarters in circumference,and contains about sixty-one and a half acres; a perennial spring in the midst of pine and oak woods,without any visible inlet or outletand evaporation.

ARIFI LAKE

RIVER BANK

It is a clear and deep green well,half a mile long and a mile and three quarters in circumference,and contains about sixty-one and a half acres; a perennial spring in the midst of pine and oak woods,without any visible inlet or outletand evaporation. circumference,and contains about sixty-one and a half acres; a perennial spring in the

图片之间的尺寸差异，产生节奏感

此页面中一张大图和三张相同尺寸的小图搭配使用，主次分明，详略关系清晰，使文章内容更加直观、清晰。

同尺寸图片交错排布，增加节奏感

图片错落排布，不仅增强了版面的视觉效果，还营造出轻松悠闲的氛围，带给读者很好的阅读体验。

文字与图片对齐，产生韵律感

小图旁边的解析文字都向图片对齐，段落之间长短不一，形成了一定的韵律，并且适当的留白可以让节奏更明显。

理性

图片少　　图片多

感性

版面适用分析

图片数量较多时更容易表现出节奏感，可以根据文章内容的需要来安排节奏的急缓，对于严肃、理性的内容，版面不宜过于跳跃；而对于娱乐、抒情或者儿童题材的内容，则可以通过增强跳跃感来渲染氛围。

ARIFI LAKE

DREAM LANDSCAPE

The scenery of Walden is on a humble scale,and,though very beautiful,does not approach to grandeur,nor can it much concern one who has not long frequented it or lived by its shore; yet this pond is so remarkable for its depth and purity as to merit a particular description.

It is a clear and deep green well,half a mile long and a mile and three quarters in circumference,and contains about sixty-one and a half acres; a perennial spring in the midst of pine and oak woods,without any visible inlet or outlet except by the clouds and evaporation.The surrounding hills rise abruptly from the water to the height of forty to eighty feet,though on the southeast and east they attain to about one hundred and one hrs have two colors at least; one when viewed at a distance,and another,more proper,close at hand.The first depends more on the light,and follows the sky.

13

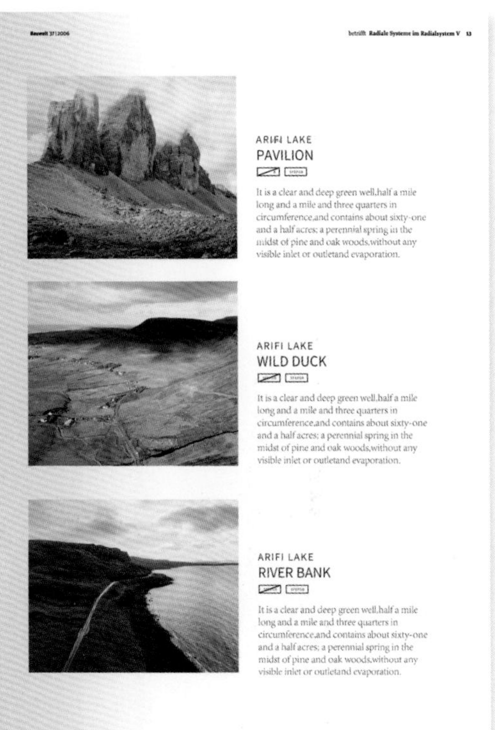

失败的原因

这样整齐的版式虽然直观地展示出了图片与文字间的关系，但过于教条、呆板，缺少视觉美感，降低了读者的阅读体验。

如何改善

调整小图和文字位置，让图片错落有致，增加视觉的跳跃感，让版面活力满满。大图可以适当出血，更有身临其境之感。

拓展案例

图❶为某蔬果店的宣传单，版式上通过尺寸对比和错落分布来增加跳跃感，并且搭配鲜艳亮丽的色彩向人们传达蔬果新鲜健康的信息；图❷运用六边形几何元素，通过不同的颜色与尺寸变化，为版面注入了节奏感，简约大气。

入门必学

让版面整洁清晰

03

对齐是版式设计中常用的手法，特别是文字排版、文字与图片的组合排版。对齐可以使复杂的信息变得直观、明确，产生强烈的秩序感，以及制造出精巧、清晰的外观。基于从左上至右下的阅读习惯，标题文字常采用左对齐或居中对齐，而段落文字一般采用左右均齐的排列方式。当下十分热门的移动端界面中内容的排布通常使用左对齐和居中对齐，方便人们更直观、快速地获取信息。

旅游论坛App界面

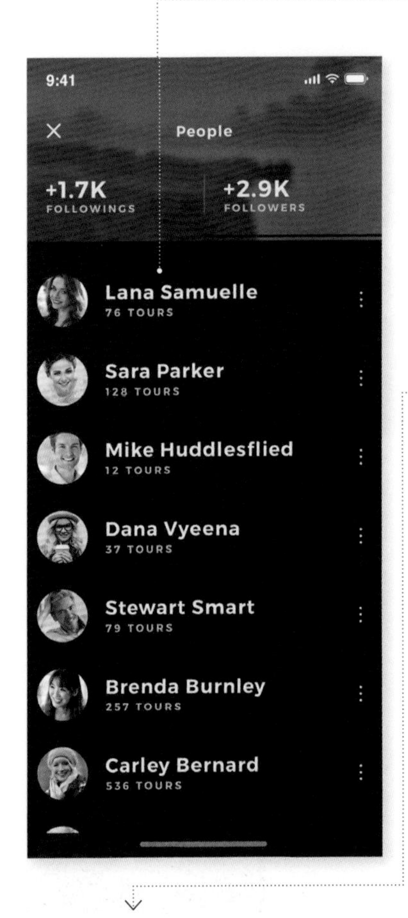

用户列表左对齐

在App的UI界面设计中，列表式的用户界面普遍为左对齐的方式，能直观展示用户信息，并且符合人们的阅读习惯。

信息通过不同的对齐方式进行分类

根据信息的重要性进行分级，再按照不同的对齐方式进行处理，使内容条理清晰。另外，字号大小和粗细程度也会影响信息的等级，所以要综合考虑。

黑底白字，提高文字易识别性

对于文字的色彩搭配而言，字符的易识别性是首要考虑因素。黑白两色的巨大明度差异保证了字符极高的辨识度，所以白底黑字、黑底白字是很常用的搭配。

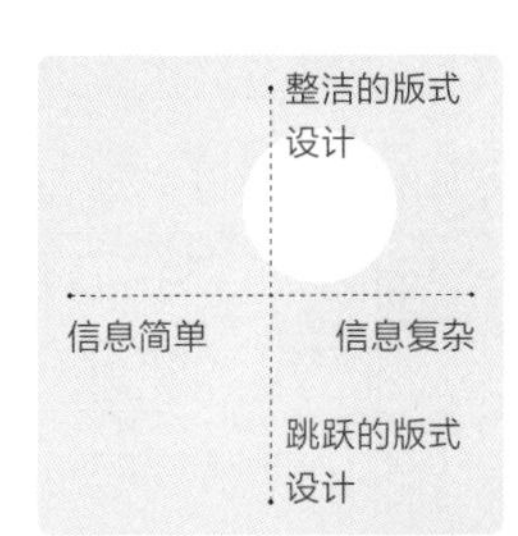

版面适用分析

社交类型的App界面往往信息较复杂，有不同类别的文字内容、图片及图标等。为了方便人们快速、准确地获取信息，在设计界面时，可采用对齐的方法对信息进行分级处理，旨在展现干净、整洁的版面。

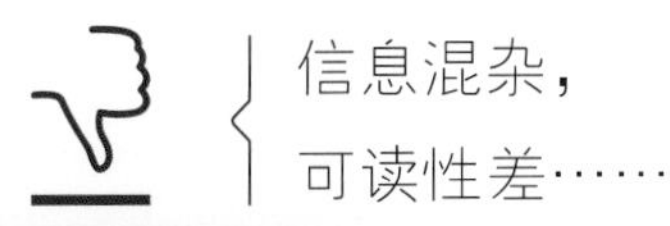

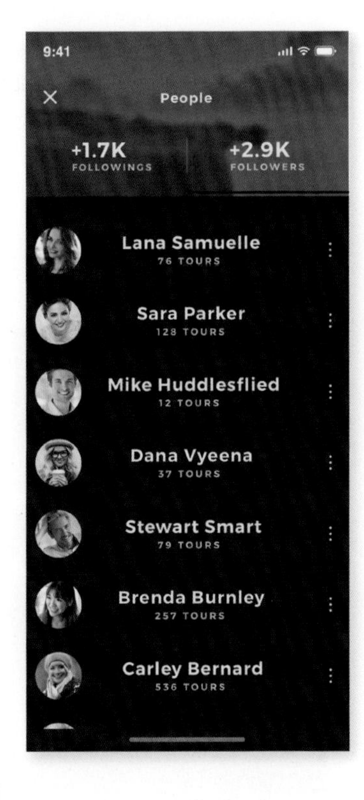

失败的原因

用户列表的用户名居中对齐，不符合人们的阅读习惯，与旁边的头像联系不紧密；评论页面信息混乱、复杂。

如何改善

对于主要信息采用左对齐的方式，拉开与右对齐信息之间的距离，不要混杂在一起，使版面整洁、精美。

拓展案例

对于海报来说，通过对齐的方法来处理信息层级是非常常见的。图❶的海报中，标题大字采用竖向上对齐，详情文字则统一采用右对齐，搭配几何线条，显得十分和谐；图❷音乐海报的详情文字同样采用了右对齐，复杂的信息变得整齐、直观。

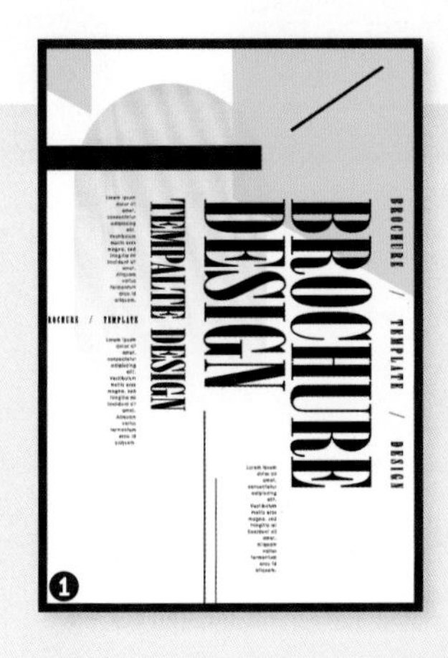

❶

❷

法则4

平衡

入门必学

营造版面稳定感

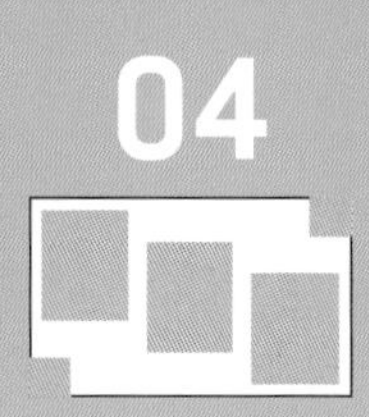

营造稳定、平衡的版面，重心的设置是关键。影响版面重心的因素有很多，比如色彩的明度差异、文字的疏密程度、图片的尺寸大小等。

色调浅且明亮的图片在视觉上给人轻盈、轻松的感受；粗体文字或行距紧凑的段落，则是较沉稳的元素。如果把重的元素放在某一位置，轻的元素零散放在周围，版面就会产生不稳定感。

爵士音乐会海报

粗体文字增加重量感，均衡版面

粗体文字在海报中通常标示出重要内容，往往为重心所在。在本实例中，上方的粗体标题与下方的插图和文字段落形成了平衡。

背景色彩明度差异小，增加稳定感

底色采用明度差异较小的棕色系，既增加了海报的细节感，又平衡了左上角标题的重量，使之均匀、稳定。

双对角线排布，制造平衡感

两个粗体标题分布在左上角和右下角，小号则按照右上角至左下角的方向摆放，分别占据了整个矩形版面的两条对角线，版面均衡又不失活力。

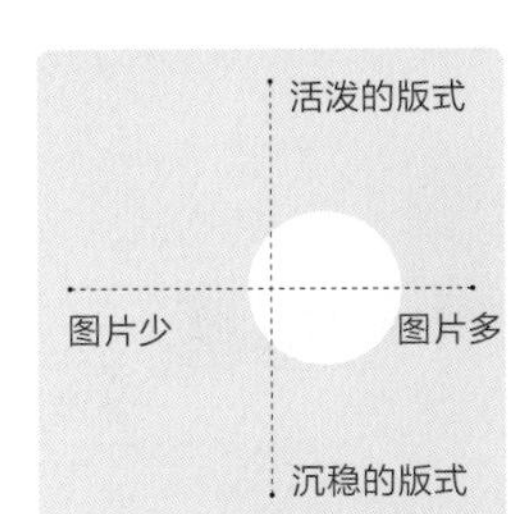

版面适用分析

版面的平衡感是大多数版式设计中必须遵守的规则。特别是对于元素较多的版面，图片、文字段落就更要注意如何均衡分布。平衡的版面不仅能表现沉稳的氛围，也可以灵活运用元素的方向、外形来表现活泼、动感的氛围。

分布不协调，缺少稳定感……

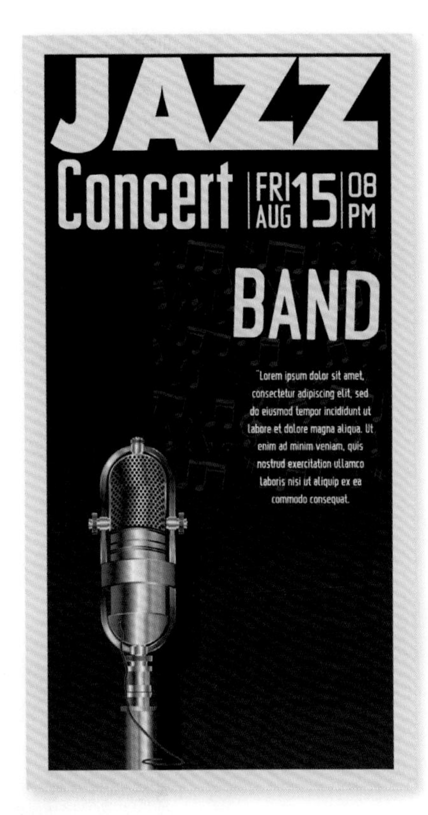

失败的原因

海报中的插图、粗体标题等几个具有重心性质的元素分布不均衡，导致第一张海报版面重心向上偏移，第二张版心空旷，整体给人不协调、不稳定的印象。

如何改善

可以通过调整插图的尺寸大小、标题文字的字体粗细，以及元素的分布位置来调整，尽量使版面重心平稳。

拓展案例

图❶旅游海报中的标题与黑白建筑重心偏下方，红蓝背景重心偏上方，呈现出较稳定的版面。图❷海报的左上角文字与右下角文字形成对角线平衡，使海报整体均衡又不失动感。

入门必学

增加版面格调和透气感

留白是页面排版必不可少的要素之一。留白并不是指页面中剩余的空白，而是为了提升版面效果，有目的地预留空白。在页面内容量允许的情况下，留白可以减轻阅读时的视觉压力，营造出高质感的页面效果，非常适合表现典雅、平静的图文内容。另外，明亮的图片色调可以减轻压迫感，灰暗的图片和较紧密的黑色文字则会带给人密集感和压力。四周留白还可以增加主体的存在感，页边距也是同样的道理。

旅游杂志内页

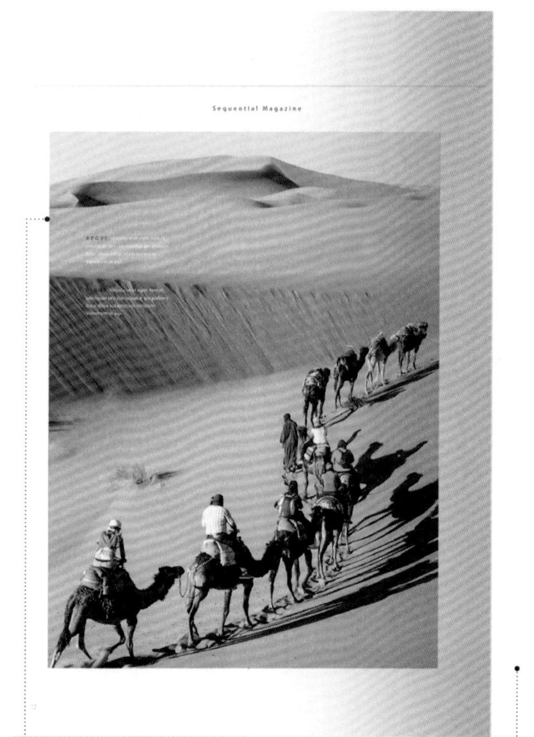

STORY TITLE

THE UNKNOWN KINGDOW
OF FARIY TALES

图片本身的留白构图，也能提升版面效果

该图内容为沙漠中的一支骆驼队，主体位于图片下方，茫茫沙丘在构图上与留白性质相同，更添意境。

较宽的页边距，烘托高雅意境

较宽的页边距可以使页面的图文内容更集中，并且较低的版面率呈现出低调、有品位的感觉。

标题四周留白，突出存在感

以文章标题为例，标题四周留白，不仅与正文内容进行区分，提高了标题的存在感，而且使文章结构更清晰易懂。

热闹、欢快

图文内容少

图文内容多

典雅、平静

版面适用分析

想要在页面中安排留白，页面空间必须要有富余。随着页面留白面积的增大，页面中所包含的内容就会相应减少，如果页面内容已经把空间挤满了，这种情况下是无法留白的。留白主要适用于图文内容较少，以及氛围典雅、平静的页面。

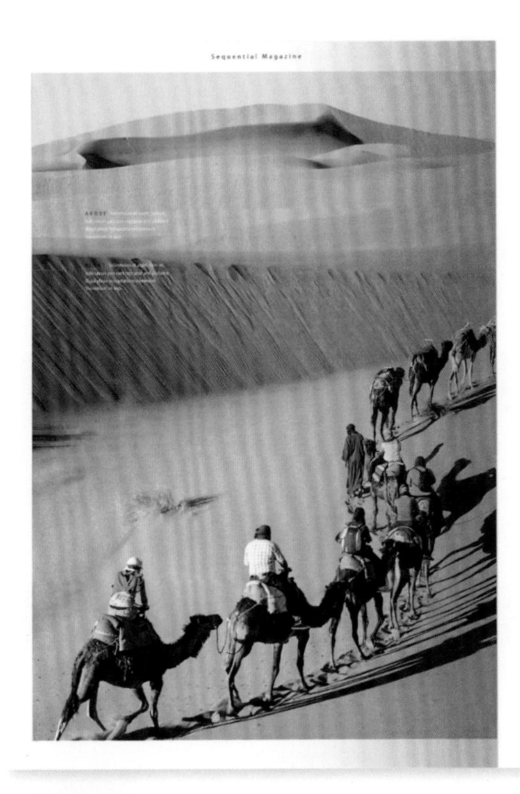

STORY TITLE

THE UNKNOWN KINGDOW
OF FARIY TALES

从香港起飞，经历了21个小时的飞行终于抵达卡萨布兰卡（自多哈转机4小时）。一向在飞机上难以入睡，全程估计只浅睡了3、4个小时，其余时间在看小说和精神萎靡的浑浑噩噩中度过。下机时还不过当地时间下午4点，天朗气清，6月份20来度的气温十分凉爽宜人，困顿也略减。

过关后在机场兑换了200美元当地货币Dirham（DH），汇率8.0跟港币差不多。之后在机场花了200DH买了张电话卡，据说含300分钟和4个G的3G网络流量，老板一开始骗我说只能用10天，建议我花300DH买张可用一个月的卡。我虽然信了但没有买，后来玩了半个月，卡还是很正常的上网打电话。这么说我一下飞机就遇到骗子了，连机场都是！摩洛哥的3G网络还行，坏着了一趟。除了南部撒哈拉地区和路过的一些山区信号较差，大部分城市信号都可以。我用的运营商是Maroc Telecom，我的小伙伴用的其他运营商的都没我的好。但后来在沙漠地区看到向导在沙漠都能打电话，那就不清楚是什么运营商了。

从机场到市区坐火车约30分钟，热心的当地人建议我不要从主车站Casa Voyageurs下车，而是坐远一站再转线坐到Casa Port车站，这样会离我的酒店近。换线时看见大家竟然都是提着箱子直接就走过铁路的，于是我毫不犹豫的入乡随俗。下车后见地图上酒店不远，干脆导航走过去，也好看看市容市貌。

卡萨布兰卡是摩洛哥最大的港口城市，因电影北非谍影而闻名于世。这次旅行全程估计要数这里最有现代都市感。一直都觉得市内有轻轨列车的城市比较高大上，这里就有。出租车全是白色的奔驰，只不过都是上了年纪的，与这个城市白色的建筑却也很相衬。不过走在大街上也是随处可见各种脏乱，各种小贩摊档，和天朝差不多，只是没有城管。由于太疲惫的关系，也没到处逛很多，留待第二天开发吧。在路上导航去酒店时，还有位热心的当地人提醒我不要在路上拿着手机，这样不安全。从机场到市区坐火车约30分钟，热心的当地人建议我不要从主车站Casa Voyageurs下车，而是坐远一站再转线坐到Casa Port车站，这样会离我的酒店近。换线时看见大家竟然都是提着箱子直接就走过铁路的，于是我毫不犹豫的入乡随俗。下车后见地图上酒店不远，干脆导航走过去，也好看看市容市貌。

卡萨布兰卡是摩洛哥最大的港口城市，因电影北非谍影而闻名于世。这次旅行全程估计要数这里最有现代都市感。一直都觉得市内有轻轨列车的城市比较高大上，这里就有。出租车全是白色的奔驰，只不过都是上了年纪的，与这个城市白色的建筑却也很相衬。不过走在大街上也是随处可见各种脏乱，各种小贩摊档，和天朝差不多，只是没有城管。由于太疲惫的关系，也没到处逛很多，留待第二天开发吧。在路上导航去酒店时，还有位热心的当地人提醒我不要在路上拿着手机，这样不安全。，也没到处逛很多，留待第二天开发吧。在路上导航去酒店时，还有位热心的当地人提醒我不要在路上拿着手机，这样不安全。

失败的原因

版面率虽然高，但文字与图片过于拥挤，作为一本休闲旅游杂志会给读者带来阅读压力，失去了该杂志本身的特质。

如何改善

可以缩小右页图片的尺寸，留出一定的页面空白，再调整文字与图片的排布，发挥留白的功效，减轻读者的阅读压力。

拓展案例

图❶广告海报的插图居于右上角，品牌名位于左下角，两者在大小上形成对比效果，二者之间的留白更是突出了品牌信息。图❷在环绕的花卉与文字之间有留白，使版面不会过于拥挤。

❶

❷

法则6

聚拢

入门必学

让琐碎信息井然有序

06

遇到需要提供大量商品信息的版式设计时，往往需要在版面中塞入许多元素。对于这样的版面，在编排之前需要有效整理信息，再分类划分区域，增加版面的条理性。

运用聚拢的方法可以很好地处理这种状况。区域划分是聚拢常用的方法之一，可以加色底或加边框，以便直观地区分群组。通过这样的整理，能让整个版面生动、不散乱。

餐厅菜单

将信息按层级处理，增强版面条理

该餐厅菜单信息十分繁杂，但经过有效的层级划分，重要信息和次要信息都全面、直观地展示了出来。

恰当的配色，展现餐厅特点

菜单配色以绿色系为主，搭配亮丽的橙色、黄色、湖蓝色，给人健康、生态、美味的印象。

大小不同的区块，增加了动感

根据商品信息的主次，将区块划分成不同大小，不仅让信息一目了然，还增加了版面的活泼感。

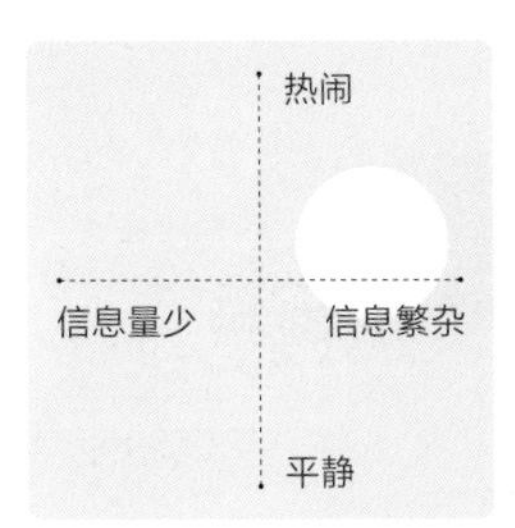

版面适用分析

聚拢的排版手法适合需要展示大量商品的杂志或商场促销单，可以将复杂、繁多的信息进行清晰分类，直观地展示给消费者。因为这样的页面内容多，所以版面比较充实，氛围更倾向于热闹、活泼，当然我们也可以通过简约的版式和一定的留白来展现平静、理性的氛围。

信息散乱，
缺乏吸引力……

失败的原因

页面信息量大且琐碎，信息之间的类别划分不明确，不方便消费者快速浏览信息；色调深暗，给人一种压抑感，缺少吸引力。

如何改善

将菜单的色调调亮，并且让内容版块区分得更加明显；色彩要更加丰富、明快，体现餐厅美食的美味与热情好客的服务态度。

拓展案例

图❶为某骑行俱乐部的宣传单，从中心向外划分为四个版块，不同的版块分别选用不同的色底，亮丽的色彩与放射式的版面结构搭配，极具视觉冲击力。图❷通过图片色彩进行分类聚拢，让杂乱的信息变得井然有序。

入门必学

让阅读更高效

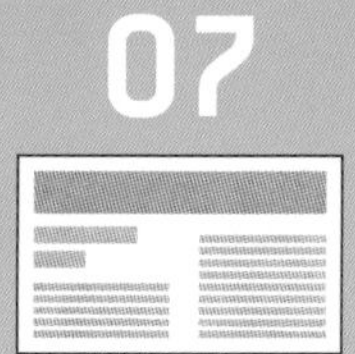

当一个跨页中存在多篇内容，内容之间属性不同时，如果都采用相同的编排方式，无疑是对文章内容理解不清晰，也会误导读者。这种情况下，我们可以通过不同的标题规格、不同的编排体例或者不同的色底，来进行层次上的划分。使用色底是常用的编排手法，它可以强调跨页中不同内容的整体性，比起使用分割线，少了压迫感，能让人更轻松地阅读文章。

甜品店宣传手册内页

使用相同色底，增加版面统一感

标签色底与两张甜品图片边框色彩相同，增强了跨页之间的联系，并且也让整个版面更加和谐、统一。

插入退底出血图片，增加版面生动感

在页面底部插入跨页的退底图片，倾斜放置并出血，既起到了过渡作用，还增加了页面的生动感。

通过不同字号对比，使信息层次分明

字号之间对比强烈，能够突出重要信息，并增强视觉吸引力，全文层次丰富，版面效果饱满。

图文内容多

氛围平淡　　氛围强烈

图文内容少

版面适用分析

该版面适用于图文信息较多的页面，我们可以通过装饰性元素或不同字号来明确文章的层次结构，既能让消费者快速获取信息，又能营造一个良好的企业形象。

氛围寡淡，
缺少宣传效益……

PAGE
01/20

cate
cate

The surrounding hills rise abruptly from the water to the height of forty to eighty feet, though on the southeast and east they attain to about one hundred and one hundred and fifty feet respectively, within a quarter and a third of a mile. They are exclusively woodland. All our Concord waters have two colors at least; one when viewed at a distance, and another, more proper, close at hand. The first depends more on the light, and follows the sky.

30℃
Meishi dangqian
Meishi dangqian

The scenery of Walden is on a humble scale, and, though very beautiful, does not approach to grandeur, nor can it much concern one who has not long frequented it or lived by its shore; yet this pond is so remarkable for its depth and purity as to merit a particular description. It is a clear and deep green well, half a mile long and a mile and three quarters in circumference, and contains about sixty-one and a half acres; a perennial spring in the midst of pine and oak woods, without any visible inlet or outlet except by the clouds and evaporation.

FLAVORED COFFEE IS SOLD
Flavored coffee is sold

The scenery of Walden is on a humble scale, and, though very beautiful, does not approach to grandeur, nor can it much concern one who has not long frequented it or lived by its shore; yet this pond is so remarkable for its depth and purity as to merit a particular description. It is a clear and deep green well, half a mile long and a mile and three quarters in circumference, and contains about sixty-one and a half acres; a perennial spring in the midst of pine and oak woods, without any visible inlet or outlet except by the clouds and evaporation.

Flavored coffee is sold at gourmet food stores and coffee shops.

PAGE
02/20

NO. 1
BLACK FOREST CAKE
The surrounding hills rise abruptly from the water to the height of forty to eighty feet, though on the southeast and east they attain to about one hundred and one.
Anna lalak Sith
★★★
★★★★★

NO. 2
BLUEBERRY CAKE
The surrounding hills rise abruptly from the water to the height of forty to eighty feet, though on the southeast and east they attain to about one hundred and one.
Anna lalak Sith
★★★
★★★★★

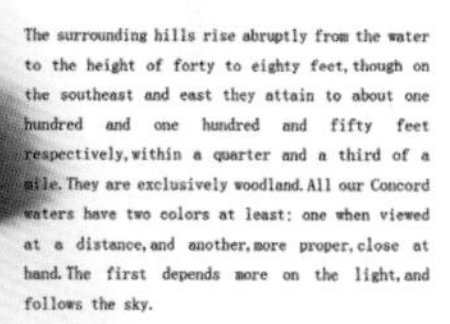

The surrounding hills rise abruptly from the water to the height of forty to eighty feet, though on the southeast and east they attain to about one hundred and one hundred and fifty feet respectively, within a quarter and a third of a mile. They are exclusively woodland. All our Concord waters have two colors at least; one when viewed at a distance, and another, more proper, close at hand. The first depends more on the light, and follows the sky.

失败的原因

作为宣传手册，内文缺少装饰，单纯的文字和图片所表现出的效果平淡，缺少热情的氛围感，不利于宣传。

如何改善

适当加入装饰性元素，增强信息层次间的对比，突出新产品信息，营造热情、愉悦的宣传氛围。

拓展案例

图❶、❷是纯文字海报和杂志的内页，均采用粗体、大字号的标题，其次是较小的副标题，以及更小号字体的正文内容。虽然整个版面都没有图片，但丰富的字体、字号处理让整个版面层次结构清晰，并且夸张的标题也表现出了插图的效果。

❶

❷

入门必学

使版面简洁统一

重复是设计中经常使用的手法。但在很多人的意识里，重复就是机械的拷贝，是枯燥、乏味的，这样的想法太过片面。在实际的版式设计中，重复可以通过视觉关联的形式使版面更加简洁、统一，强调版面的整体性，兼顾版面的活跃性，在重复中寻求变化和美感。但要注意，无规律零散的元素会让画面混乱、不易辨识，而过度机械的重复则会增加乏味感和视觉疲劳感。

花卉摄影网站界面

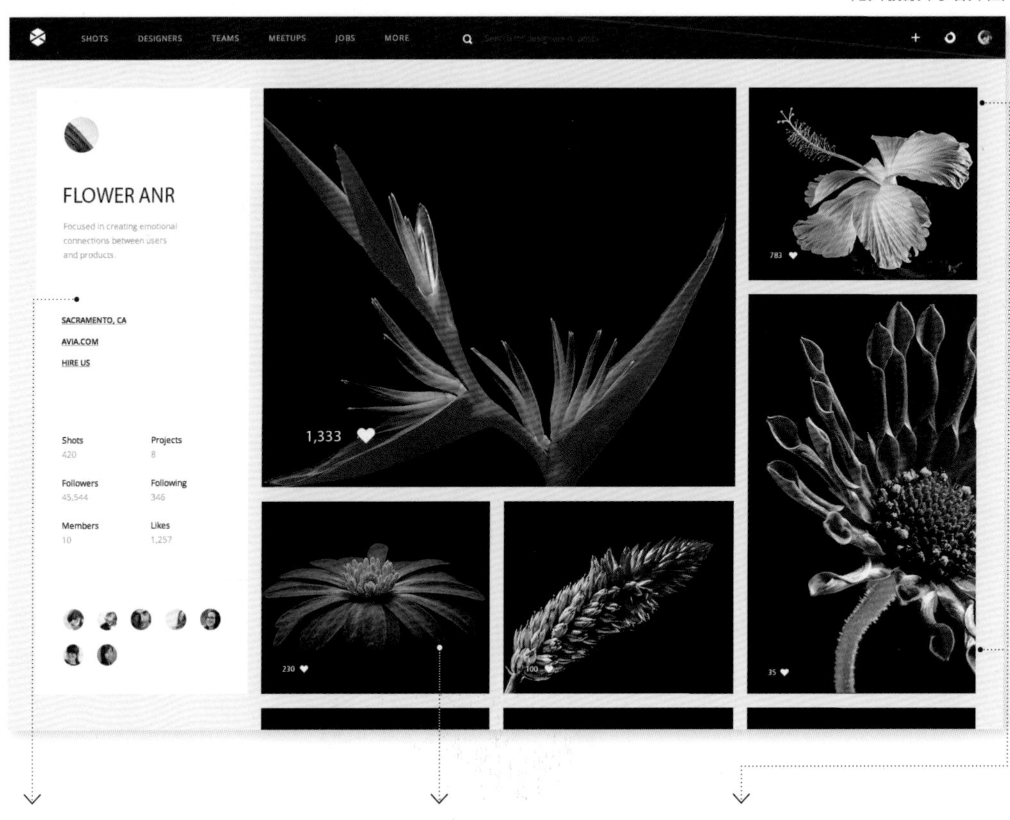

留白处理，增加网页透气感

图片均为黑底，导致浏览区的色调过于浓重，使页面显得压抑。在旁边设置四分之一的留白可以减轻视觉疲劳感。

色彩上的重复，突出主体

统一使用黑底图片不仅可以让浏览者更专注花卉本身，还可以增加网页的统一性和简约感。

不同比例的重复，增加画面活跃感

花卉占比相同的图片以不同的大小呈现，充满律动感，于重复中寻求变化，增加画面的活跃感。

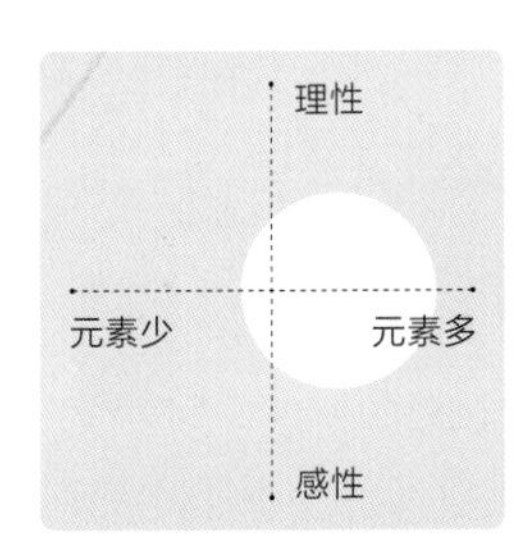

版面适用分析

重复的手法适合展现韵律感、节奏感及统一感，此外，还可以表现理性或感性的氛围。但通常情况下，节奏感和韵律感需要三个或三个以上的元素才能表现出来，所以重复的排版手法更适用于元素较多的页面。

画面呆板，
枯燥乏味……

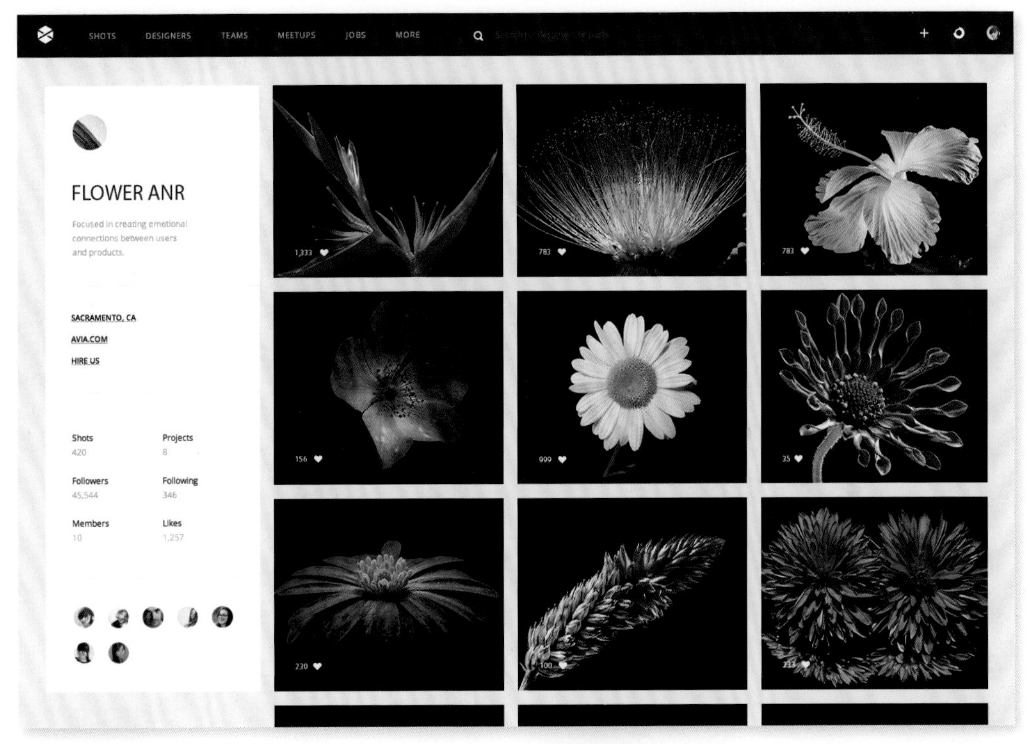

失败的原因

浏览区图片采用了十分机械的重复手法，每张图片的尺寸大小相同，限制了花卉本身的美感，显得枯燥乏味。

如何改善

可以在重复的基础上加入规律的变化元素，比如不同比例的图片或者不同颜色的色底，增加律动感。

拓展案例

图❶的化妆品海报中，三个相同外形的粉底液居中排列，不同的色号和倾斜角度增加了版面的律动感。图❷的音乐海报中，人物和键盘在水平方向上形成重复，每个个体又各自富有变化，显得热闹、欢快。

❶

❷

入门必学

让信息更加强烈直观

对比的手法在版式设计中也是十分常用的，几乎每个设计中都可以找到对比的影子。对比的基本思想就是要避免页面中的元素太过相似，要强化差异，比如大和小、粗和细、直线与曲线等。在实际操作中，首先要梳理清楚信息之间的主次和逻辑关系，再运用对比的手法强化表达这种关系，能够让信息更准确地传达，内容更容易地被找到、被记住。

音乐节海报

标题文字大小对比，突出重要信息

标题文字的大小对比鲜明，标题主信息中的“MUSIC”做了放大处理，起强调作用来突出音乐节的宣传信息，主次清晰，信息直观易懂。

插画大小对比，增加画面韵律感

海报下方的花卉图案与右上方的花卉图案在数量和大小上形成对比，将人们的视线吸引向花朵密集的地方，并且使版面分布既均衡又充满韵律感。

色彩对比强烈，增加信息辨识度

在海报中心位置加上黑底，与白色加粗的标题在色彩上形成鲜明对比，更加突出海报的主题内容。且视觉上“最重”的黑色居于版面中心，使整个海报都显得十分均衡、稳定。

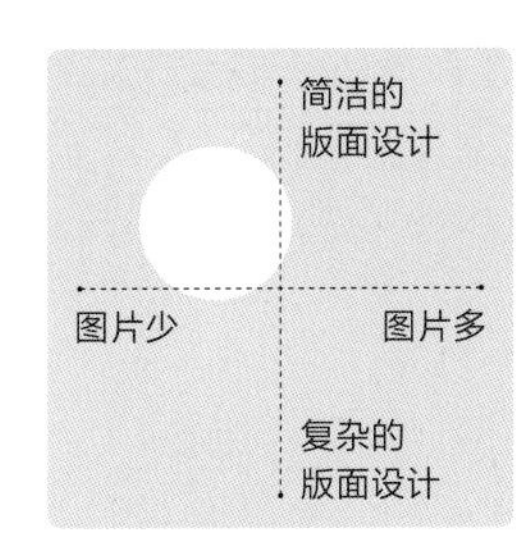

版面适用分析

在表现对比关系时，将图片之间的关联性表达得明确易懂是非常重要的。当图片过多时不易表现相互间的关联性，重点会倾向表现热闹的氛围。另外，过于复杂的版面也会干扰图片之间关系的表达。

海报元素杂乱，
信息不够直观……

失败的原因

海报设计要让读者在第一时间理解设计者想要表达的内容。右图在没有明显音乐图示的情况下，也没有对音乐的文字信息进行突出，很难让人在第一时间抓住这是对音乐节的宣传信息。另外，失败的色彩搭配也使版面重心向下偏移，标题处显得十分薄弱。

如何改善

首先，对海报文案进行整理，梳理清楚层次关系；其次，对主要信息进行放大或加粗的处理，对次要或详细信息则适当缩小。另外，色彩搭配要注意色彩明度在版面上的均衡。

拓展案例

图❶的杂志广告采用满版形式，左页为模特的彩妆特写，右页为灵感来源，通过色彩进行关联，立体与平面形成鲜明对比，带来强烈的视觉冲击。图❷展示了黑白和彩色的对比，色彩对比也具有很好的突出效果。

入门必学

处理易显杂乱的图片

当版面中元素较多时，采用自由式排版难度较大，如果经验不足，往往容易使版面显得零散混乱；而采用相同大小的尺寸对齐排列，虽然版面整齐，但又容易显得呆板。这种情况下，我们可以考虑导入网格系统，在对齐网格的同时，灵活调整元素的尺寸大小，增加元素间的强弱对比，使图文内容更贴切。通过网格系统的编排，版面往往整齐、饱满又充满律动感。

报刊内页

相同层级的图片，使用相同尺寸

当展示相同层级的图片时，采用同一尺寸整齐排列，可以清晰地展现图片间的关系。另外，当图片数量较多时，适当的留白可以增加透气感。

辅助信息与对应图片左对齐

将图片的解说内容放置在图片下方并对齐边框，表明解说内容与该图片的关系。若采用右对齐，则表明为两张图片的解说文字。

图片合并两栏排布，突出主次关系

主要图片采用合并两栏排布，既与左边的小图形成对比，又遵循网格系统，显得整齐统一。

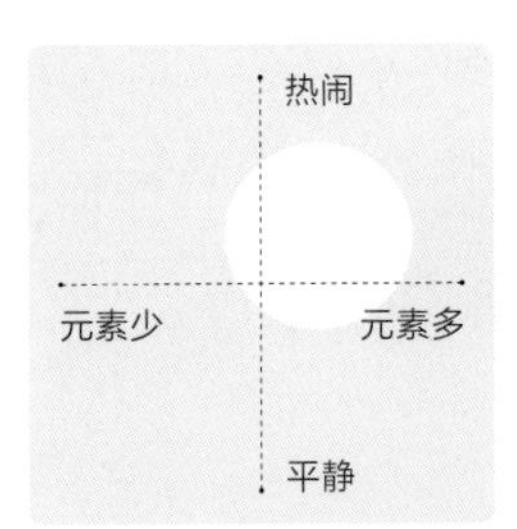

版面适用分析

网格系统不论是在书籍杂志还是UI界面的设计中都很常用。虽然不是所有版式编排都需要用网格来约束版面，但是网格在一定程度上可以保持版面的均衡感和规划性，非常适用于整理多元素的版面。

版面元素
零散混乱……

2 Wochenschau　　Bauwelt 37|2006

1961. 1966. 1972. 1981. 1989. 1990. 2000. Sieben Bauwelt-Titel aus den letzten 45 Jahren. Die Bauwelt bekommt wieder einmal ein neues Gesicht – und mehr als eine neue Titelgestaltung.

IN EIGENER SACHE

Brauchte die Bauwelt ein Re-Design? Muss sie mit dem Zeitgeist Schritt halten?

Felix Zwoch

Vielleicht ja, vielleicht nein. Die Bauwelt ist seit jeher die einzige Architekturzeitschrift in Deutschland, die wöchentlich erscheint. Das macht uns keiner nach, und dabei wird es bleiben. Doch reicht das wirklich aus? Muss sich die Bauwelt nicht Woche für Woche neu erfinden und dann die allmähliche Veränderung zum entschiedenen Konzept machen? Diese Frage haben wir dreihundert Lesern und einer Reihe von Architekten gestellt, die im laufenden Jahr ihr Abonnement eingespart haben. Wir haben Autoren, Fotografen, Kollegen und Freunde um Rat gebeten.

Von Ihnen allen wollten wir wissen, wie Sie die Bauwelt nutzen, was Sie an der Bauwelt schätzen, was Sie vermissen und wie Sie die Bauwelt verändern Platz im Heft. Meinung, Nachricht und Kritik werden deutlicher als bisher unterschieden. Die Rubrik „betrifft" ist seit 1975 fester Bestandteil der Bauwelt und allmählich in die Jahre gekommen. Nur der Name bleibt erhalten. Anstelle der einspaltigen Glosse soll auf zwei bis sechs Seiten Platz für Interviews, Chroniques scandaleuses, architekturphilosophische Exkurse, stadtpolitische Pamphlete vorgehalten werden. Das „betrifft" mit einem aktuellen Thema der Woche erscheint zukünftig zwischen Wochenschau und Wettbewerbsberichterstattung.

Die Auslobungen werden wie bisher tabellarisch zusammengefasst, sinnvoll reduziert auf Architekturwettbewerbe, kurz und knapp ins Deutsche

Einen thematischen Schwerpunkt wird es auch in Zukunft jede Woche geben. Auch auf die letzte Seite wollten Sie nicht verzichten.

Das neue grafische Konzept haben wir zusammen mit Erik Spiekermann und dem United Designers Network entwickelt. Es gibt zwei neue Schriften, die den alten verwandt sind: die Unit für Wochenschau, Wettbewerbe, Kalender, eine schnörkellose Groteskschrift, und die Proforma, eine klassische Antiquaschrift für das „betrifft" und den Thementeil des Heftes. Das Layout wird strenger, die Bilder ordnen sich blockhafter, bilden eine eigene Erzählung neben dem Text und setzen sich durch weiße Inseln von ihm ab. Während der Arbeit an der Neugestaltung haben wir uns auf eine ambivalente Formel geeinigt: Behutsame Radikalisierung. Natürlich ist das ein Widerspruch, aber wir dachten, dass der eigentlich zu uns passt. Kein Heft wird genau zu

Bauwelt 37|2006　　3

AUSSTELLUNG

Wie werden wir morgen leben? – fragt die "Entry 2006" auf Zollverein

Jan Friedrich

Beantworten kann die Megaschau, die zur Premiere der umgebauten Kohlenwäsche auf dem Essener Weltkulturerbe ausgerichtet wird, ihre eigene Frage naturgemäß nicht. 300 Projekte, Exponate und Thesen konkurrieren um die Aufmerksamkeit der Besucher, doch der unangefochtene Star des Großaufgebots bleibt: die Kohlenwäsche selbst.

Erstmalig ist die während der dreijährigen Sanierungsarbeiten zum Museums-, Ausstellungs- und Veranstaltungshaus mutierte Kohlenwäsche (Heft 32) nun also in ihrer neuen Bestimmung zu erleben – und das auf Anhieb im Großeinsatz. Gleich fünf Einzelschauen, die sich mal mehr mit der Gegenwart, mal mehr mit der Zukunft unserer gestalteten Umwelt befassen, hat die Ausstellungsgesellschaft Zollverein e.V. unter ihrem Geschäftsführer Gerhard Seltmann zur „Entry 2006" zusammengestellt und über alle Ebenen des Industrie-Riesen verteilt. Begleitend wurde ein Programm mit 60 Veranstaltungen organisiert, die ebenfalls auf der Zeche Zollverein stattfinden.

„Open House" und „Talking Cities" heiß… den Ausstellungen, die sich auf je einer … Ebene der Kohlenwäsche ausbreiten durft… deretwillen es sich tatsächlich lohnt, nach… fahren. „Open House" zeigt die Ergebnis… ternationalen Call for Ideas des Vitra Des… ums und des Art Center College of Design i… mit anschließendem Workshop. Aufgabe … ter Einsatz neuer Technologien und Mate… jekte für „intelligentes Wohnen" zu entwic… Ansätze über die reine Applikation von … schen gimmicks hinausgehen. Herausgek… eine kompakte Zusammenschau aktueller … die mit ihren unmittelbaren Vorläufern, d… „Häusern der Zukunft" des 20. Jahrhunde… etwas zwielichtigen Atmosphäre der ehem… lebunkertaschen auf Ebene 12 stimmungs… niert wurden. Zu sehen ist etwa ein „Jelly… dessen synthetische Außenhaut belastet… filtern kann. „Mix House" stellt die Privi… des Visuellen in der westlichen Architektu…

das Wohnhaus ist nicht nur optisch transparent, sondern auch akustisch: Die über Mikrofone eingefangenen Außengeräusche lassen sich über ein Mischpult in der Küche zu immer neuen Klangcollagen komponieren. Auf Fassaden gleich vollständig verzichten könnte man, wenn die Hausbewohner die Thermo-Kleidung tragen, die in der Arbeit „Open the House!" propagiert wird. „Megahouse" versucht sich an einem produktiven Umgang mit der Leerstandsproblematik: Ungenutzte Räume verschiedenster Art sollen zentral erfasst und damit zielgerichtet temporär vermietbar werden. Alles wird selbstverständlich über das Internet abgewickelt, eine computergesteuerte Normtür gibt nach Prüfung des Handabdrucks den Zugang zu den angemieteten Räumen frei. Ebenfalls auf aktuelle Kommunikationstechnik setzt das Projekt „Living Kit". Hier soll das Internet allerdings genutzt werden, um frei verfügbare Informationen über Techniken zur Verbesserung der Lebensgrundlagen in Entwicklungsländern zu verbreiten.

Verglichen mit der zurückhaltend organisierten „Open House"-Schau wirkt „Talking Cities – Die Mikropolitik des urbanen Raums" wie ein intellektueller Abenteuerspielplatz. 36 Projekte, die sich mit Hilfe der unterschiedlichsten Medien mit der Umnutzung, Umdeutung und Neubesetzung vernachlässigter Stadträume auseinandersetzen, hat die Kuratorin Francesca Ferguson ausgesucht und zu einer dreidimensionalen Collage montieren lassen, die die gesamte Ausstellungsebene 17 in Beschlag nimmt. Man

90 Sekunden dauert die Fahrt mit der 56 Meter langen frei stehenden Rolltreppe vom Zechengelände bis hinauf in die Ebene 24 der Kohlenwäsche. Oben der Blick in die Ausstellung „Talking Cities" auf Ebene 17: die hölzerne Installation ist der Beitrag der taiwanesischen Gruppe „Interbreeding Fields".

Fotos: Entry 2006/Günter Lintl (links); NOSHE (rechts)

失败的原因

左页的图片尺寸不统一，并且摆放无规则，显得混乱拥挤；右页的两张图片隔断了文字间的连接，且图片也没有对齐文字栏，显得混乱。

如何改善

将页面中的图片编排到同一版块，不隔开文字，增加整体性。再按照网格系统调整图片尺寸，使版面统一。

拓展案例

图❶为家居杂志内页，页面通过网格系统整齐地编排了大量图片，不同尺寸的图片增加了页面的节奏感；文字和图片分版块放置，直观清晰。图❷的版式以三竖栏为基础，图片和文字灵活调整，规整而又不显呆板。

01

设计小白快速入门

本章将从什么是版式设计开始了解，并结合点、线、面学习如何运用元素构成做好版面设计，通过调整空白、图像面积及改变颜色来优化版面率。

01
CHAPTER

CHAPTER 01

时长：0.5课时

初识版式设计

什么是版式设计

学习版式设计，首先要了解版式设计的定义。所谓版式设计，是将有限的设计元素在版面中进行有机的排列组合，将理性的思维个性化地表现出来。它是一种具有个人风格和艺术特色的视觉传达方式，在传达信息的同时，也产生了感官上的美感。特别是印刷出版物，版式设计能增强版面的主题表达，并以版面特有的艺术感染力吸引读者。

版式设计的范围非常广，涉及报纸、期刊、书籍（画册）、UI设计、网页设计、招贴画、唱片封套等平面设计的各个领域。

杂志内页设计

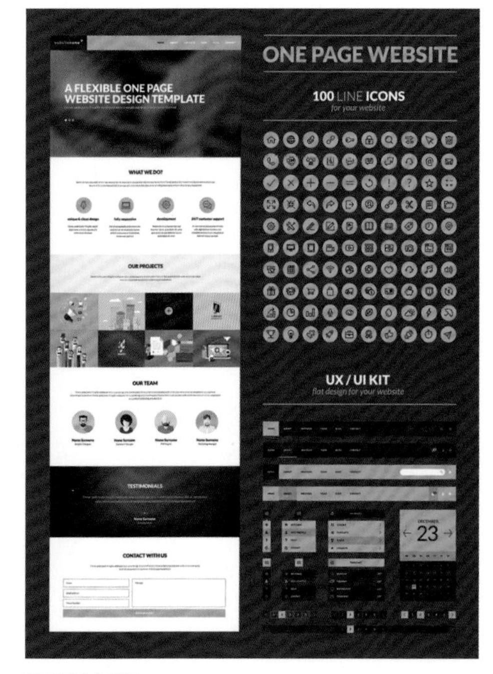

网页和UI设计

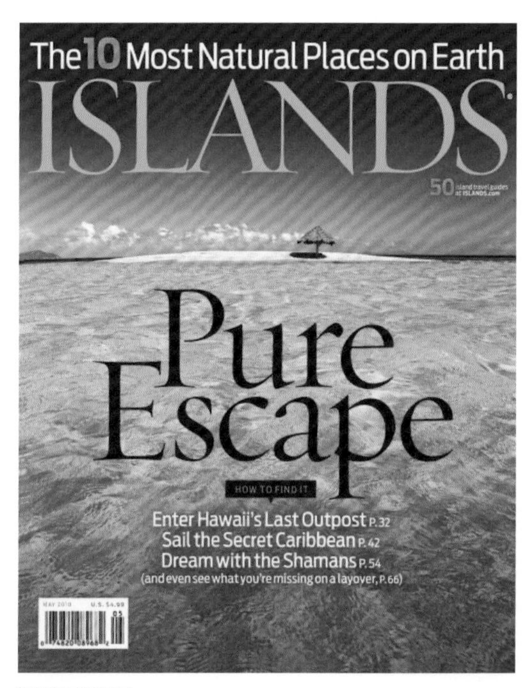

图书封面设计

如何完成一次完整的版式设计

要想做好版式设计，首先需要了解其基本的设计流程。合理的版式设计流程可以让我们对项目有一个清晰全面的认知，从而能够更加高效地进行设计工作。

首先要明确设计项目的主题和信息内容，根据内容可以对版式和色彩搭配有一个大致的构思，再通过对读者群体的定位，更加细化版式和色彩构思。年轻人适合时尚、个性化的版式；儿童适合活泼、有趣的版式；老年读者则适合规整常见的版式及较大的字号。在进行设计前，对读者群体进行分析十分重要。

接下来我们就要明确设计的宗旨和设计的要求，即知道版面要表达什么意思，传递怎样的信息，最终达到怎样的宣传目的。最后，我们就可以开始收集资料、分析背景，根据这些资料来确定设计方案，进行整理并完成设计流程。

这款坚果的食品包装上，商标和品牌名称采用了居中对齐的手法，搭配丰富的色彩，给人种类繁多的印象。

1. 明确设计项目
↓
2. 明确传播信息内容
↓
3. 定位读者群体
↓
4. 明确设计宗旨
↓
5. 明确设计要求
↓
6. 计划安排
↓
7. 设计流程

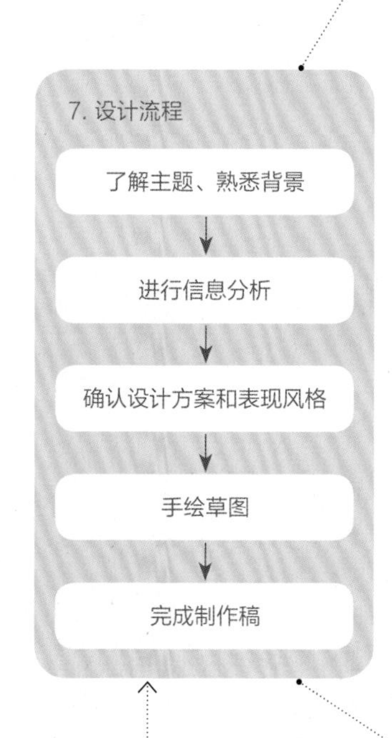

图示化设计流程

370mm × 210mm

1. 根据设计要求和主题，明确版面开本，然后思考和分析相应的版面风格。

2. 在纸上可以手绘一些版面结构的草图，再确定版面比例，最后安排整个版面的结构。

3. 根据版面结构的形式，将图片与文字编排在版面中，使版面平衡，达到传达信息的目的。

CHAPTER 01　　时长：0.5 课时

人人必知的版面构图元素

“点”的编排构成

“点”不仅仅指圆点，所有细小的图形、文字，以及任何能用“点”来描述的元素都可以称为“点”。

点在设计作品中无处不在，而版式设计中的“点”更是灵活多变，不同的构成方式、大小、数量等都可以形成不同的视觉效果。将一定数量的“点”疏密有致地排列，以聚集或分散的方法构图，我们称之为密集型编排；而运用分解或剪切的手法破坏整体形态，再形成新的构图效果，我们称之为分散型编排。

另外，“点”的分布位置不同，也会带给读者不同的心理感受。

密集型编排

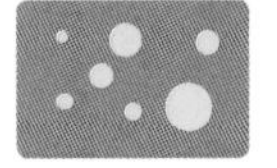

自由式分布

图为某护肤品广告海报，海报中的水珠采用自由式排列，表现出迸溅效果。

分散型编排

发散式分布

版面中有大量色彩各异的圆点，通过压扁、拉长等手法，组合成具有透视效果的线。

聚散分明式分布

版面中的雨点即为版式设计中的“点”，雨点尺寸不一，有大有小，疏密有致地分布在画面中，聚散分明。这是典型的密集型编排。

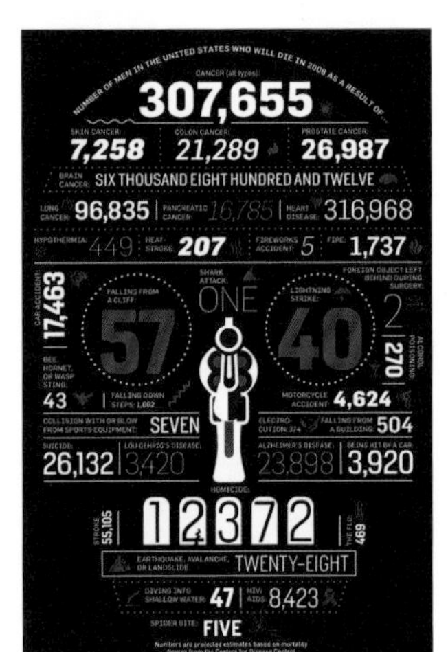

中心式分布

图为一幅关于癌症数据的海报，其中的数字和图标均可看作“点”。这些“点”通过组合排列后形成了一个骷髅头的构图，可以起到警示效果。

“线”与空间的关系

“线”是由无限个“点”构成的，是“点”的运动轨迹。“点”只能作为一个独立体，而“线”则能够将它们统一起来。

“线”在版面中的构成形式比较复杂，可以分为实线、虚线及视觉上无法直观看见的视觉流动线，其中最常见的形态是实线。另外，线在版式设计中常常起到引导、装饰、分割版面及组合各种元素的作用。

一个点在版面中，这是普通的点。

点按照一定的轨迹运动，就变成了线。

线是点运动变化后的产物。

线所代表的情感意象

线在平面构成中比较特别，与点和面相比，其具有更大的变化空间。通过其形状、虚实、曲直、粗细等性质的变化，线可以表现出不同的情感倾向，学会利用这些情感意象，有利于版面氛围的营造。

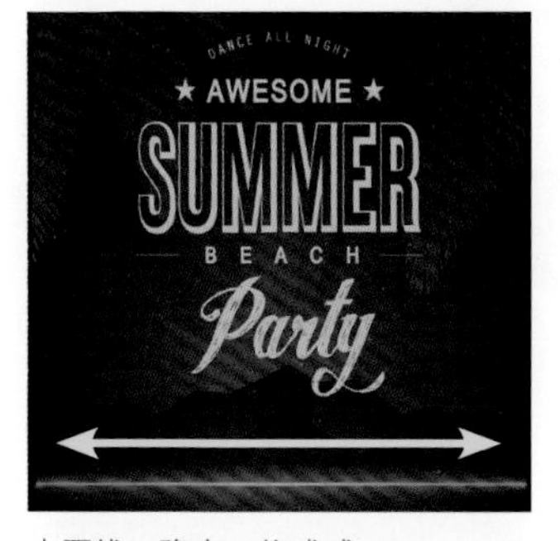

水平线：稳定、仪式感。

垂直线：力度、果决、伸展。

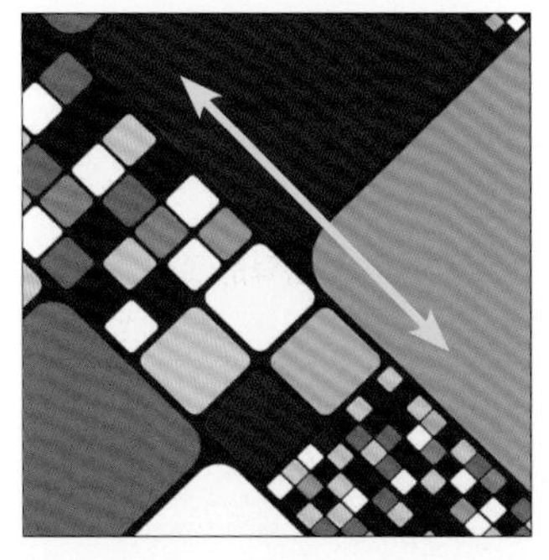

斜线：动感、指向性。

折线：节奏、锐利、空间感。

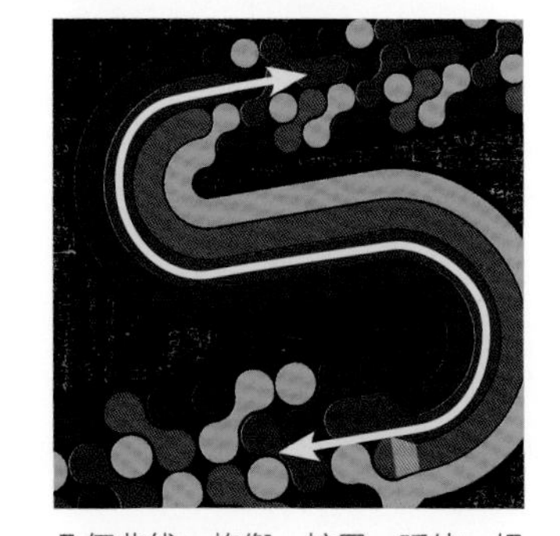

几何曲线：均衡、扩展、延伸、规则感、空间感。

自由曲线：空间感、灵动、自然、随意、不受约束。

粗线：力量感、厚实、强势、庄重。

细线：细腻、轻柔、锐利、精致感。

线的空间分割和视觉力场

当我们运用线对版面进行分割时，不能忽略元素间的联系，需要根据具体内容划分出空间的主次关系、呼应关系和形式关系，让版面具有良好的视觉秩序感。

另外，视觉力场是虚拟存在的，是通过人的视觉引发的一种感受。力场的大小与线的粗细和虚实有关，线条越粗、越实，力场越大，反之力场越小。

talk to me baby!

The cutest baby & kids clothes are designed by YOU!

Ever see kids' message tees and think: 'I'm funnier than that'? IPood? Come on...
The Canadian website www.simplycolors.ca lets you put your money where your brain is and create customized kids clothes in a flash.
Exceptional quality but affordable baby and kids basics that you can fully personalize.
As a special Christmas promotion, you can now design matching adult shirts as well!
Let them express who they are... print your own message on cool clothes they will love to wear!
Shop and order online NOW, to make sure your gift will arrive on time for Christmas.

simply colors
www.simplycolors.ca

personalized baby and children basics

food Nutrition

Overdoing D

Health Canada recommends that breastfed babies under 12 months of age receive a daily vitamin D supplement, but it's possible to give too much. Some droppers that come with over-the-counter liquid vitamin D may hold more than the appropriate dose of 400 IU. While the so-called sunshine vitamin is necessary for strong bones and teeth, too much may have harmful effects, such as too much calcium in the blood and kidney problems. Parents should make sure the dropper is clearly marked, corresponding with package directions, and fill it only to the correct measurement.

Muscles from Brussels

You probably don't think of veggies as a source of protein, but Brussels sprouts are a surprising exception — there's nearly 6 g of body-building protein in 1 cup of these mini-cabbages, notes Toronto-certified nutritionist Meghan Telpner. Pair 'em up with brown rice or whole-grain bread and you've got a complete protein — an important perk for vegans. In just 25 calories per ½ cup (125 mL), cooked sprouts also deliver vitamin A, folacin, potassium, calcium and dietary fibre.

Still not convinced? Cook halved Brussels sprouts in a pot of boiling water until tender. Drain. Cook 2 slices of chopped bacon in a large skillet. When it's crispy, add sprouts and saute 2–3 minutes; sprinkle with ground pepper to taste, and serve.

Eating with their eyes

It's no surprise kids gravitate to snacks with cartoon characters on the box — but according to a Yale University study, cartoon approval may actually influence kids' taste buds. Researchers gave young kids identical snacks: graham crackers, gummi fruit snacks and carrots, each presented in both cartoon-covered or plain packaging. They found that the four- to six-year-olds in the study were more likely to prefer the taste of processed snacks when a favourite character was on the box. Unfortunately, cartoons didn't improve the taste of carrots. So if you want to give veggies a fighting chance, buy treats in plain packaging and save Shrek for after snack time.

by JACLYN DESFORGES

上图运用线条对图片、段落文字进行空间划分，左页使用较粗的实线，力场较强；
右页使用纤细的虚线，将相关联的文字和图片区别开，力场虽弱，却不喧宾夺主。

线的编排依据

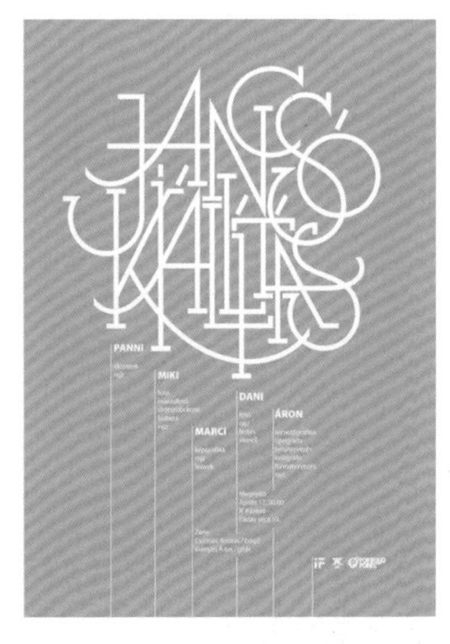

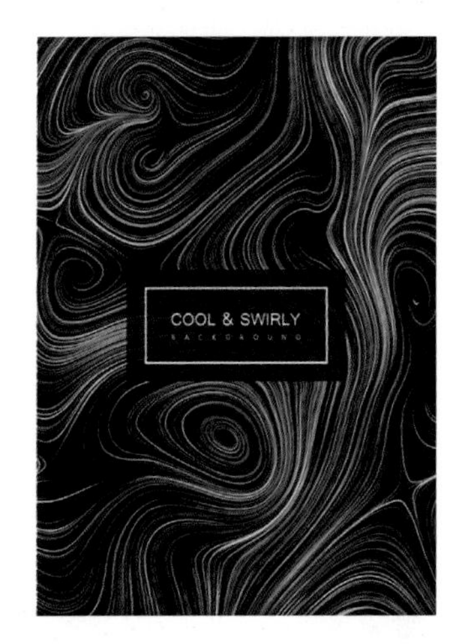

线的情感

线的曲直、粗细、长短、疏密等特征不同，给人的视觉感受也不同。图中密集的直线组合成各种几何造型，极具力量感和锐利感，给人非常强势的感觉。

线的节奏

图中字母的曲线处理和下方长短各异的线段，在粗细、疏密、方向上按一定规律变化，并且两者在版面上形成呼应，呈现出极强的节奏感。

线的空间

线的起伏产生的深度和广度即为线的空间。图中彩色曲线在平面上形成了水流、漩涡般的效果，在黑色底色的衬托下给人神秘、高贵、充满吸引力的印象。

“面”的版面构成

面是点的放大、集中或重复，也是线移动和线密集的形态。线的分割能产生空间，同时也能形成面。面存在于每个版式设计中，一个色块、一片留白、一张图片、一个放大的字符都可以理解为面。

面在版面中具有平衡、丰富空间层次、烘托及深化主题的作用。面往往比线或点更具视觉冲击力，它可以作为重要信息的背景来突出信息，以达到更好的烘托效果。

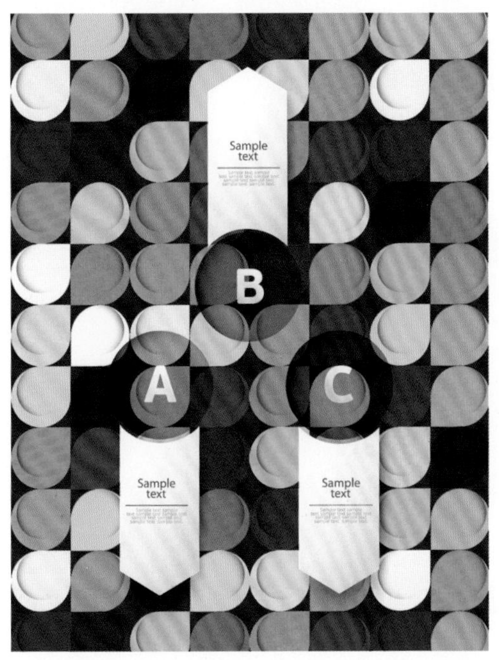

海报背景由大量点元素均匀排布而成，与丰富的色彩进行搭配，不仅丰富了空间层次，还烘托出了愉悦、热闹的空间氛围。

由密集的线条组合而成的曲面占据了版面的绝大部分空间，与中心的标题色块形成强烈的空间感，极具视觉冲击力。

面的分割构成

将一张或多张图片利用线条进行分割，使其整齐有序地排列在版面上。这样编排的版面极具整体感和秩序感，给人稳定、锐利、严肃的视觉效果。

通过版面分割，让平淡的照片呈现出一种全新的视觉效果，整个版面充满设计感，耐人寻味。

面的情感构成

面可以用来塑造多种情感，可以展现出不同的性格和丰富的内涵，带给人稳重、强势、开阔、立体、饱满等各种各样的视觉感受。

标题背景由许多面和点重叠组合成了一个形状自由的面，与鲜艳的色彩进行搭配，构成了欢快、动感、视觉冲击力强的版面。

CHAPTER 01

时长：0.5 课时

如何调整版面率

版面率是指版式设计中版心所占版面的面积比例，通俗来讲就是版面的利用率。版面中也有满版与空版的概念。如下图所示，满版就是没有天头、地脚与左右页边距，此时版心即整个版面，版面利用率为100%。空版就是版面利用率为0。满版到空版之间的版面率是递减的关系。

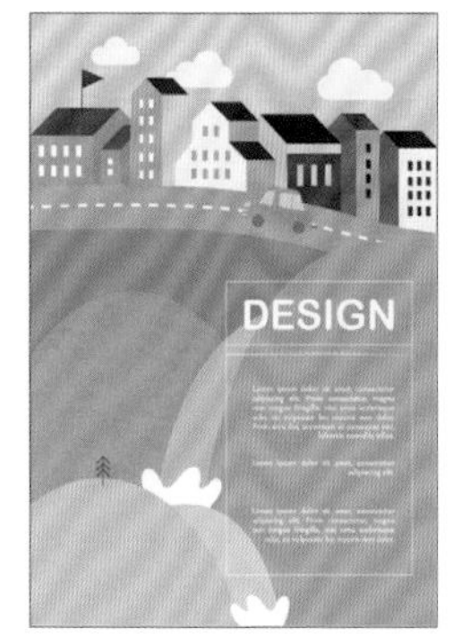

高版面率 ⟷ 低版面率

增加或减少版面空白

页面四周的留白面积越大，版心就越小，版面率就越低，意味着页面中的信息量减少。低版面率通常给人典雅、宁静的感觉，有助于提升版面格调。反之，四周留白越小，版心就越大，版面率也就越高，可以容纳更多的信息。高版面率的版面视觉张力大，氛围也会更加活泼、热闹。

版面采用大量留白，营造出缥缈、高雅的氛围，给读者留下无限的想象空间。

海报采用满版的形式，文字和图像内容都很丰富，给人热闹、饱满的印象。

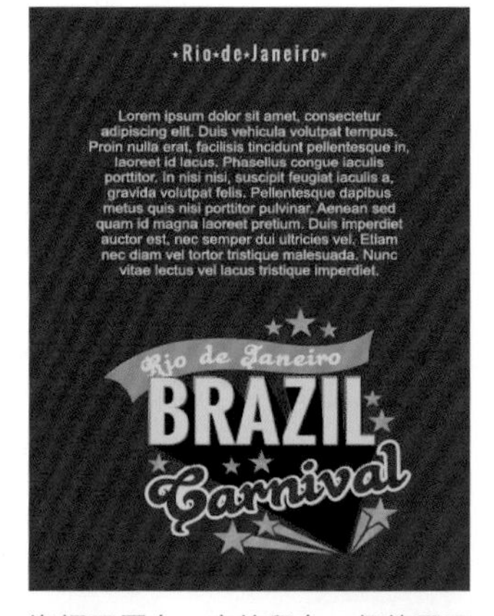

海报四周有一定的留白，但使用了鲜艳的色底，在一定程度上提升了版面率。

通过改变图像面积大小调整图版率

在版式设计中，除了文字外，通常都会加入图片或插图等视觉效果很直观的元素，这些视觉元素所占的面积与整体页面的比例就是图版率。一般情况下，图片越多，其图版率就越高，反之图版率越低。但图版率不是仅仅由图片数量来决定的，如只有一张图片，但图片尺寸放得很大，那么其图版率仍然很高。

高图版率增加吸引力

某美食杂志内页，图版率较高，显得内容丰富、饱满，很容易就能吸引读者的注意力，并且减轻了阅读压迫感。

图版率不由图片数量决定

该版面设计中使用了较多的图片进行编排，但大部分图片的尺寸都很小，所占版面的面积并不大，因此图版率并不高。

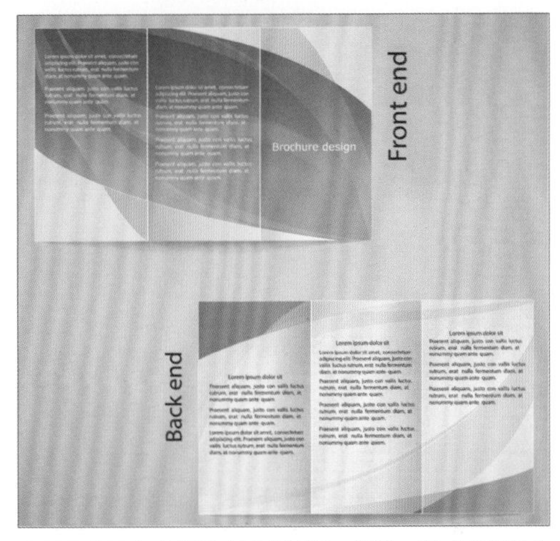

上图虽然因为底纹图案显得清新、简洁，但“零图片”使图版率极低，使页面略平庸乏味。

该版面中虽然图片数量少，但对主图进行了放大处理，使其占据了将近二分之一的版面，因此图版率很高。

改变色底颜色使版面充实

在处理低图版率的版式设计时，如果没有更多的图片资源，或者无法将现有图片进行放大处理，则可以通过改变页面的色底来提高图版率，这是一个快速有效的方法。需要注意的是，这种方法只是令读者在视觉上觉得内容更加饱满、丰富，但并没有增加实际可阅读的内容。

增加色底丰富版面

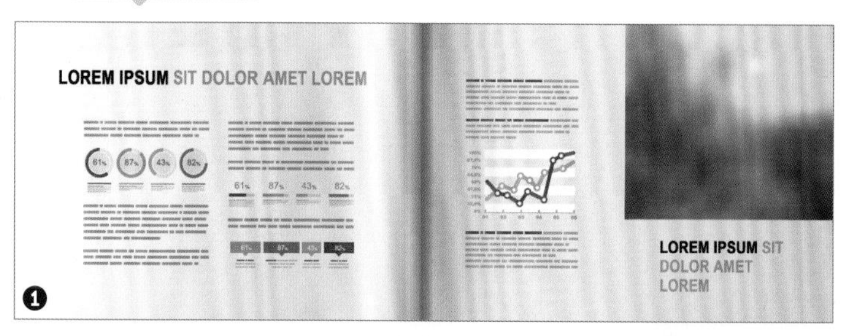

图❶为某手册的数据展示页面，虽然图表丰富且颜色多彩，但图片很少，并且灰色的底面和过多的留白让人觉得枯燥乏味。

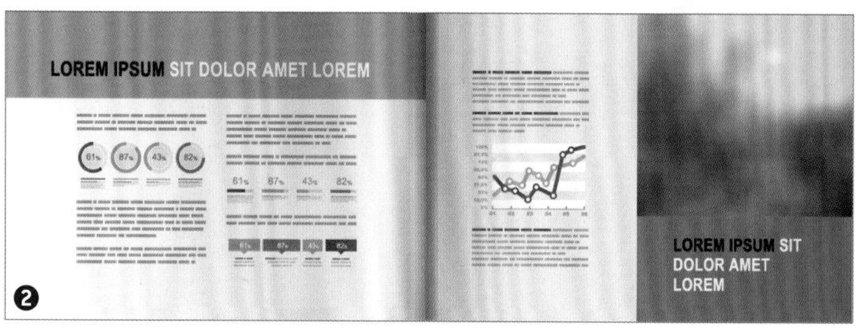

在版面内容无法再增加时，可以采用加入部分色底来充实版面。图❷分别在左右页的标题处增加了色底，不仅使版面更加充实，鲜艳的色彩也使版面充满了活力，减轻阅读压力。

色底色彩影响版面率

色底色彩的深浅也会影响版面率。当版面相同、色底大小相同时，色底明度越高越显轻薄，色底明度越低则会越显厚重，所以明度越高，版面率越高。在相同明度下，色彩饱和度高会产生膨胀感，版面效果就会比低饱和度的色底更显充实、饱满。

上图为两张运动健身的系列海报。版面中图标元素较多，标题四周有一定留白。图❶的海报色底明度明显低于图❷，给人更加饱满厚实的印象，图❷则给人清爽透气感。

添加浅蓝色的色块为色底，使版面显得更为饱满，并与图片的色彩形成呼应。

对比下面两个不同版面率的版面设计，分析效果差异及修改前后的对比。

修改前

Cologne Art Fairs Continue Their New Deal Course

修改后

Cologne Art Fairs Continue Their New Deal Course

（答案见下载资源）

02

版式设计构成法则

不同的构成方式会形成千变万化的版式效果，给人丰富的视觉和心理感受。本章将介绍各种构成方式及应变方法。

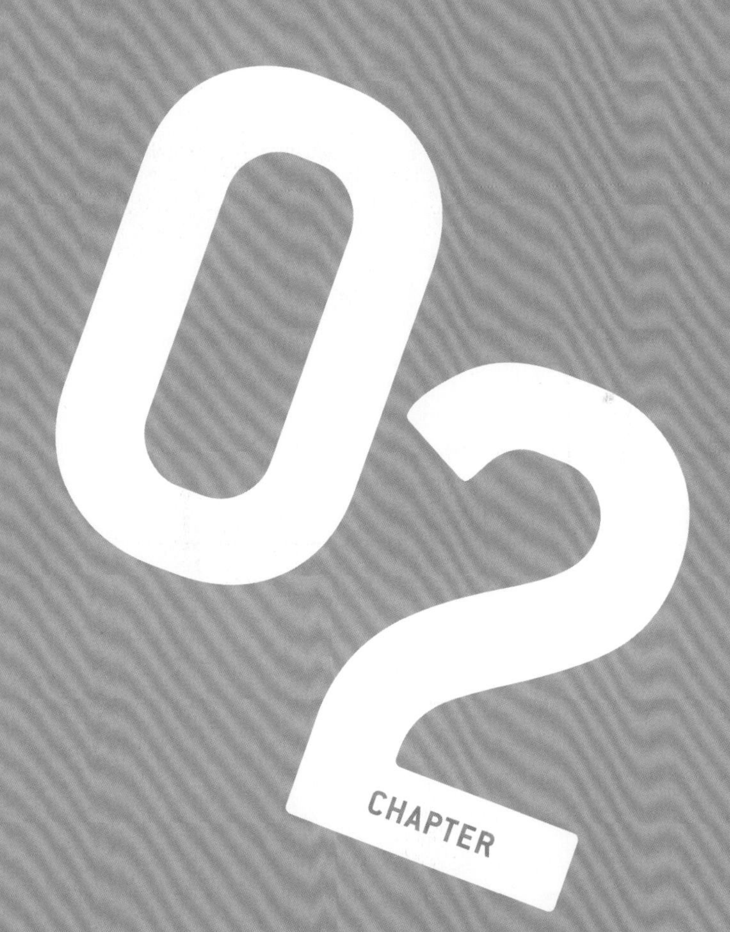
02
CHAPTER

CHAPTER 02

时长：1 课时

根据主题选择适合的构图方式

加强画面感染力的垂直构图

垂直构图将一排主要的元素同时展示出来，平行的垂直线通过位置、高矮等的不同形成版面表现的变化。垂直线的组合能够加强版面的感染力。

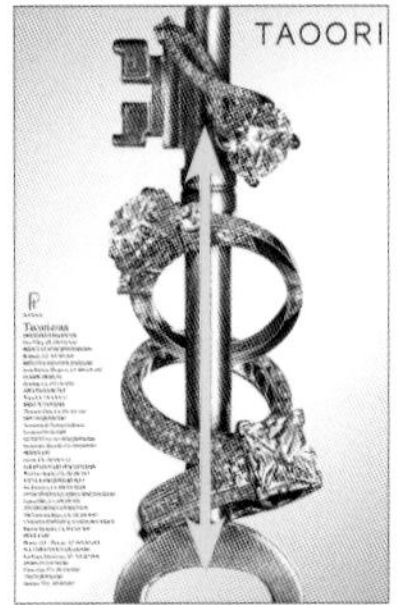

金色的钥匙垂直穿过整个版面，将戒指以不同角度展示出来，呈现出大气的感觉。

两边竖向图内容不完全的展示，与中间的文字搭配，充满了仪式感和神秘感。

拓展案例

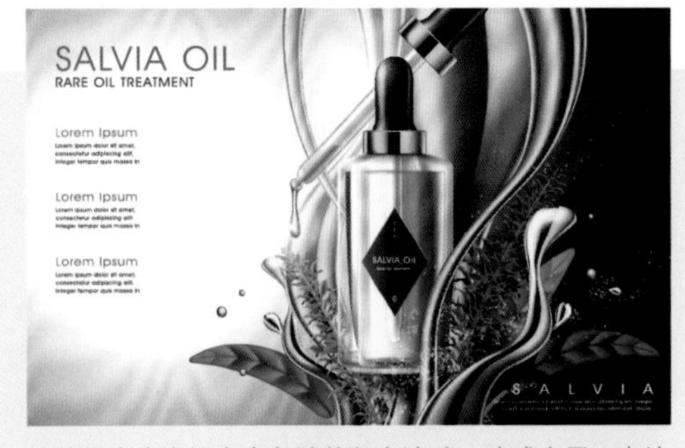

护肤品广告海报中金色液体竖向流动，动感十足，左边有较大面积的留白，文字段竖向排列，给人高贵、神秘的印象。

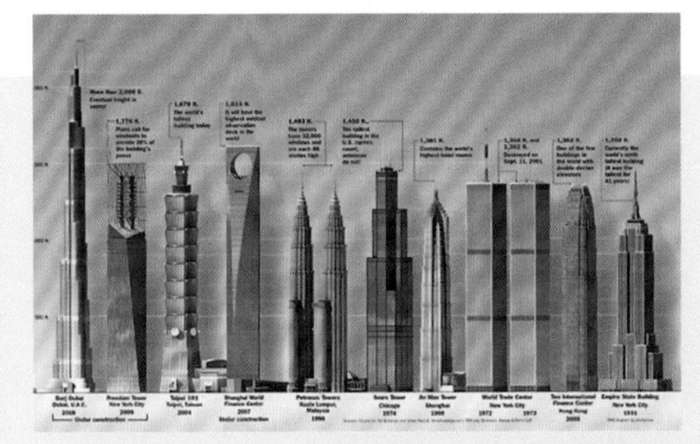

高耸的建筑垂直排列，使版面具有强烈的形式感和力度，给人坚定、可信的视觉感受。

表现稳重安定的平衡构图

平衡构图能给人以安稳、满足的感受，画面结构完美无缺，安排巧妙，对应而平衡，适用于表现平静、安定等主题。

图为某网页界面设计，文字和图标均为横向分布，营造出安稳、平静的氛围。

标题与插图横向排布，元素居中并且重心向下，给人稳定、和谐的感觉。

拓展案例

整个版面中的文字和图片均是横向排列，鸟群与人也呈横向运动，形成安宁、平静的画面感，令人安心。

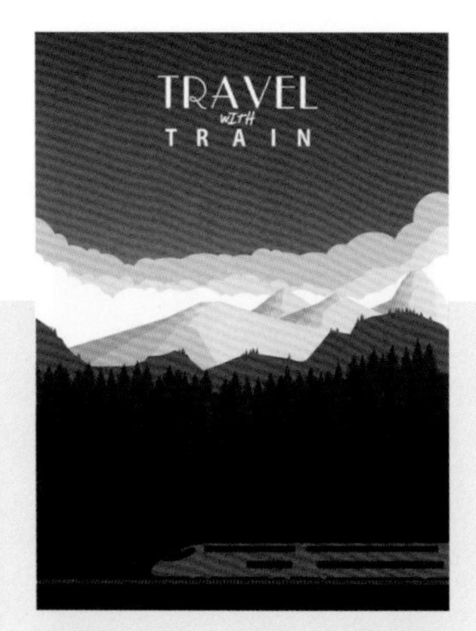

海报中的云朵、山峦、树林都横向均匀排布，列车也在横向行驶，并且底部的深色与顶部的白色标题也形成了平衡感。

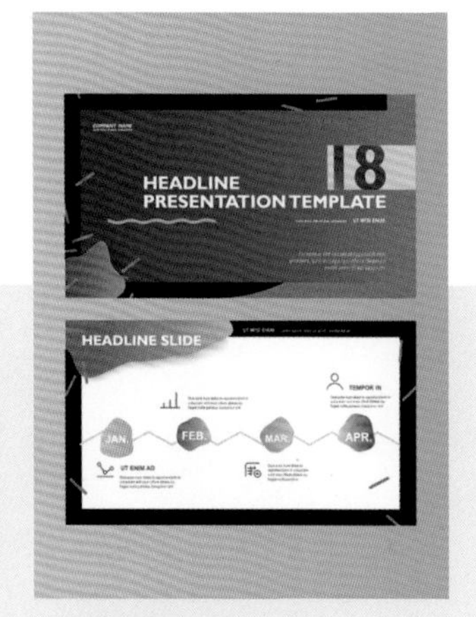

PPT的标题和文字段都采用横向排列，包括图标和文字色底。四周自由点缀一些彩色短线，让整个版面不至于呆板。

表现时尚主题的倾斜式构图

倾斜构图版面的主要元素采用倾斜式的编排，形成版面的不安定感和强烈的动感，这是非常吸引眼球的构图，常用于时尚类主题。

海报中有大量的文字信息，如果单纯横向或竖向排列会显得十分呆板、平庸，转动一定角度，画面效果则生动很多。

画面中有大量的几何元素组合排列，形状各异，色彩丰富，加上整体倾斜式的构图，给人欢乐、活泼、动感的印象。

拓展案例

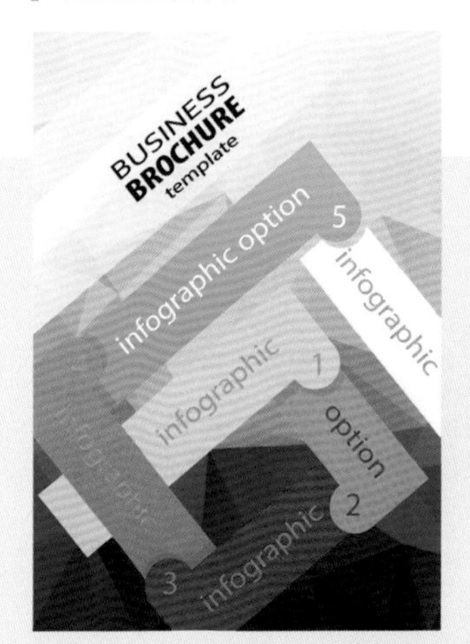

封面采用倾斜式构图，加上回形排布的小标题，整个商业宣传册显得逻辑清晰又充满趣味感，不至于枯燥乏味。

画面主体为发射的宇宙飞船，将主体倾斜一定的角度会给人带来动感和速度感。

海报采用倾斜式构图，粉色与黄色的搭配及松散排布的琴键，让人仿佛感受到指尖的跳跃和音乐轻快的旋律。

表现趣味性的曲线构图

将版面中的主要元素在排版结构上按照曲线进行排列，形成一定的视觉流程，我们称之为曲线构图。曲线构图引导读者的视线按照曲线流动，表现出极强的动感和趣味性。

图为马来西亚的旅游宣传海报，海报展示了海洋中的一块陆地，一条蜿蜒的公路贯穿其中，串起了各个景点，给人丰富、愉悦的视觉感受。

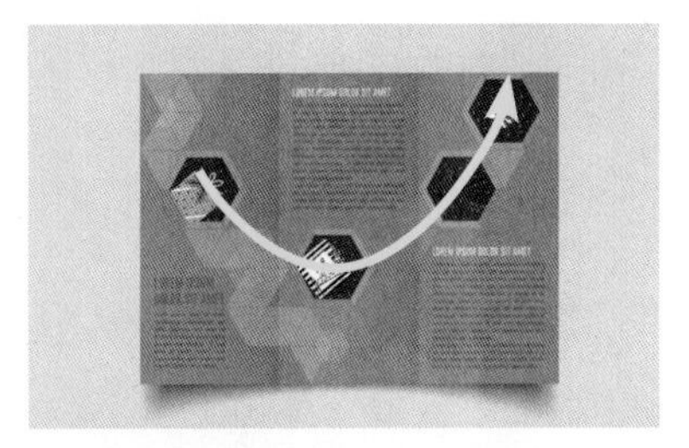

DM单中四个六边形图片加上色底的分布，在版面中形成了曲线型的视觉走向，文字按顺序分布在两侧，能给读者带来流畅的阅读感。

拓展案例

版面采用了十分夸张的曲线构图，标题也进行了曲线弯曲，搭配饱满的橙黄色，整体充满了趣味和动感。

泰国的旅游手册封面，版面中元素繁杂，插入一条弯曲的马路引导读者视线，使整个画面丰富饱满又错落有致。

从乐器中发出的声音，以球员的剪影、彩虹和足球的形态展示出来。运用了曲线构图，整个版面如优美的旋律般流淌。

突出主题的三角形构图

三角形构图分为正三角形和倒三角形两种形式。其中正三角形具备了三角形的稳定感，而倒三角形则表现出不稳定感和动感。

版面中的标题文字和两条斑点狗的编排构成了正三角形的构图，虽然两只狗争衣服的姿态极具动感，但正三角形的构图依然表现出了十足的稳定性。

该饮品海报中的主体呈V字形摆放，形成了倒三角形的版面构图。底部向上飞溅的液体加强了画面不稳定的动感，更贴合产品的特性。

拓展案例

人物剪影在形态大小和布局上形成了正三角形构图，画面效果稳定又突出，具有一定的仪式感。

悬挂的烟头由远及近排列，形成倒三角形构图，尖角指向核心标题，整个海报信息清晰、直观，极具视觉冲击力。

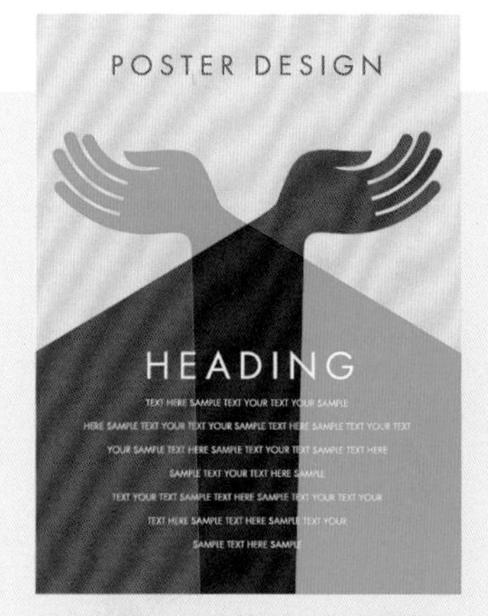

双手相交形成了等腰三角形构图，文字居中排列，整个画面充满了仪式感和稳重感；鲜艳的撞色搭配让画面不枯燥。

视觉冲击力强的聚集式构图

版面中的大部分主要元素按照一定的规律朝向同一个中心点聚集，这样的构图被称为聚集式构图。聚集式构图能够强化版面的重点元素，同时具有向内的聚拢感和向外的发散感，视觉冲击力较强。

画面中牛奶、勺子和周围的水果都向中间的冰淇淋产品聚拢，极具视觉冲击力，给人生动、活泼的印象。

版面由许多几何形状的碎片组成，分别向标题聚拢，既突出了标题，也让其他文字段落层次分明。

拓展案例

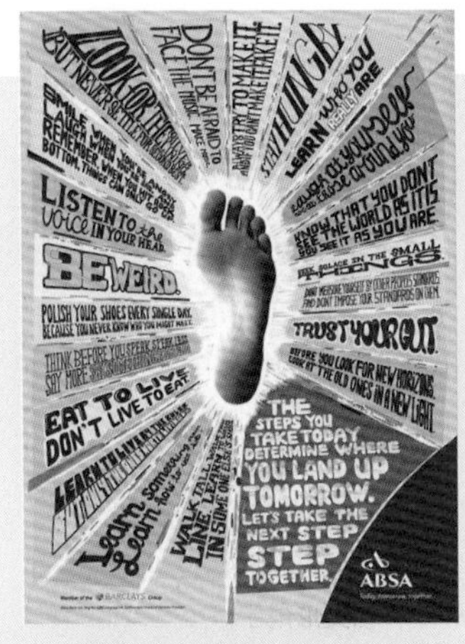

所有说明文字都从视觉中心的脚丫向外散发，视觉上形成爆发感，强烈而有趣。

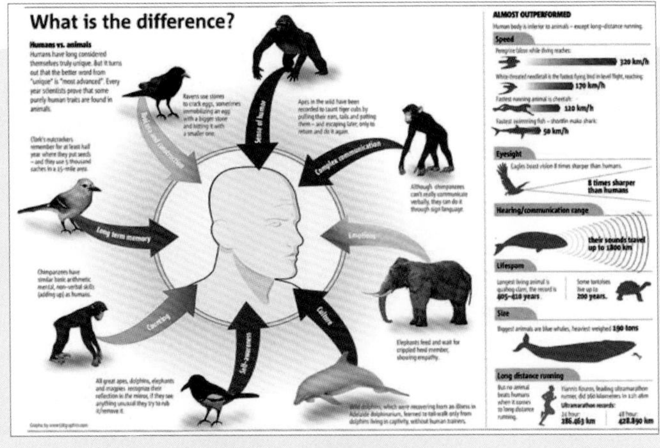

让各种动物的图形环绕在周围，并且通过箭头聚集到视觉中心的人物图像上，版面整齐有规律，强调了人与动物的和谐共生。

轻松均衡的分散式构图

分散式构图是指版面中的主要元素按照一定的规律，分散地排列在版面中。这样的构图通常分布比较平均，元素和元素之间的空间较大，给人自由感和轻松感。

三个版面中的插图以小贴纸的形式自由、均匀地分布，搭配鲜艳的色彩，给人轻松、可爱的印象。

该招聘海报通过分散式构图展示了许多员工福利和公司产品图，加上适当的留白，营造出了丰富、惬意的氛围。

拓展案例

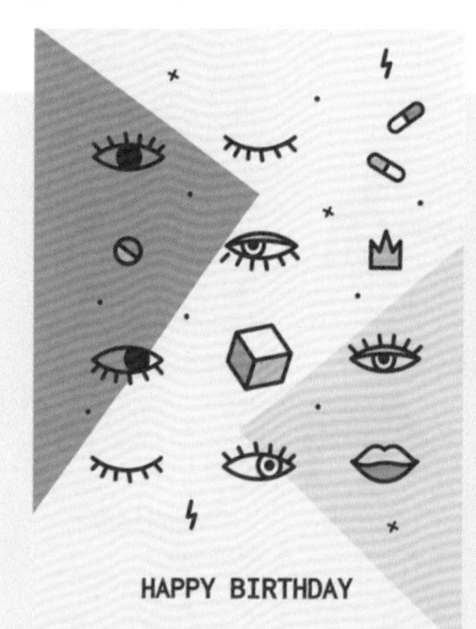

按规则的网格均分图标，样式各不相同，再点缀些小点，整个画面简约可爱。

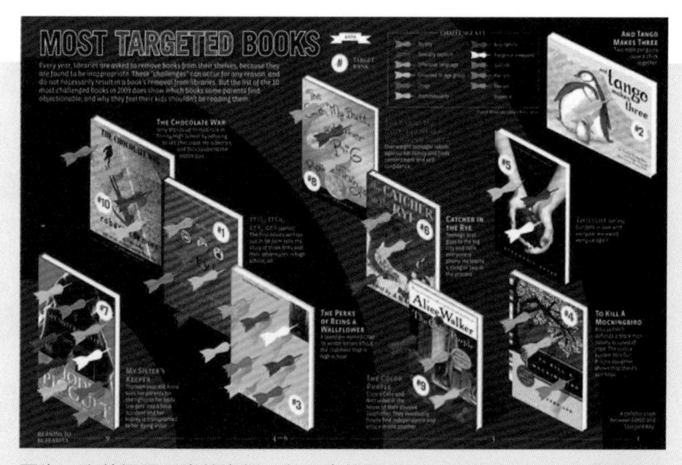

图为一张数据展示类的海报，版面中的图案均以同样的大小和角度倾斜放置，有规律但却不会让人觉得呆板、乏味，搭配丰富的色彩，整体表现出了一种趣味性。

活泼独特的坐标式构图

坐标式构图是指版面中的文字或图片以类似坐标轴的形式，垂直与水平交叉排列。这样的编排方式比较特殊，能够给读者留下较深的印象。适合相对轻松、活泼的主题，文字量不宜过多。

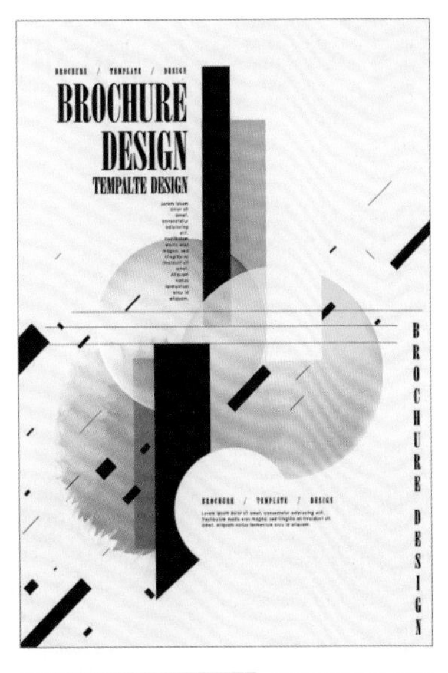

该版面中的主要文字分别以垂直和水平的方式排列，并形成十字形交叉构图，产生独特的视觉效果。

封面通过几何图形、线条组成了坐标式构图，标题及文字内容按照坐标轴对齐排布，黑白搭配渐变色，极具设计感。

拓展案例

以中间的长线为竖轴，其他主要文字内容按照横轴方向排布，信息层次分明。

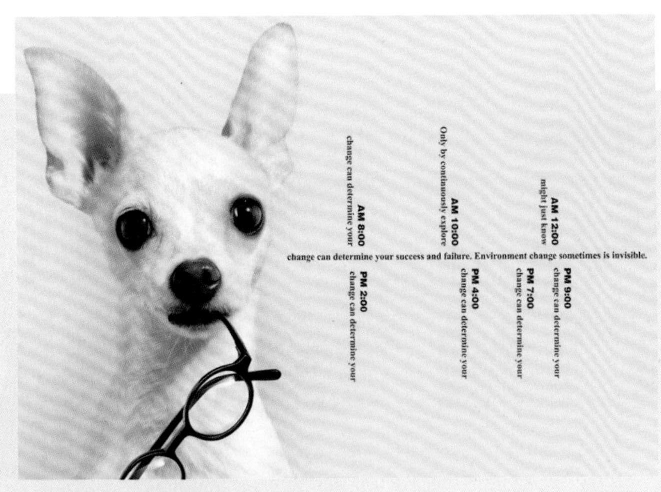

该版面中的文字运用了坐标式的编排方式，垂直和水平的文字交叉排列。搭配可爱的小狗图片，整个版面给人轻松、逗趣的印象。

CHAPTER 02

时长：0.5 课时

5 种视觉流程，轻松引导读者视线

单向视觉流程

版式设计中需要有一定的顺序和主次来引导读者的视觉流向，但要符合人们的视觉习惯。比如从上至下、从左至右，粗体字比细线字更易引起注意等，利用这些视觉习惯，在版面中形成单向的引导，可达到清晰、直观的展示效果。

海报中的两个字母倾斜放置，并且四周插入同方向的斜线，整个版面动感十足。

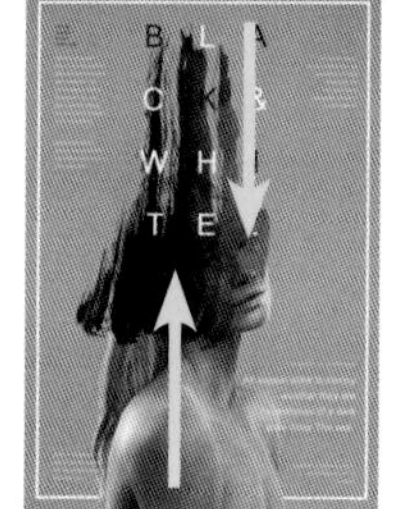

海报中的主要视线是纵向的，给人简洁、有力、稳固的视觉感受。

拓展案例

画面中元素较多，均匀分布在水平方向上，读者的主要视线是水平的，这种水平摆放正好可以引导读者视线，整体会给人安静、温和、惬意的感觉。

画面中水平排列了各式色彩丰富的酒瓶，标题和文字段也对读者的视线进行了水平方向的引导，给人平静、高级的印象。

重心视觉流程

人们在观看一个版面时，视线最终停留的位置就是视觉的重心。视觉的重心能够稳定版面，给人安心的感觉，当它处在版面的不同位置时，带给人的感受也是不同的。

人物的腿部是整个版面的重心，处在版面中央略偏右的位置，与大片蓝色天空搭配，给人安心、宁静的感觉。

广告中的产品为画面重心所在，背景中的芦荟叶由上至下、从稀疏到密集地指向重心，自然地将人的视线引向产品本身。

拓展案例

海报的重心位于标题“85”的位置，简约而绚丽，给人眼前一亮的感觉。

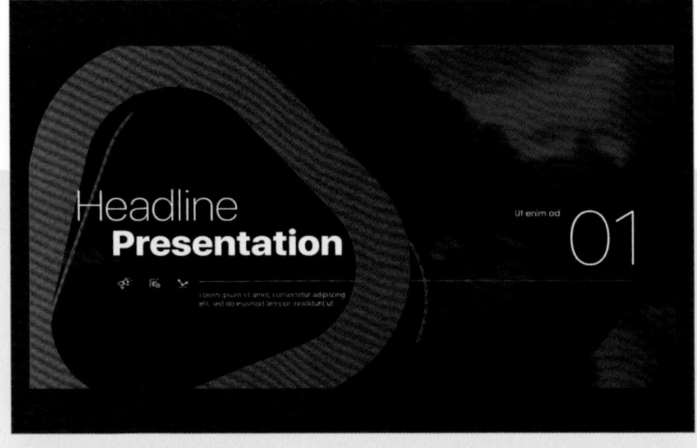

图为时尚简约风格的PPT模板，根据元素的密集程度可以感受到画面的重心靠左，右侧有一定的留白，水平横线连接序号自然引出，信息直观，层次清晰。

反复视觉流程

反复视觉流程就是让相同或者相似的元素重复出现在画面中，形成一定的重复感和韵律感。这样的排列方式使本身较为单一的图形富有生动感，并且具有较强的识别性。

颜色各异的等边三角形按照固定的中心旋转，围合成一个正六边形，在黑色背景下极具时尚感。

STUFF SNOWBOARDS

Kings of Neon

The best snowboards of '09 boast top tech and eye-searing graphics. Hang one on your wall, brah!

Best Rides '09 Shred the three hottest new spots in the States

相同造型的滑板整齐地排列在版面中，绚丽多彩的涂鸦让每个滑板都各具特色，使版面整齐统一又富有变化。

拓展案例

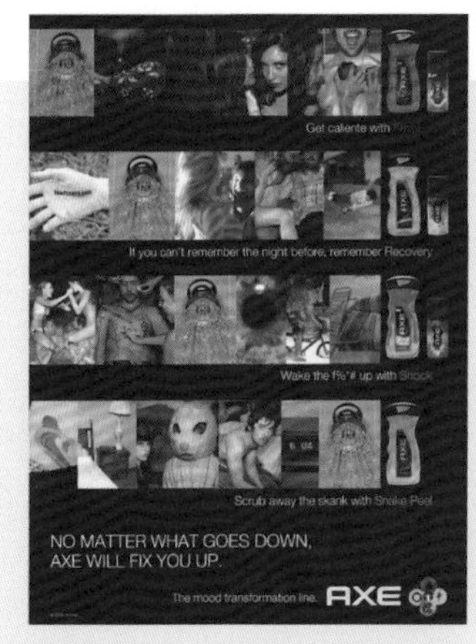

根据不同的产品颜色，搭配相应色相的照片组合，海报内容充满趣味性。

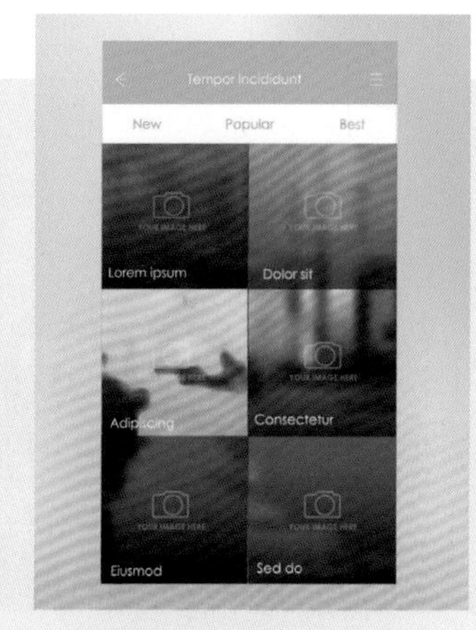

UI设计中，反复视觉流程也十分常用，上图使用相同尺寸来展示同等级图片信息。

该网页中的图标及信息框在水平方向上形成了反复的视觉效果，版式整齐。

导向性视觉流程

导向性视觉流程也是设计师在设计中经常使用的一种手法，通过图形设计或布局，引导读者按照自己的思路贯穿整个版式，形成一个重点突出、信息直观的画面。

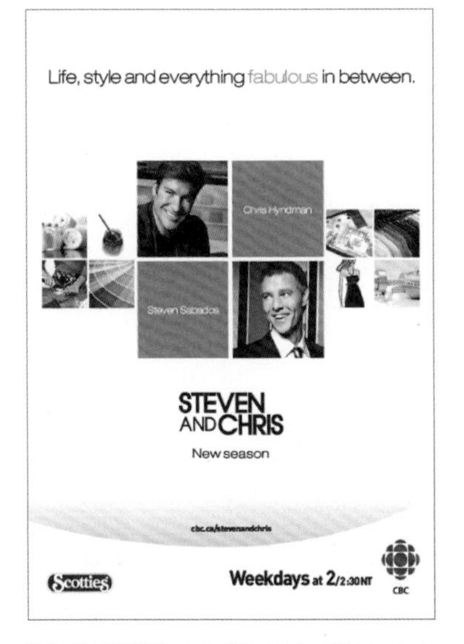

两侧图片与中央主图形成大小对比，将读者视线从周围的文字上集中过来，使重点突出。

飘散的气球通过一根根线条统一连接到人物身上，使整个画面都富有动感和爆发力。

拓展案例

画面的重心靠近下方，通过书本散发出的光线引向海报标题，使画面生动、梦幻。

版面中的标题和人物两个主体都采用明亮的黄色，引导读者的视线从标题向人物的裙摆延伸。

读者的视线首先会被吉他所吸引，再沿着吉他弦向上延伸到海报标题，画面趣味十足。

散点视觉流程

将版面中的图形散点排列在版面的各个位置，呈现出自由、轻快的感觉，我们称之为散点视觉流程。散点视觉看似随意，其实并不是胡乱编排的，需要考虑图像的主次、大小、疏密等因素。

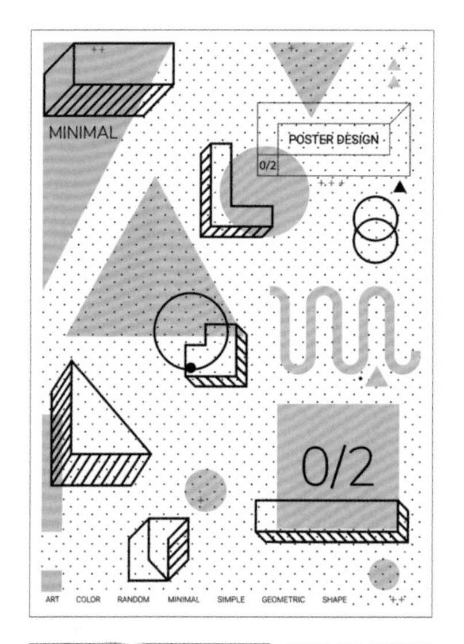

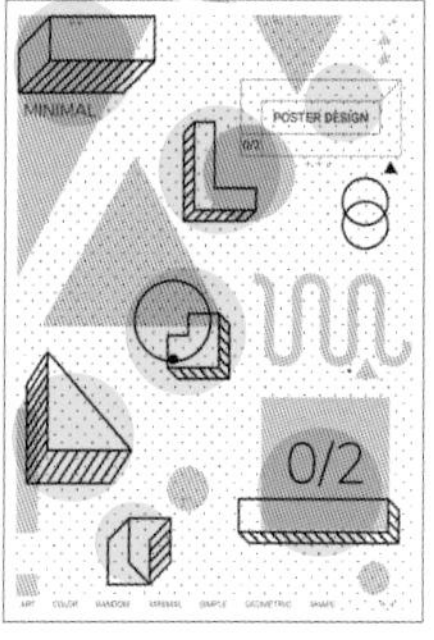

版面采用简单的几何元素散点排布，整体给人均衡、自由感，搭配黄色给人愉悦、轻松的印象。

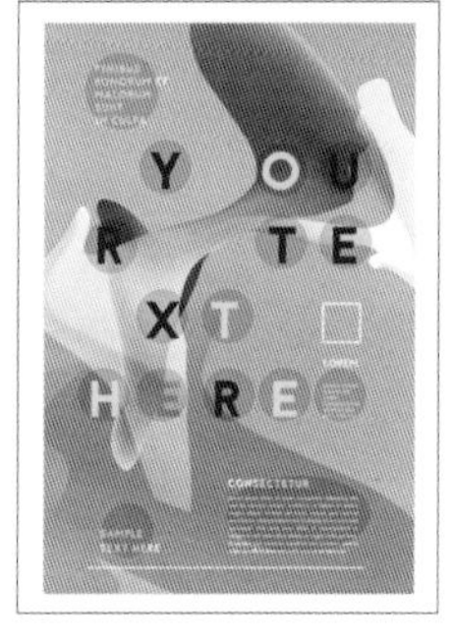

海报中文字信息打散排布，但四边均对齐并控制在无形的矩形框中，与缤纷的背景搭配，时尚、简约，十分吸睛。

拓展案例

图文看似零散无序，实则都控制在背景框中，乱中有序，搭配橙黄色，复古又时尚。

图为某餐厅菜单，版面采取散点视觉流程并且满版排布，给人充实、种类繁多的印象，文字信息均向左对齐，色彩上也有区分，增强了秩序感，不影响阅读。

CHAPTER 02

时长：0.5 课时

运用合适比例优化版面效果

对比与平衡

版式设计中的对比包括文字、图形、色调、动静、形态等的对比，能强化版面视觉效果，使主题更加突出、强烈。平衡是指版面的上下左右比例适中，给人平衡、稳定的视觉感受。

该版面中的图片与图片之间形成大小对比关系，将重点图片放大，对比强烈。

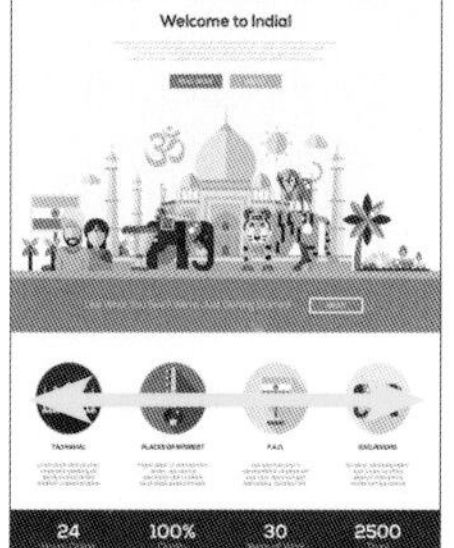

这个版面中不管是标题、文字段还是图片都居中或均衡排布，具有稳定感。

拓展案例

图为某快餐菜单，主推的套餐与单品在图片大小上形成对比，并且版面上下左右比例适中，给人平衡、稳定的感觉。

礼品券的上下分布均衡，左边的条形图标与右边的面额信息在版面率上形成鲜明对比，留白也使面额信息更加突出。

四边和中心点

版心边界的四条边即四边，连接版面四个角的对角线的交叉点就是版面的中心点。利用四边和中心点的结构能使版面具有多样的视觉效果，中心点使版面横、竖居中平衡。

图片居中排布，并留有一定宽度的白边，四边都有文字和图标分布，整体给人简约、清新的印象。

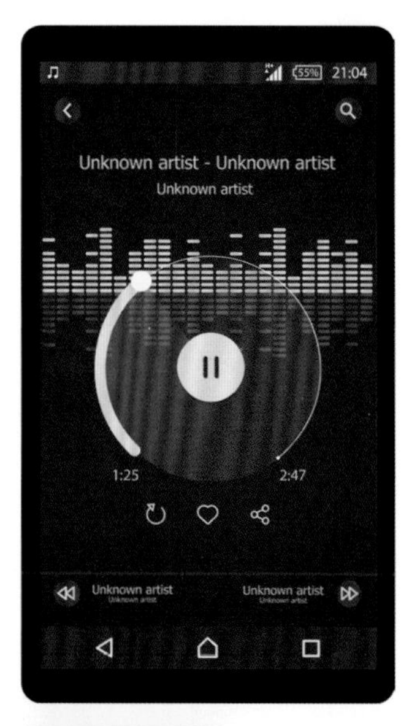

音乐播放软件的界面设计，采用了四边和中心的技巧，整个版面显得均衡，信息清晰易辨识。

拓展案例

邀请函四周环绕着花卉图案，整体版面均衡、和谐，并且使中心的文字内容更为突出。

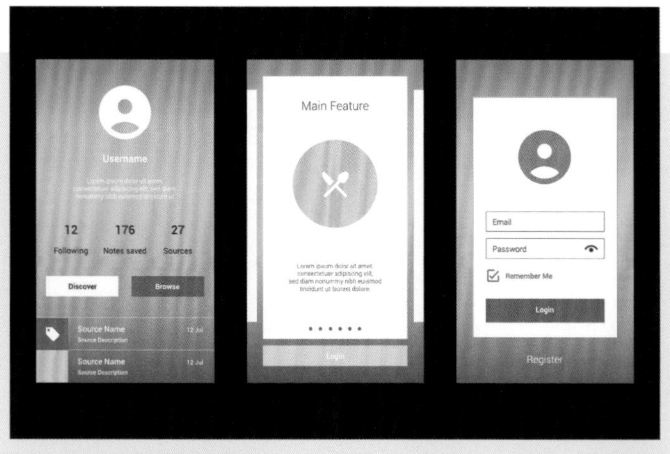

图为某手机软件的用户界面设计，均采用了四边到中心的构图，不仅版面均衡、统一，而且界面的信息也更加简约、直观，大部分手机软件的用户界面都采用这样的版式设计。

统一稳定的对称形式

版面中的主要元素以中轴线为对称轴，上下或左右对称编排，我们称之为对称。对称编排给人平衡、稳定、统一的感受，但也容易造成呆板的印象。

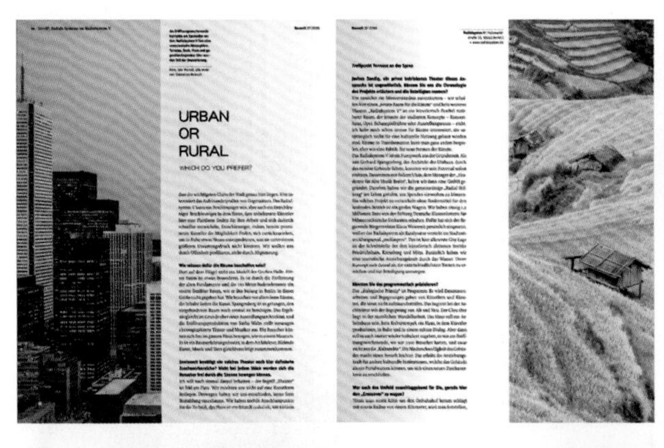

杂志内页以竖向中轴线为对称轴，左右图片、文字对称，对照感极强，并且图片采用三边出血的处理形式，增强了感染力。

以横向和竖向中轴线为对称轴，都可以将版面中的图片进行对称分割。这样的编排方式能够形成统一感和强烈的稳定感。

拓展案例

图片以竖向轴线左右对称，文字以横向轴线上下对称，兼具仪式感和趣味性。

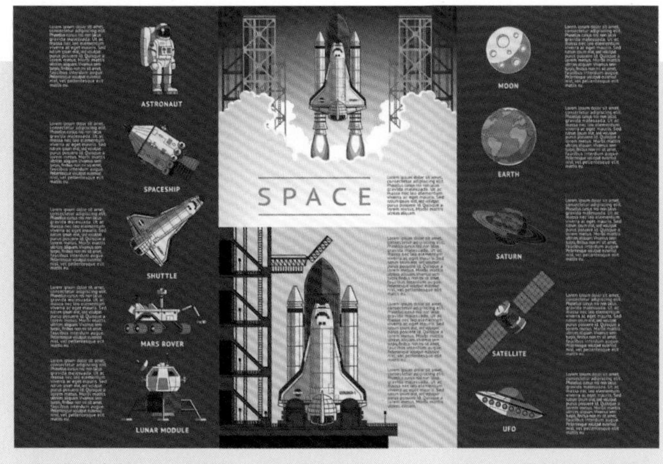

版面内容为航天相关知识，有大量的图标和文字段落。以横轴和竖轴为对称轴，两张主要图片居中，图标则分布两侧，信息层次分明。

充满视觉美感的黄金分割比例

黄金分割比例源于古希腊建筑，是指将版面中的某元素分为两部分，两部分比例为1：0.618，这是最容易引起视觉美感的比例。在版式设计中，一般将黄金比例运用到元素之间的长度比上。

该杂志内页的版面设计中，图片与下方的白色背景区块运用了黄金比例进行编排，形成了舒适的美感。

上方的主图与下面的小图标在宽度上运用了黄金比例，其中汉堡与标题的中轴线也对整个画面进行了黄金比例分割，形成了协调舒适的视觉效果。

拓展案例

画面中人物的脸处于横向和纵向黄金分割线的交叉点位置，具有视觉美感。

海报标题位于横纵黄金分割线的交叉点位置，两只兔子也排在两角位置。

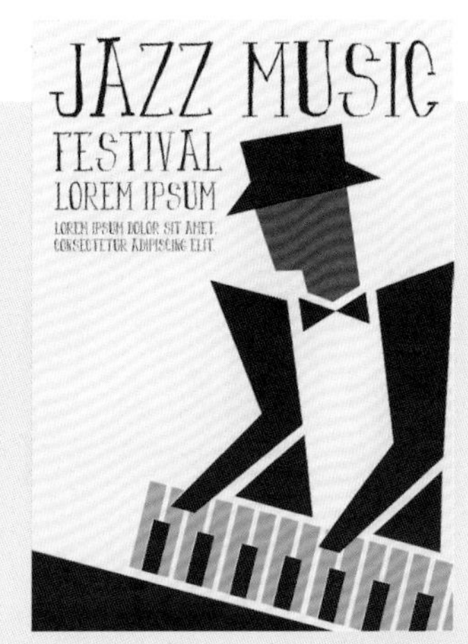

海报中的人物以竖向黄金分割线为界居于右侧，左侧留白，画面充满视觉美感。

打破平衡与约束的自由型

所谓自由型是指在版面设计中打破约束，打破传统的网格结构，在版面中尽可能地发挥创意，表现出较为自由的感觉。但是这种版式控制起来有一定难度，设计时应该注意把握好尺度。

海报构图运用了像漫画分镜一样的构图，画面显得灵动、活跃，极具视觉张力，个性十足。

杂志内页中的化妆品打破网格约束，从不同角度插入画面，体现出了灵活构图，十分生动。

拓展案例

图中的文字根据破碎的底纹排列，呈现自由、奔放的效果，极具视觉冲击力。

图为某滑板俱乐部的宣传单，图片采用不规则边框，与四周分布的彩色色块搭配，充满动感与激情，营造出自由、兴奋的氛围。

CHAPTER 02

时长：0.5 课时

不可忽视的细节调整

统一边线，增强秩序感

当版面中有很多张图片时，如果图片排版的边线没有统一，那么版面层次就会显得凌乱，很难让人抓住它们之间的关系。这时就需要调整页面中不同元素、不同内容的垂直边线和水平边线，让这些元素形成一个边线明确的组合，使读者能明确感受到这些元素之间的联系，更能产生版面结构统一的印象，形成秩序感。

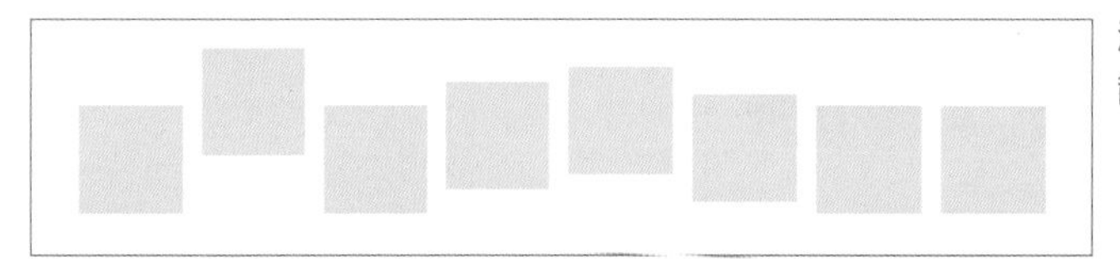

没有经过统一边线处理的版面十分零散、杂乱，给人不安定感。

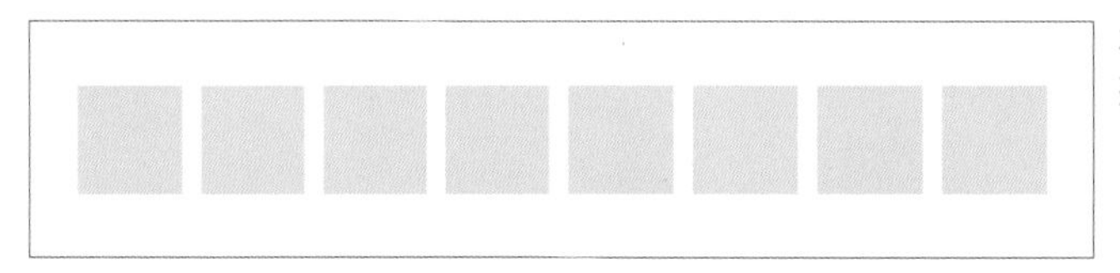

水平方向统一边线后，增强了关联感和整体的统一感，产生了秩序。

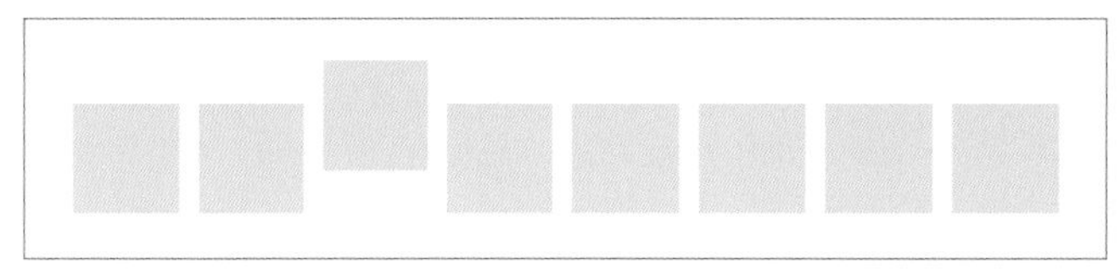

大部分元素统一，个别元素打破秩序感，则会十分突出，将其运用到版式中会有意外的效果。

拓展案例

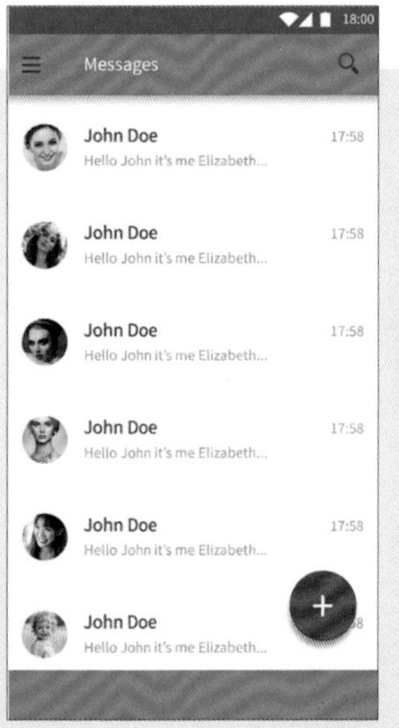

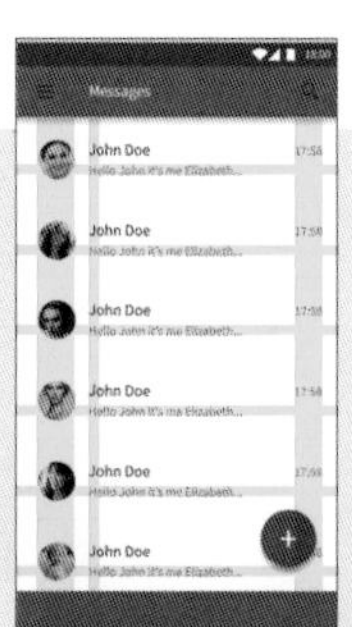

均衡、对齐在UI设计中很常用，左图的手机界面信息直观、层次清晰，具有强烈的秩序感。

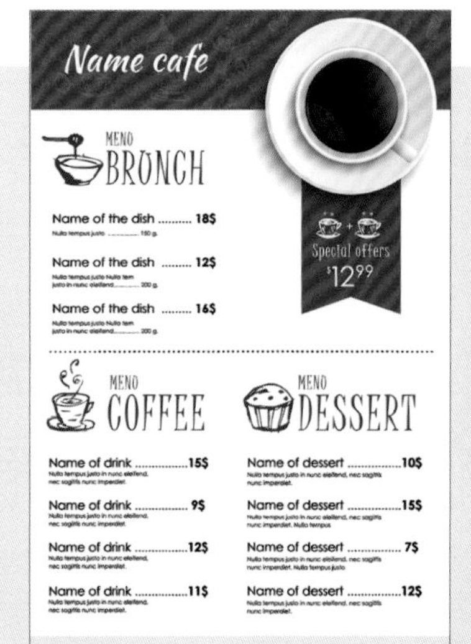

海报中文字信息打散排布，但四边均对齐并控制在无形的矩形框中，与缤纷的背景搭配，时尚、简约，十分吸引目光。

拓展案例

杂志内页有大量的文字内容，通过纵向的分栏，让版面整体产生秩序感的同时，也适当减轻了读者的阅读压力。

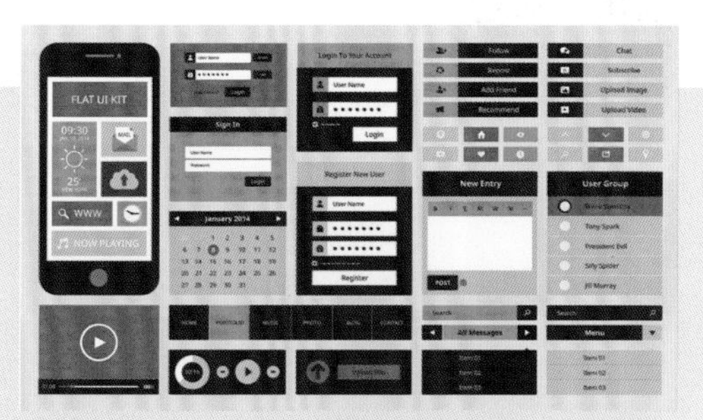

图为一组手机界面设计，不论是图标还是文字框都借助辅助线进行了边线对齐，整体给人层次清晰、信息直观的印象。

图为报纸的版式设计，版面中信息繁多，图示也很丰富，依据网格来编排可以很好地处理版式的边线。

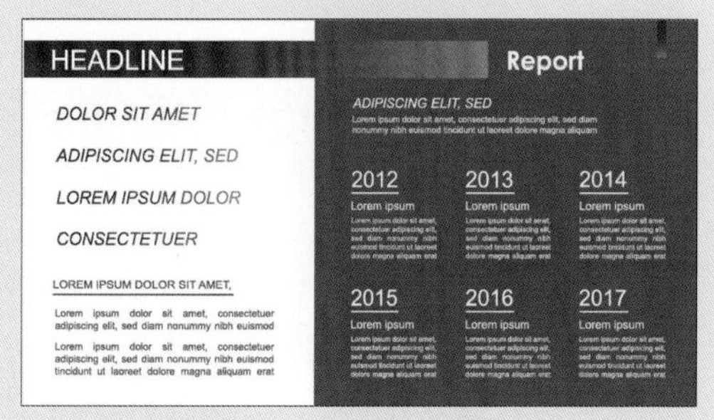

PPT的文字信息繁杂，内容也较多，通过对内容的梳理和辅助线对齐的方式，使整个版面整洁、干净，信息层次清晰。

调整构图元素间的间距

在版式设计中，常采用间隔对版块进行划分，其效果比线条划分更加清晰、直观。元素之间采用相同长度的间隔可以产生关联性，不同的间隔则会产生不同的心理暗示。灵活运用元素间的间隔，可以使版面表达更加轻松、直观。

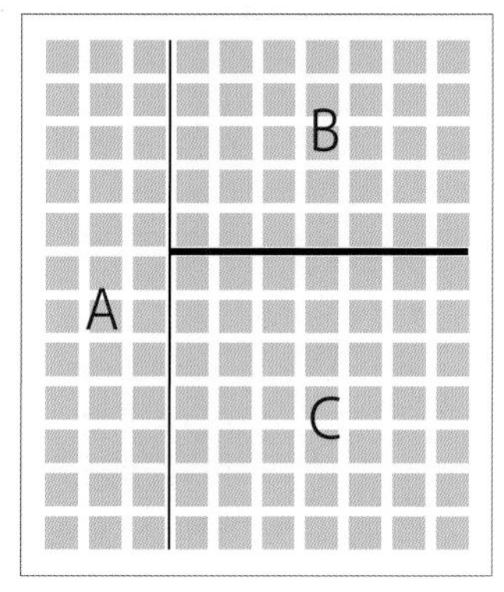

采用线条间隔时，其效果会受到线条粗细干扰。A与B、C的分界由于线条过细而模糊不清。

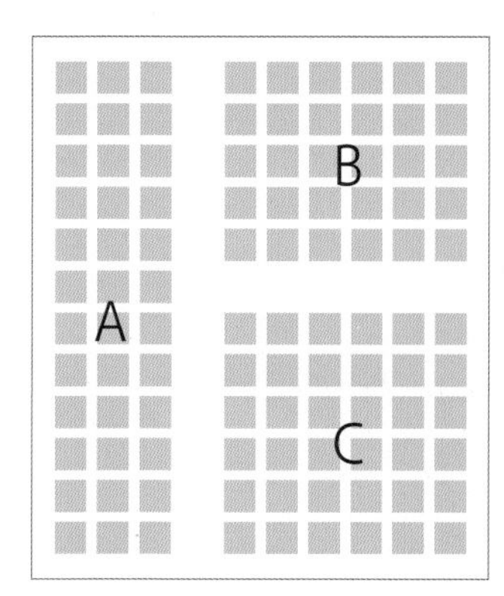

均采用相同的间隔，A、B、C版块既保持了自身的独立性，又创造了三个版块间的关联性。

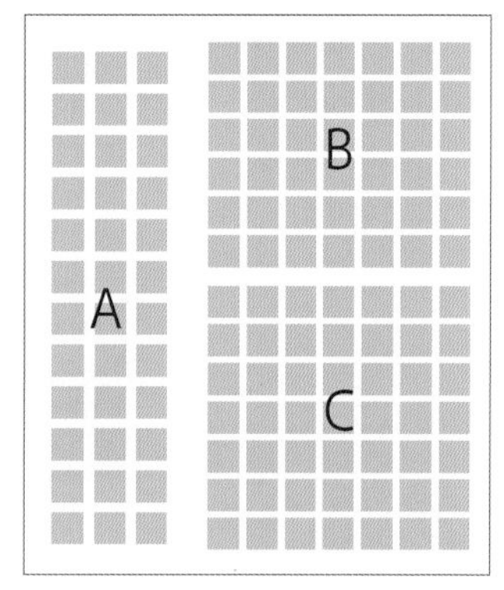

B、C的间距小于与A版块之间的间距，在心理上版面被大体分为A和BC两个大版块。

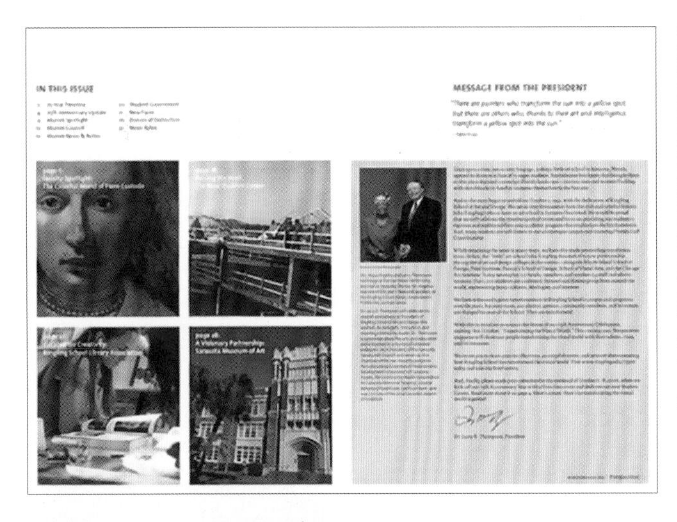

版面左页的四幅图片运用了同样的间隔类型，使本身截然不同的图片之间产生了联系，秩序井然。与右页内容的间距较大，做出自然区分。

该杂志的图文信息较多，在版式上分为两栏，右页的栏间距大于最右栏中的图文间距，使图文之间的联系更加紧密，内容结构更加清晰。

拓展案例

图为某家居杂志内页，其中的六张图片共同展示了场景的某一个角度，照片之间间距相等，不仅不影响照片内容的展示，还为读者扩展了更大的想象空间。

版面右侧的制作过程图运用了同样大小的剪裁处理，左右对齐，给人均衡有序的感觉。

分别从构成法则和视觉效果分析下面两组图的版式排列。

图组一

图组二

（答案见下载资源）

03

营造氛围的关键——文字

作为版式设计中不可或缺的重要元素之一，文字的编排发挥着极其关键的作用，是传达版面信息的重要构成元素。不同的字体、字号、编排方式等都会直接影响版面的易读性和效果。

03
CHAPTER

时长：0.5 课时

选择合适的字体很重要

字体样式影响版面风格

无论在何种视觉媒体中，文字都是非常重要的表现元素之一。字体是指文字的风格样式，或是文字的图形表达方式，字体的选择会影响整个版式的风格。在设计时，要依据版面的内容风格来选择合适的字体。例如，新闻报刊的标题字体应方正、严谨，给人权威、可靠的感觉；儿童读物则应选择可爱、圆润的字体，使版面充满亲切感。

标题字体为方正清刻本悦宋简体，形态纤瘦，具有书法的笔韵，是一种优雅、古典的字体，与版面氛围相协调。

方正大黑简体的笔画粗细均等，是常见的现代字体，易于辨识，给人方正、厚重、强势的印象，没有明显的风格倾向。

标题字体为圆润、可爱的方正胖头鱼简体，字体内侧留白较少，十分饱满，适合儿童题材，而不适合古风题材。

拓展案例

海报版面以一个巨大的“福”字为主体，字体为宋体与现代字体的结合，既体现出了传统文化，又表达了传承与延续。

手写体的文字与手绘的图画相呼应，弯曲的点线贯穿整个版面，整体呈现出细腻、轻盈、趣味的风格。

中英文字体的编排

中文字体的编排

中文字体形状方正、规整，并且每个文字占据空间相同，相较于长度不同的英文单词，缺少节奏感，限制较多。对此可利用字号大小差异来引导阅读，或使文字上下错位或倾斜来打破僵硬的格局；还可以利用书法字体营造氛围。

该画册内页的标题文字选择了类似印章篆刻的字体，具有浓郁的中国风；正文使用宋体，排版工整，便于阅读，给人温和、古典、平静的视觉感受。

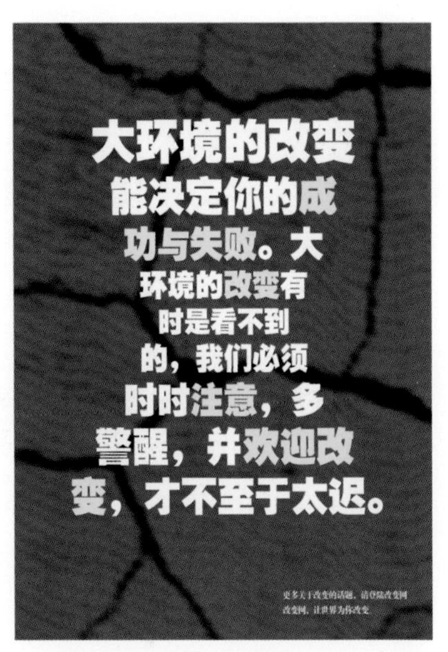

图为纯文字海报，字体运用粗黑体，方正有力。通过调整字号的大小和文字排布位置，形成了版面上的变化与造型。

英文字体的编排

英文字体呈流线形，其编排灵活性很强，能够根据版面的需求灵活变化字体的形态，以便更好地调整版面僵硬、呆板的问题，制作出丰富、生动的版面效果。

该海报的版面设计中，将文字进行了曲线路径编排，整个版面十分吸睛，给人一种柔美的韵律感，显得十分流畅。

该杂志封面的版式中使用了多种英文字体，搭配绚丽的色彩，变化丰富但毫不杂乱，充分展示了英文字体灵活的特性。

中英文字体混合编排

将中文字体的象形、会意等特征和英文字体的简单、图形化的特征充分结合，不但能展现出两种字体的优势，还能使版面显得饱满、具有层次感。在编排时，应注意中文字体与英文字体的设计创意和主次关系，做到层次分明。另外，还要注意字体的统一性，如果字体变化形式过多，容易造成版面的混乱。并且因为某些字体的特殊性，同字号的英文字体在形态上会比中文小，需要将英文调大一号。

该美食杂志内页运用了中英文字体结合的方式，中文字体作为主体，笔画较粗；英文字体作为辅助和装饰，笔画较细，字号较小，体现出一定的层次感。

该海报版面设计中的中英文字体和字号都比较接近，整体感较强，英文字体除了是对中文字体的补充说明之外，还具有一定的装饰作用。

中英文混排需要对两种字符的宽度进行适当的调整。字符宽度的设计是以一个英文字符的宽度为基础的。在编排时，可将中文与英文单词之间空出一个字符的位置。此外，不能将一个英文单词拆开进行换行编辑。

故事中Alice被一只身穿马甲的兔子所吸引，在追赶过程中Alice掉入了一个深不见底的树洞，来到了一个如同仙境般不可思议的“地下世界”。

故事中 Alice 被一只身穿马甲的兔子所吸引，在追赶过程中 Alice 掉入了一个深不见底的树洞，来到了一个如同仙境般不可思议的“地下世界”。

第二张图的中英文之间空出一个字符宽度，阅读更加舒适。

中文字体是以正方形方框为标准设计的，字面宽度大于字符宽度，而英文字体的字面宽度与字符宽度相等，在编排时，会因字体形态的差异而产生变化。因此，中英文混排时，需要统一字号和位置的基准线。

abcdefghijklmn

红色线条为英文字符的基准线。

微软雅黑 Lucida Sans
方正细黑一简体 Courier New
方正黑体简体 Arial
方正正黑简体 Helvetica
方正小标宋简体 Cambria Math

常见的中文字体和英文字体搭配组合。

时长：0.5课时

恰当的字号和间距为版面增光添彩

印刷文字的字号规定

字体的大小标准包括号数制、点数（磅值）制、级数制，其规格以正方形的汉字为准。号数制采用不成倍数的几种活字为标准，字号的标称数越小，字体越大，使用起来简单方便。使用时不需要考虑字体的实际尺寸，只要指定字号即可，但因字号与字号之间没有统一的倍数关系，所以折算起来不太方便。点数制是国际上通用的一种计量方式，通过计算字外形的“点”值为衡量标准。“点”是传统计量字大小的单位，英文为point，单位为pt，1点≈0.35mm。级数制是手动照排机实行的字形计量制式。它根据机器上控制字形大小的镜头齿轮制定，每移动一齿为一级，并规定1级≈0.25mm。

号数	点数	级数（近似）	边长	主要用途
初号	42	59	14.82mm	标题
小初	36	50	12.70mm	标题
一号	26	38	9.17mm	标题
小一	24	34	8.47mm	标题
二号	22	28	7.76mm	标题
小二	18	24	6.35mm	标题
三号	16	22	5.64mm	标题、公文正文
小三	15	21	5.29mm	标题、公文正文
四号	14	20	4.94mm	标题、公文正文
小四	12	18	4.23mm	标题、正文
五号	10.5	15	3.70mm	书刊、报纸正文

拓展案例

以上图的DM单为例，其封面标题文字使用22pt的字号，内文小字则使用8pt的字号，这是十分常用的印刷品正文字号。

该杂志开本为210mm×285mm，标题为54pt黑粗体，使人印象深刻，再搭配灵活的大尺寸图片，具有强烈的纪实感。

结合字体设置字号和间距

字号大小决定着版面内容的层次关系，如标题与正文的字号。字距是指字与字之间的距离，字体面积越小，字距就越小，字体面积越大，字距就越大（字体越粗壮，字距要相应加大以便于阅读）。即使使用了同样的字号，不同的字体大小及间距也是有所差别的。如笔画较粗的字体不需要太大字号，也能达到较强的引人注目程度；字距增加，也能加强文本的注目程度。因此，字号与字距的选择需要结合字体特点来考虑。

版式设计

版式设计是现代设计艺术的重要组成部分，是视觉传达的重要手段。表面上看，它是一种关于编排的学问；实际上，它不仅是一种技能，更实现了技术与艺术的高度统一，版式设计是现代设计者所必备的基本功之一。
版式设计是指设计人员根据设计主题和视觉需求，在预先设定的有限版面内，运用造型要素和形式原则，根据特定主题与内容的需要，将文字、图片及色彩等视觉传达信息要素进行有组织、有目的的组合排列的设计行为与过程。
排版设计本身并不是目的，设计是为了更好地传播客户信息。设计师自我陶醉于个人风格或与主题不相符的字体和图形中，往往是造成设计失败的主要原因。一个成功的排版设计，必须明确客户的目的，并深入了解、观察、研究与设计有关的方方面面。

该版面中的文字字体较纤细，字距设置为0，是平面设计中常用的字距值，整体阅读起来比较流畅。如果将字距设置小于0，行文则会比较紧凑，不适合大篇幅使用。

版式设计

版式设计是现代设计艺术的重要组成部分，是视觉传达的重要手段。表面上看，它是一种关于编排的学问；实际上，它不仅是一种技能，更实现了技术与艺术的高度统一，版式设计是现代设计者所必备的基本功之一。
版式设计是指设计人员根据设计主题和视觉需求，在预先设定的有限版面内，运用造型要素和形式原则，根据特定主题与内容的需要，将文字、图片及色彩等视觉传达信息要素进行有组织、有目的的组合排列的设计行为与过程。
排版设计本身并不是目的，设计是为了更好地传播客户信息。设计师自我陶醉于个人风格或与主题不相符的字体和图形中，往往是造成设计失败的主要原因。

该版面中的字号和行距并未改变，但字体较粗，视觉上比上图的字号大。正文的字距为100，缓解了粗体带来的沉重感，比较适合阅读。如果字距设置得过大，则会显得松散，阅读体验感较差。

拓展案例

图中海报为简约几何风格，左边海报的标题字大小适中，与图相呼应，右边海报白框内的标题字间距很大，不仅能传播信息，还具有图案装饰的作用。

该PPT内文字信息较多，结合图形与对称排列将其整齐分类，其中小标题的字间距较小，给人紧凑、直观的感受。

根据信息内容设置行距

行距指的是每两行文字之间的距离。行距的确定主要取决于文字内容的主要用途。如果文字的行距适当，则行与行之间的文字识别度高；如果行距过小，则行与行之间的联系较紧密，但是可读性也会相应降低。

通常情况下，标题的行距需要保持全文统一；目录的行距一般为文字高度的2~3倍，这样的层级分类比较清晰；正文的行距需要保持全文统一；介绍文字的行距则要根据具体内容来确定。文字行距的巧妙留白，能够有效烘托出版面的主题，使版面的布局清晰有条理，疏密有致。

英文的行距一般是字号的1倍以上；中文的行距通常为字号的1~1.5倍，其中艺术类书刊可能达到2倍。

版式设计

版式设计是现代设计艺术的重要组成部分，是视觉传达的重要手段。表面上看，它是一种关于编排的学问；实际上，它不仅是一种技能，更实现了技术与艺术的高度统一，版式设计是现代设计者所必备的基本功之一。
版式设计是指设计人员根据设计主题和视觉需求，在预先设定的有限版面内，运用造型要素和形式原则，根据特定主题与内容的需要，将文字、图片及色彩等视觉传达信息要素，进行有组织、有目的的组合排列的设计行为与过程。
排版设计本身并不是目的，设计是为了更好地传递客户信息。

该版面中的文字点数为7点，行距为9点，过于紧密的文字会使读者感到疲劳，并且阅读时容易跳行，所以较紧密的行距不适合大篇幅使用。

版式设计

版式设计是现代设计艺术的重要组成部分，是视觉传达的重要手段。表面上看，它是一种关于编排的学问；实际上，它不仅是一种技能，更实现了技术与艺术的高度统一，版式设计是现代设计者所必备的基本功之一。
版式设计是指设计人员根据设计主题和视觉需求，在预先设定的有限版面内，运用造型要素和形式原则，根据特定主题与内

该版面中的行距为15点，行间距较大，每一行的文字内容都清晰明了，但版面的信息量大大减少。如果作为正文的行距则略显空旷，浪费版面。

拓展案例

杂志内页正文字号为9点，行距为16点，大篇幅的文字内容也不会给人太大的压迫感，可以烘托出较为轻松、闲适的氛围。

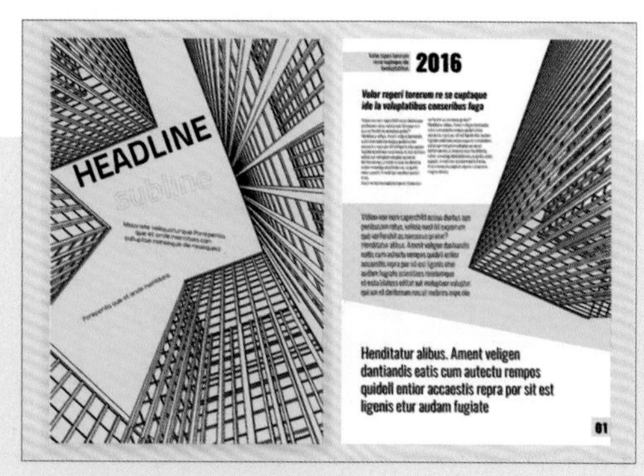

该DM单中的三段文字均采用了不同的字号和不同的行距，结构层次十分清晰，主次分明，便于人们快速获取信息。

根据段落调整段间距

段间距是指段与段之间的距离，包括段前距离和段后距离。精确设置段前、段后距离可以使文字段在每一次提行时自动隔开段落，避免“空行”这样的不规范操作影响后续编排。段距能让读者更加明确地看出一段文字的结束和开始。安排合理的段距还能增加文字间的留白，缓解阅读整篇文章所产生的视觉疲劳感，通常段距比行距更大一点。

过关后在机场兑换了200美元当地货币Dirham（DH），汇率8.0跟港币差不多。之后在机场花了200DH买了张电话卡，据说含300分钟和4个G的3G网络流量。老板一开始骗我说只能用10天，建议我花300DH买张可用一个月的卡。我虽然信了但没有买，后来玩了半个月，卡还是很正常的上网打电话。这么说我一下飞机就遇到骗子了，连机场都是！摩洛哥的3G网络还行，环游了一圈，除了南部撒哈拉地区和路过的一些山区信号较差，大部分城市信号都可以。我用的运营商是Maroc Telecom，我的小伙伴用的其他运营商的都没我的好。但后来在沙漠地区看到向导在沙漠都能打电话，那就不清楚是什么运营商了。

从机场到市区坐火车约30分钟，热心的当地人建议我不要从主车站Casa Voyageurs下车，而是坐远一站再转线坐到Casa Port车站，这样会离我的酒店近。换线时看见大家竟然都是提着箱子直接就走过铁路的，于是我毫不犹豫的入乡随俗。下车后见地图上酒店不远，干脆导航走过去，也好看看市容市貌。

卡萨布兰卡是摩洛哥最大的港口城市，因电影北非谍影而闻名于世。这次旅行全程估计要数这里最有现代都市感。一直都觉得市内有轻轨列车的城市比较高大上，这里就有。出租车全是白色的奔驰，只不过都是上了年纪的，与这个城市白色的建筑却也颇相衬。不过走在大街上也是随处可见各种脏乱，各种小商摊档，和天朝差不多，只是没有城管。由于太疲惫的关系，也没到处逛很多，留待第二天开发吧。在路上导航去酒店时，还有位热心的当地人提醒我不要在路上拿着手机，这样不安全。

图为某杂志内页的局部放大图，文字字号为6pt，行距为12pt，段距为3mm。较宽的段距为密集的文字注入轻盈感和透气感，缓解了大篇幅文字产生的视觉疲劳。

该杂志将段距设置为行距的2倍左右。分段明确，也不会显得过于宽大，既保持了段与段之间的联系，又让眼睛有了放松的机会。整个版面层次清晰，阅读起来轻松、流畅。

拓展案例

上图展示的家居杂志内页中，文字所占篇幅较小，行距较紧密，段距接近行距的2倍，使段落之间关系更加明确，条理也更加清晰。

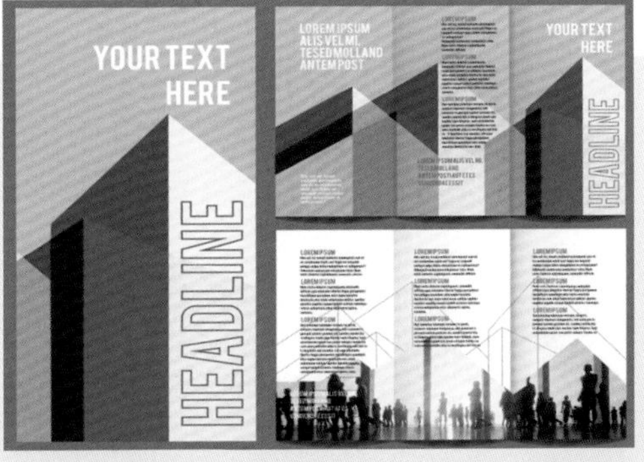

DM单内页的文字信息较多，增大段距使信息层次清晰，并且在段与段之间插入标题，更加扩大了段距的效果，也让内容显得更加精练。

CHAPTER 03

时长：0.5 课时

不同文字的组合编排丰富版面

文字的对齐方式

文字的编排需要一定的对齐方式，以确保整体的统一和阅读的方便。常用的对齐方式有左对齐、右对齐、顶对齐、底对齐、水平居中对齐、垂直居中对齐等。

中文字体比较方正，易呈现出较整齐的版面；而英文字体以流线型的方式存在，灵活性较强，能够根据版面的需求变化字体形态，很好地解决版面呆板的问题。

DM单底部的文字段落采用了底对齐的手法，整个版面十分整齐、饱满，内容层次清晰。

图为商务简约风格的PPT，文字内容均采用左对齐，与图片共同撑起整个版面，显得整齐、不空旷。

海报采用了居中对齐的手法，令视线集中，视觉效果强烈，信息直观，有较强的仪式感。

拓展案例

版面中的段落文字均使用了左对齐的手法，将分散的版面整合起来，具有整体感，错落有致又不显得混乱。

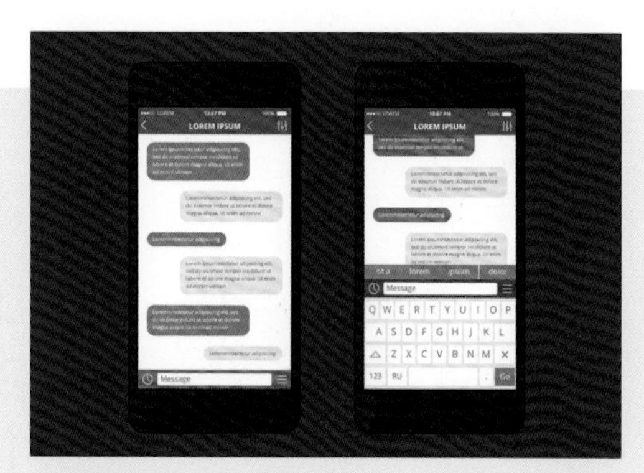

图为某社交软件聊天界面的UI设计。界面将对方和本人的信息分别左对齐和右对齐，使信息交流更加清晰、直观、高效。

增强版面吸睛力的文字编排

文字是编排设计中的基本要素，能够强调重点、平衡画面、增强版面的跳跃度。如果一个广告作品中没有任何文字，往往很难达到宣传的目的。所以文字承担着视觉效果与信息传递的重任。文字在版式设计中有许多编排技巧，下面通过具体实例进行介绍。

对比的编排技巧

图为某儿童餐厅的菜单，元素丰富，文字也运用了不同字体、字号、色彩等的对比处理，使版面呈现出生动、活泼、可爱的效果，信息直观，层次分明。

留白的编排技巧

该海报在主体文字周围设置了大量留白，没有过多元素的干扰。整个版面显得开阔透气，给人以高端、有品质的感觉。

体现文字方向性的编排技巧

该海报中的钓鱼竿起到了很好的视线引导作用，将整个海报的内容从钓鱼线到鱼连贯起来，完整地表达了宣传信息，版面趣味十足，十分抓人眼球。

强调文字的编排技巧

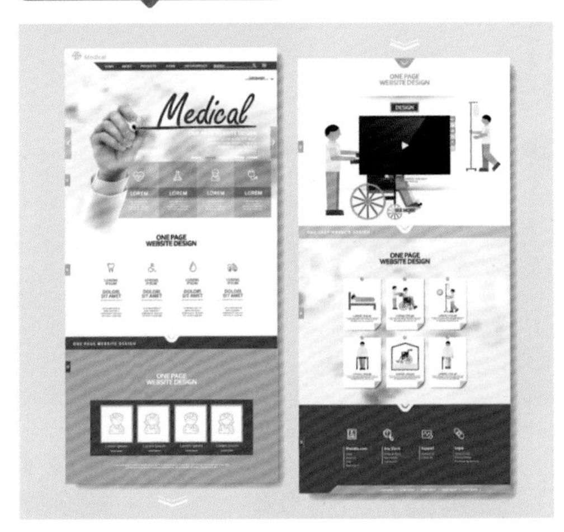

该网页的版式设计中，将网站的标题进行放大处理，运用手写体字体，再加上手的素材进行装饰，效果逼真，也将文字衬托得更加明显。

文字的动感编排技巧

图为某企业的年度画册封面设计，利用黑体数字本身的形态特点，组合并围合成图片框，营造出简约大气的几何风格。此处的文字不仅有传递信息的作用，还充当了版面中的点、线、面元素，使版面极具动感和节奏感。

文字的立体化编排技巧

该版面设计中，将位于页面中心的重点文字进行立体效果的处理，增强了文字的表现力，丰富了版面的层次感，整体给人活泼可爱、时尚动感的视觉感受。

多图片版面中文字的编排技巧

该杂志内页使用了大量的写真图片，小段的说明性文字穿插在图片之间，错落有致，令版面效果十分丰富。再结合部分手写体文字，给人时尚、活泼、动感、趣味的印象。这是时尚类杂志常用的编排方式。

少图片版面中文字的编排技巧

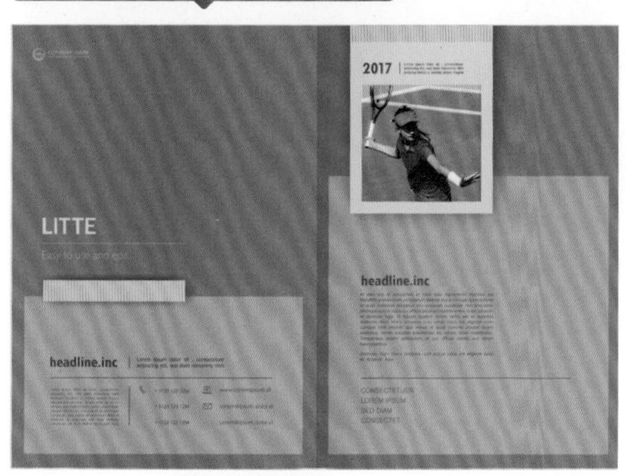

该杂志内页只有一张小图，版面以文字为主。因此，将文字进行了较为规范的编排，均采用了左对齐的编排方式，大量的留白给人高级、优雅的印象。

资源下载码：BANSHI001

文字的图形化编排

文字除了起到解释说明的作用，还可以与图形进行角色转换，表现出图形的效果，使文字具有更强的表现力和艺术感。对于中文字体而言，书法字、拆分笔画、只显示文字局部等是常用的表现手法。而英文字体的流线感较强，除了可以对文字造型进行图形化处理，还可以将文字按照一定的轨迹排列，或者将文字以某种图形的外形排列，形成强烈的造型感。

图中的海报将“I CAN and I WILL”的文字进行变形，重新组合成一把吉他的形状，使其兼具信息传达和插图的功能，趣味十足。

将部分文字的笔画进行了适当的拆分处理，在可识别的情况下，形成了强烈的图形感，起到了很好的装饰作用，整体错落有致。

该版面中将最主要的一个汉字放大字号并裁剪，只显示了一部分，形成了图形化的效果，突出了主题，并保持了文字的辨识度。

上图的横幅版式设计中采用细线英文字体，通过对字距的调整使文字充满图形感，与版面中的几何图形搭配，给人前卫、时尚的印象。

CHAPTER 03　时长：0.5 课时

文字与图片的编排规则

统一文字和图片的边线

版式设计中最常见的组合就是文字与图片的混合编排，因此版面中的文字和图片应该是统一的。所谓统一，并不是对版面中的所有元素都采用同样的编排方式，那样只会使版面呆板无趣。统一是指统一文字、图片的边线，通过对细节的调整保证版面的基本整洁，然后再在统一中寻求变化。

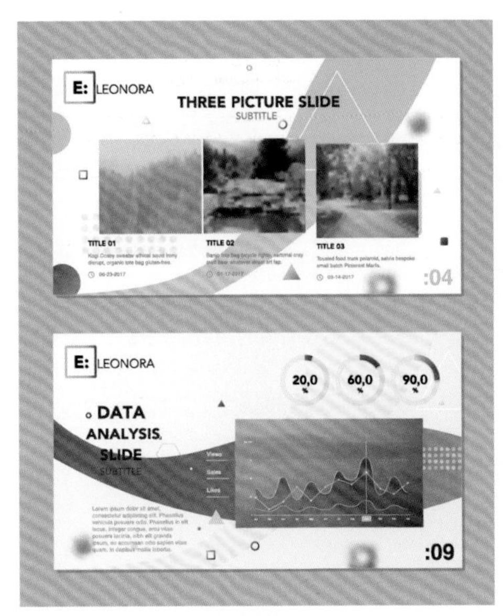

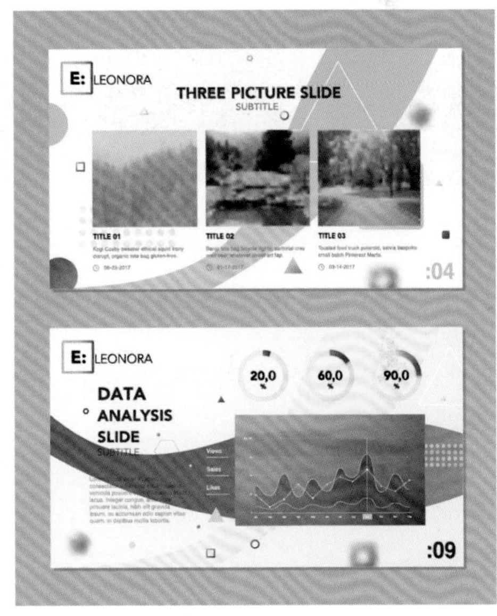

左右两组相同内容的PPT演示文稿，大体上差异不大，但浏览内容时可以发现左图由于图文边线没有对齐而显得散乱，让人很难信服；右图整体性则较高，显得统一、整洁，给人专业、严谨的印象。

拓展案例

NEWSPAPERNAME

14

WRITE YOUR TITLE HERE AND MAKE IT FIT

EXCLUSIVE INTERVIEW

SHORT NOTE MAY GO HERE

TERRORISM

IMPORTANT TITLE HERE

TITLE

AROUND THE WORLD 6,224 PEOPLE

SPOTLIGHT

OPINION

图为报纸的版面展示，有大量的文字和两张图片，图文采用左右对齐方式排列，将报纸版面分为几个竖栏，很好地处理了大量的文字信息。

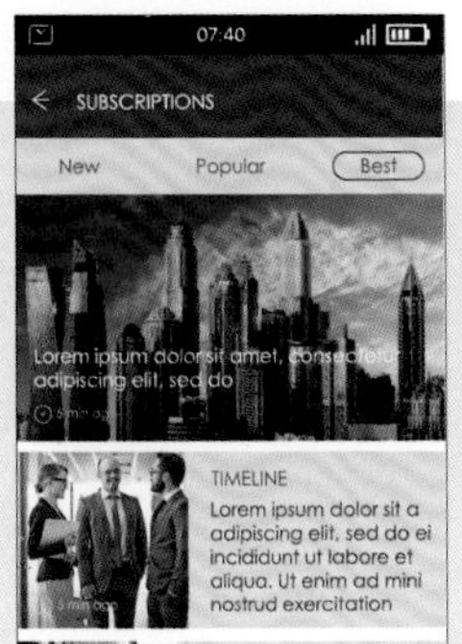

图为某手机软件的界面设计，版面中有大量的文字和图片，图文主要采用了左对齐和上下对齐，整个版面充实又整洁，方便读者快速获取信息。

安排图片和文字的位置

在图片与文字进行混合编排时，要注意两者之间的位置关系，避免因为图片而影响文字的可读性。图片的编排应该在不妨碍视线流动的基础上进行，以免造成版面的混乱，破坏视觉的流畅性。

Deconstructive Architecture

Deconstruction, as an exploration of design style, rose in the 1980s, but its philosophical origin can be traced back to 1967. At that time, a French philosopher Jacques Derrida (1930 - 2004) proposed the theory of "deconstruction" based on

his criticism of structuralism in linguistics. His core theory is the aversion to the structure itself. He believes that the

symbol itself can reflect the truth. The study of individuals is more important than the study of the whole structure. Deconstruction architecture is the development of post-modern architecture that began in the late 1980s. Its special feature is the broken idea, the process of nonlinear design, and the interest in spending some time on the surface of the structure or on the obvious non-Euclidean geometry, forming the deformation and displacement in the architectural design

principles, such as some structures and building envelopes.

连续的文字段落被图片从中间分隔开，破坏了文章的连续性，并且容易混淆文章的阅读顺序，造成阅读的混乱。

Deconstructive Architecture

Deconstruction, as an exploration of design style, rose in the 1980s, but its philosophical origin can be traced back to 1967. At that time, a French philosopher Jacques Derrida (1930 - 2004) proposed the theory of "deconstruction" based on his criticism of structuralism in linguistics. His core theory is the aversion to the structure itself. He believes that the symbol itself can reflect the truth. The study of individuals is more important than the study of the whole structure. Deconstruction architecture is the development of post-modern architecture that began in the late 1980s. Its special feature is the broken idea, the process of nonlinear design, and the interest in spending some time on the surface of the structure or on the obvious non-Euclidean geometry, forming the deformation and displacement in the architectural design principles, such as some structures and building envelopes.

Frank Gehry, one of the most famous deconstructive architectural designers by far, is characterized by all his creative activities, which are unruly, disorderly, illogical and whimsical. In 1989, he won the Pulitzer Prize, known as the Nobel Prize in architecture, representing the work of the Las Vegas Brain Rehabilitation Center.

调整左图的排版，左栏中的图片缩小了，放置在左上角，作为版面中首先被阅读的内容。接着阅读整篇文章，再到最后的建筑图片，不仅强化了主题，而且保证了整篇文章的顺畅阅读。

拓展案例

该杂志的内页中的文字段落位于版面中央的位置，图片错落有致地放在页面左下方和右页右侧，保证了阅读的流畅性。

该杂志内页中心图片位于文字段落的上方及右下角，页面左下角的文字则形成了独立的区块。将重点文字加白底叠放在大图上，加强了图文的联系，并消除了大面积单张图片带来的呆板感。

文字绕图的版式设计

为了保证文字和图片的各自独立，可以采用文字绕图的版式。图片和文字之间需要保持一定的距离，以确保二者不会发生冲撞，也实现了在大段连贯的文字中穿插图片的可能性。

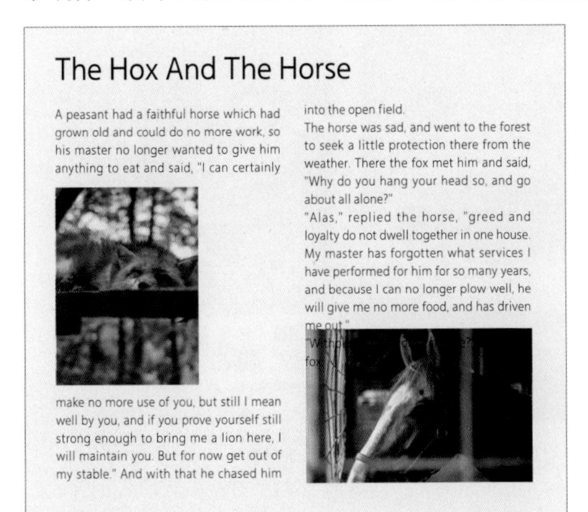

The Hox And The Horse

A peasant had a faithful horse which had grown old and could do no more work, so his master no longer wanted to give him anything to eat and said, "I can certainly make no more use of you, but still I mean well by you, and if you prove yourself still strong enough to bring me a lion here, I will maintain you. But for now get out of my stable." And with that he chased him into the open field.

The horse was sad, and went to the forest to seek a little protection there from the weather. There the fox met him and said, "Why do you hang your head so, and go about all alone?"

"Alas," replied the horse, "greed and loyalty do not dwell together in one house. My master has forgotten what services I have performed for him for so many years, and because I can no longer plow well, he will give me no more food, and has driven me out."

该版式中没有运用文字绕排的版式，使文字断行并且压到了图片上，导致文字无法识别，也破坏了图片的细节。

The Hox And The Horse

A peasant had a faithful horse which had grown old and could do no more work, so his master no longer wanted to give him anything to eat and said, "I can certainly make no more use of you, but still I mean well by you, and if you prove yourself still strong enough to bring me a lion here, I will maintain you. But for now get out of my stable." And with that he chased him into the open field.

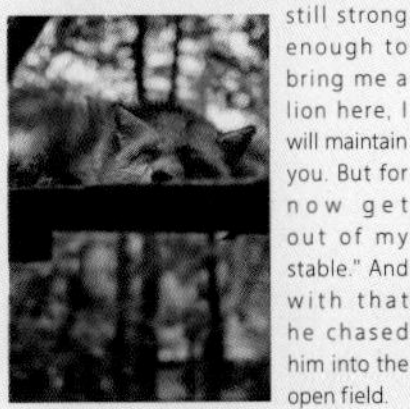

The horse was sad, and went to the forest to seek a little protection there from the weather. There the fox met him and said, "Why do you hang your head so, and go about all alone?"

"Alas," replied the horse, "greed and loyalty do not dwell together in one house. My master has forgotten what services I have performed for him for so many years, and because I can no longer plow well, he will give me no more food, and has driven me out."

"Without giving you a chance?" asked the fox.

运用了文字绕排后，文本和图片相互独立出来的同时，也保证了一定的关联性，使阅读流畅。

图片尺寸与栏宽协调

在图文混排的版式中，图片如果编排不恰当，会出现跳行、混淆内容等阅读上的困难。因此，在展示图片的同时，还要考虑其对行文的影响。可以通过调整图片的大小和适当裁剪来保证图文的合理展示。

Wedding is one of the most magical, important and beautiful days in a person's life, a celebration of love, commitment and emotion. The wedding photographer's task is to record this wonderful moment. Sometimes, the best way to capture such a day is to jump out of the box. For those who want to use more stories to represent their day, artistic wedding photography fills this gap. But what is the real art wedding photography? Let's take a look. The definition of "art" is a controversial topic in the art circle. In most cases, art is one of the situations that "you know it when you see it, but you can't completely point out why". Throughout the history of photography, this medium was initially used as a means of recording life. In fact, photography is even considered as an art that takes a lot of time! Art has further entered the art field than documentary. Images need elements with artistic intention, not just to capture things in front of you. The artistic tendency stems from the unique composition, new perspective and strong storytelling elements in photos. Art photography is not only a display theme, it expresses the feelings and feelings behind all this. From beautiful decoration to fairytale dance, capturing the more artistic side of the visually fascinating effort is just collaborative work. When the details of the wedding are crucial to its results, art photography is the missing part. Artistic wedding photographers capture images intended for artistic appreciation, not just records of events. Many beautiful wedding photos are carefully planned and very careful about the details of the scene. Photographers often use soft lenses to create a sense of beauty.

该杂志的内页版式设计中，图片占据了版面下方的大部分空间，将左侧的文本栏宽压得很窄，给人很不舒服的视觉感受，对文本的流畅阅读也会造成影响，这是不合理的编排。

Wedding is one of the most magical, important and beautiful days in a person's life, a celebration of love, commitment and emotion. The wedding photographer's task is to record this wonderful moment. Sometimes, the best way to capture such a day is to jump out of the box. For those who want to use more stories to represent their day, artistic wedding photography fills this gap. But what is the real art wedding photography? Let's take a look. The definition of "art" is a controversial topic in the art circle. In most cases, art is one of the situations that "you know it when you see it, but you can't completely point out why". Throughout the history of photography, this medium was initially used as a means of recording life. In fact, photography is even considered as an art that takes a lot of time! Art has further entered the art field than documentary. Images need elements with artistic intention, not just to capture things in front of you. The artistic tendency stems from the unique composition, new perspective and strong storytelling elements in photos. Art photography is not only a display theme, it expresses the feelings and feelings behind all this. From beautiful decoration to fairytale dance, capturing the more artistic side of the visually fascinating effort is just collaborative work. When the details of the wedding are crucial to its results, art photography is the missing part. Artistic wedding photographers capture images intended for artistic appreciation, not just records of events. Many beautiful wedding photos are carefully planned and very careful about the details of the scene.

Photographers often use soft lenses to create a sense of beauty. When the day has already passed, this emotion will continue.

对图片进行适当的裁剪，保持图像内容的完整，使左侧文本栏宽与其他栏一致，保证了版面的统一性，也使阅读更加流畅。

图片与文字的色彩搭配很关键

在版式设计中，除了图片本身的色彩外，文字的颜色同样影响着版面整体的效果。通常情况下，文字颜色使用最多的是黑色，因为黑色属于无彩色，可以和任何色彩和谐搭配，并且黑色的可视性强，可以让阅读更加流畅。

除了黑色，其他色彩也可以作为文字的颜色使用，起到活跃版面、提示重点等作用。文字颜色可以从图片中提取，使图文的联系更强，但不适合大篇幅使用。

另外，还要注意文字色彩与底色在明度上要有较大的差异，否则会影响文字的可读性，如白底上使用淡黄色文字会降低阅读体验感。

上图左页广告图片色调较暗，文字选择了白色，保证了辨识度，也不会影响整体氛围；右页的标题文字采用了和图片中建筑屋顶相同的红色，增强了图文关联，并且起到了强调作用。

家居杂志的目录，版面中大部分标题使用了蓝绿色文字，小部分标题使用了橙红色文字，说明性文字均采用黑色。多色文字的使用让版面层次丰富，内容层级清晰，信息易读。

手机界面中的时间、各种信息采用有色字体，色彩来自壁纸，给人舒适感；其余字体采用白色，增强版面清爽感。

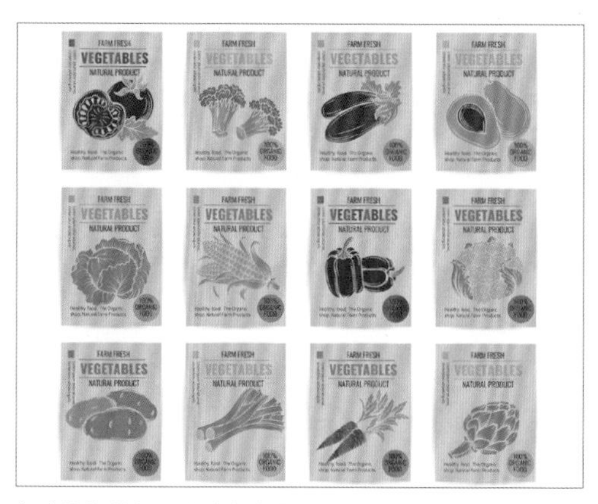

每张海报的标题文字颜色都与对应的蔬菜颜色相近，增强了文字与主体的呼应，使版面和谐又有层次感。

请分析出下方图片中段落文字的编排重点，并找到其风格特征和编排规律。

图一

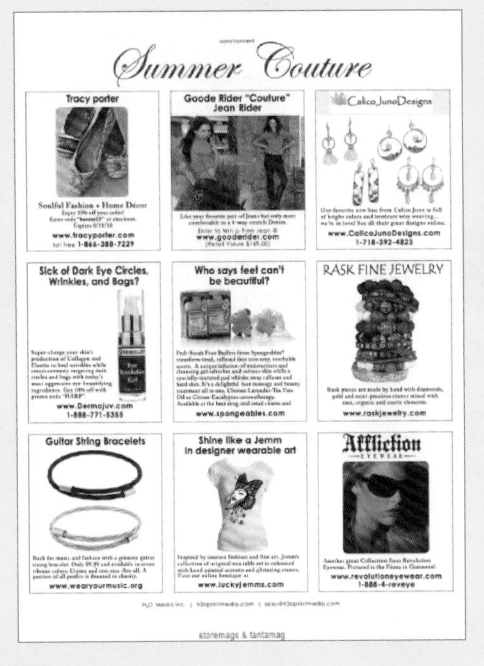

图二

我的婚礼

My Wedding

Actor John Smith's hand natural shine forth, and have a mental control object super ability, the film photography ancient le mo – navarro such interpretation of his processing technique, "since the film role both

dazzling light, we want to do is this strange phenomenon of roles itself will produce what influences, to his surroundings and how will influence. From the viewpoint of technology, it should be in palm create light role effect, but also cannot burn actor, this is

dazzling light, we want to do is this strange phenomenon of roles itself will produce what influences, to his surroundings and how will influence. From the viewpoint of technology, it should be in palm create light role effect, but also cannot burn actor, this is very difficult, but once solved the problem, the screen will very cool!"

图三

图四

（答案见下载资源）

04 直白的解说家——图片

图片不但能直接、形象地传递信息，还能使读者从中获得美的感受。因此，图片的编排对版面效果起着至关重要的作用。本章将从图片尺寸、不同的图片组合方法及多变的图文结合形式等方面进行学习。

04
CHAPTER

CHAPTER 04

时长：0.5 课时

调整图片尺寸使版面张弛有度

放大含有重要信息的图片

在实际设计项目时，重要的信息主要根据客户的需求来定，客户想要突出的内容就是版面的重点。如果没有特别的要求，则可以根据图片的效果来决定。想要突出含有重要信息的图片，一个可行的方法就是放大图片，大尺寸图片往往能引起更多的注意。另外，放大主要图片的同时要缩小其他图片，不仅能明确图片的主次关系，还可以达到对比突出的效果。

BEFORE

恰当的分栏控制阅读速度

栏数的划分与开本大小、内容复杂程度有关。分栏越多，单行文字的长度就会缩短，读者阅读换行的速度也就越快，整体给人活泼的印象，适合杂志等大开本刊物；而对于小说等小开本书籍，采用单栏排版可以放缓阅读速度。

AFTER

14 betrifft Radiale Systeme im Radialsystem V

Bauwelt 37|2006

Die Studios werden in erster Linie als Probenräume genutzt. Bietet die komplette Öffnung der Räume nach Süden und ihre Verglasung für Sie optimale Bedingungen, auch im Hinblick auf das Licht?
Entscheidend ist die Nähe zum Wasser und zum Himmel. Diese Bewegungen zu spüren ist unglaublich inspirierend. Wir arbeiten in den Raum und schauen nicht ständig aus dem Fenster, wir sind mit Bewegung und Aktion beschäftigt. Der gelegentliche Blick auf die Bewegung draußen ist eine notwendige Entspannung für die Augen.

Die Offenheit des Hauses verlangt den Tänzern ungeheure Konzentration ab und bietet keinen „Schutz" vor dem Zuschauer. Mit welchen Mechanismen arbeiten Sie in einer solchen Situation?
Schon bei meiner choreographischen Installation „insideout" hatten wir diese Situation, wenn auch in einem speziell gefertigten Bühnenbild und viel kleinteiliger. Auch dort sind die Tänzer ununterbrochen in einer Situation der „Darstellung" und ziehen sich nicht zurück. Es gibt performative Mechanismen. Mir geht es darum, von Beginn an „auf der Bühne" zu sein, auch wenn man gerade keine Szene hat – man ist konstant präsent, in einem anderen, performativen Raum. Jeder Tänzer folgt seiner eigenen Partitur, und insofern ist jeder geschützt: Das Publikum respektiert diesen Raum der Konzentration.

Wo liegt der Unterschied zwischen Probe und Performance in Ihrem Umgang mit dem Raum, und wie entwickelt sich die Auseinandersetzung?
Wir arbeiten auch während der Proben wenn möglich „on location", im authentischen Raum. Wir beginnen mit einer Improvisation, einem Spiel mit dem Raum, um seinen Charakter zu erkunden. Hier ist die Silhouette am gegenüberliegenden Ufer sehr präsent, ihr gehen wir zunächst mit der Bewegung der Körper nach. Dann erkunden wir die Zentren der Räume, ihre Bodensequenzen, die Strukturen der Fenster, die Installation: Waschbecken zum Beispiel werden erst einmal geflutet. Dann schränke ich immer mehr ein und entwickele eine Hauptidee, einen roten Faden.

Worin sehen Sie die Stärke des Radialsystems V?
Es ist die Verbindung von Alt und Neu und der Umgang mit dem Gegensatz. Die historische Substanz wurde nicht zu sehr „aufgepäppelt", huldigt aber auch nicht einer Ruinenästhetik, wie sie in den neunziger Jahren üblich war. Wir müssen einen anderen Umgang mit dem Vorhandenen entwickeln. Es gibt nichts Überflüssiges hier, nichts Dekoratives, alles ist funktionell und sparsam. Und die Verbindung nach draußen hat eine große Kraft. Überall spielen zu können, das ist der eigentliche Luxus.

Treffpunkt Terrasse an der Spree

Jochen Sandig, ein privat betriebenes Theater dieses Anspruchs ist ungewöhnlich. Können Sie uns die Chronologie des Projekts erläutern und die Beteiligten nennen?
Um zunächst ein Missverständnis auszuräumen – wir schaffen hier einen „neuen Raum für die Künste" und kein weiteres Theater. „Radialsystem V" ist ein künstlerisch flexibel nutzbarer Raum, der jenseits der tradierten Konzepte – Konzerthaus, Oper, Schauspielbühne oder Ausstellungsraum – steht. Ich habe mich schon immer für Räume interessiert, die ursprünglich nicht für eine kulturelle Nutzung gebaut worden sind. Räume in Transformation kann man ganz anders bespielen, eher wie eine Fabrik für neue Formen der Künste.
Das Radialsystem V ist ein Pumpwerk aus der Gründerzeit. Als uns Gerhard Spangenberg, der Architekt des Umbaus, durch das ruinöse Gebäude führte, konnten wir sein Potential sofort erahnen. Zusammen mit Folkert Uhde, dem Manager der „Akademie für Alte Musik Berlin", haben wir dann eine GmbH gegründet. Daneben haben wir die gemeinnützige „Radial Stiftung" ins Leben gerufen, um Spenden einwerben zu können. Ein solches Projekt zu entwickeln ohne Fördermittel für den laufenden Betrieb ist ein großes Wagnis. Wir haben einzig 1,2 Millionen Euro von der Stiftung Deutsche Klassenlotterie für bühnentechnische Einbauten erhalten. Dafür hat sich der Regierende Bürgermeister Klaus Wowereit persönlich eingesetzt, weil er das Radialsystem als Katalysator versteht im Stadtentwicklungsareal „mediaspree". Das ist hier allererste City-Lage an der Schnittstelle der drei künstlerisch aktivsten Bezirke Friedrichshain, Kreuzberg und Mitte. Zusätzlich haben wir eine touristische Anziehungskraft durch das Wasser. Unser Konzept zielt darauf ab, die unterschiedlichsten Szenen zu erreichen und zur Beteiligung anzuregen.

Könnten Sie das programmatisch präzisieren?
Das „dialogische Prinzip" ist Programm: Es wird Zusammenarbeiten und Begegnungen geben von Künstlern und Künsten, die sonst nicht aufeinandertrafen. Das beginnt bei der Architektur mit der Begegnung von Alt und Neu. Der Clou aber liegt in der räumlichen Wandelbarkeit. Das Haus soll ein Arbeitshaus sein, kein Kulturtempel, ein Haus, in dem Künstler produzieren, in Ruhe und in einem echten Dialog. Aber dann soll es auch immer wieder turbulent zugehen, so wie am Eröffnungswochenende, wo wir 7500 Besucher hatten, und zwar nicht nur die „Kulturelite". Die Niederschwelligkeit des Gebäudes macht einen Besuch leichter. Das erhöht die Anziehungskraft für andere kulturelle Institutionen, welche das Gebäude als ein Portal nutzen können, um sich einen neuen Zuschauerkreis zu erschließen.

War auch das Umfeld ausschlaggebend für Sie, gerade hier den „Crossover" zu wagen?
Wenn man einen Kreis um den Ostbahnhof herum schlägt mit einem Radius von einem Kilometer, wird man feststellen,

Am Eröffnungswochenende herrschte am Spreeufer vor dem Radialsystem V fast eine venezianische Atmosphäre. Terrasse, Deck, Fluss und gegenüberliegendes Ufer wurden Teil der Inszenierung.

Foto: Udo Meinel, alle anderen: Sebastian Bolesch

15

dass die wichtigsten Clubs der Stadt genau hier liegen. Uns interessiert das Aufeinanderprallen von Gegensätzen. Das Radialsystem V kann ein Beschleuniger sein, aber auch ein Entschleuniger. Beschleuniger in dem Sinne, dass unbekannte Künstler hier eine Plattform finden für ihre Arbeit und sich dadurch schneller entwickeln. Entschleuniger, indem bereits prominente Künstler die Möglichkeit finden, sich zurückzuziehen, um in Ruhe etwas Neues auszuprobieren, was sie unter einem größeren Erwartungsdruck nicht könnten. Wir wollen uns durch Offenheit profilieren, nicht durch Abgrenzung.

Wie müssen dafür die Räume beschaffen sein?
Dort auf dem Flügel steht ein Modell der Großen Halle. Dieser Raum ist etwas Besonderes. Es ist durch die Entfernung der alten Fundamente und die 1x1-Meter-Bodenelemente ein enorm flexibler Raum, wie es ihn bislang in Berlin in dieser Größe nicht gegeben hat. Wir brauchen vor allem leere Räume, die Inhalte liefert die Kunst. Spangenberg ist es gelungen, den vorgefundenen Raum noch einmal zu beruhigen. Das Ergebnis gleicht im Grunde eher einer Ausstellungsarchitektur, und die Eröffnungsproduktion von Sasha Waltz stellt sozusagen choreographierte Tänzer und Musiker aus. Die Besucher können sich frei im ganzen Haus bewegen, wie in einem Museum. Es ist ein Raumerfahrungstheater, in dem Architektur, Bildende Kunst, Musik und Tanz gleichberechtigt zusammenkommen.

Inwieweit benötigt ein solches Theater noch klar definierte Zuschauerbereiche? Nicht bei jedem Stück werden sich die Besucher frei durch die Szenen bewegen können.
Ich will noch einmal darauf beharren – der Begriff „Theater" ist fehl am Platz. Wir möchten uns nicht auf eine Kunstform festlegen. Deswegen haben wir uns entschieden, keine feste Bestuhlung einzubauen. Wir haben mobile Anschlusspunkte für die Technik, das Haus ist strukturell verkabelt, wir können praktisch in jedem Raum eine Bar aufbauen, in jedem Raum proben, in jedem Raum aufführen. Diese Flexibilität ist das Besondere am Radialsystem V: die „Multi layer"-Architektur, die vielfältige Nutzungsüberlagerungen ermöglicht.

Auffällig ist, dass es keine Beziehung der Räume untereinander gibt. Wie kam es zu dieser Entscheidung?
Ich finde es richtig, dass die beiden großen Räume im Erdgeschoss durch eine Wand getrennt bleiben, immerhin verbunden durch zwei Türen. Die Schwäche des Gebäudes liegt in dem Mangel an Nebenflächen: Wir haben kaum Lagerflächen, keine Stauräume, keine feste Garderobe für die Besucher – da werden wir improvisieren müssen. Für mich ist das Gebäude wie ein Instrument, mit seinen Resonanzkörpern und unterschiedlichen Nutzungsszenarien. Wenn wir das ganze Gebäude bespielen, wird die Architektur selbst zur Bühne. Auch die Spree wird zur Bühne. Die andere Uferseite wird zur Bühne. Man entwickelt ein anderes Gespür für die Stadt, erobert den Stadtraum mit Kunst. Am Eröffnungswochenende hatte das hier fast mediterranes Flair, mit unserem kleinen Hafenbecken und all den Booten und Schiffen. Ich hoffe, dass Berlin sich in Zukunft über das Wasser neu entdeckt.
Das Wasser ist eine treffende Analogie dazu, wie künstlerische Prozesse angelegt sind. Es gibt viele Strukturen in der Stadt, die keine Räume beanspruchen, sich bilden und wieder vergehen – so wie das Wasser hier. Unsere kulturellen Institutionen sind nicht in der Lage, auf solch „liquide" Nutzungsformen adäquat zu reagieren. Sie sind so geartet, dass das Wasser erst gefrieren und eine feste Form annehmen muss, um sich in die festen Strukturen einzupassen. Dann wird es künstlich erhitzt auf der Bühne, um wieder zu Wasser zu werden. Das Wasser braucht im flüssigen Zustand ein Gefäß, damit es nicht zerfließt. Ein solches Gefäß wollen wir mit dem Radialsystem V als Ergänzung zu bestehenden Kulturinstitutionen anbieten.

Radialsystem V | Holzmarktstraße 33, 10243 Berlin | • www.radialsystem.de

小图平衡版面，突显内容详略关系

两张小图放置在左页，一方面是对文章内容做铺垫，另一方面在版式上与右页的大图呼应，达到平衡的效果。

大尺寸图片展示重要信息

大尺寸图片增大了图版率，更容易抓住读者眼球，同时突出了文章的核心内容，使文章表达更加直观。

版面外侧适当留白，增加透气感

版面采取三栏对称式网格，最外侧一栏的留白缓解了阅读大量文字时产生的枯燥感，使阅读更加流畅。

购车网站网页版式

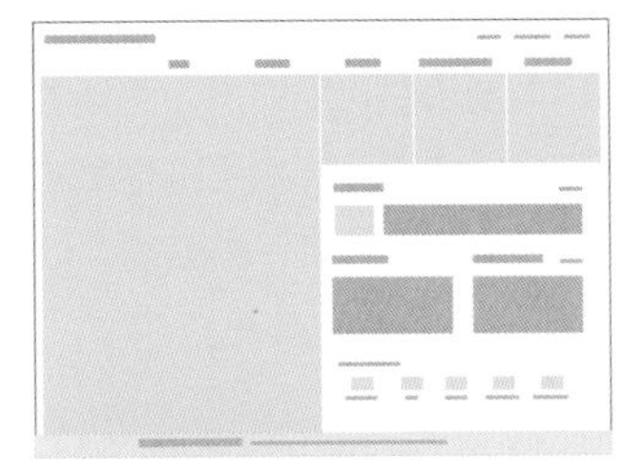

该网页的版面设计中，将图片分为大、小两个层级。左页的大图成为整个版面的焦点，右页的三张小图尺寸相同，作为大图的补充展示，增加了内容之间的关联。

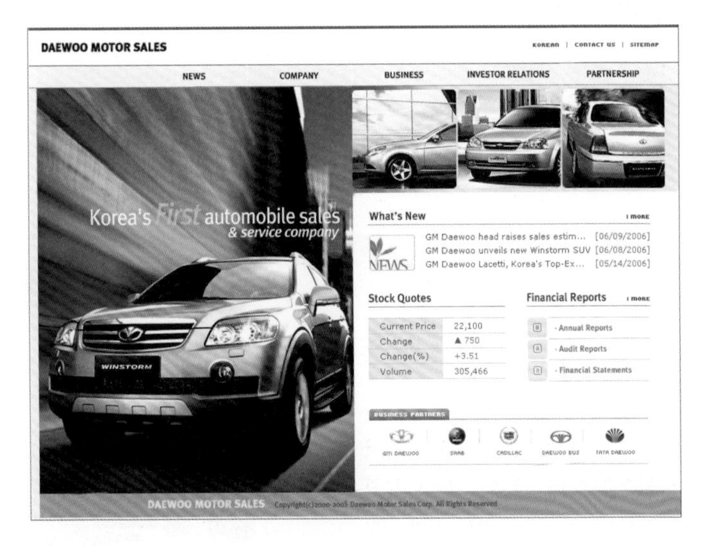

旅游杂志内页版式

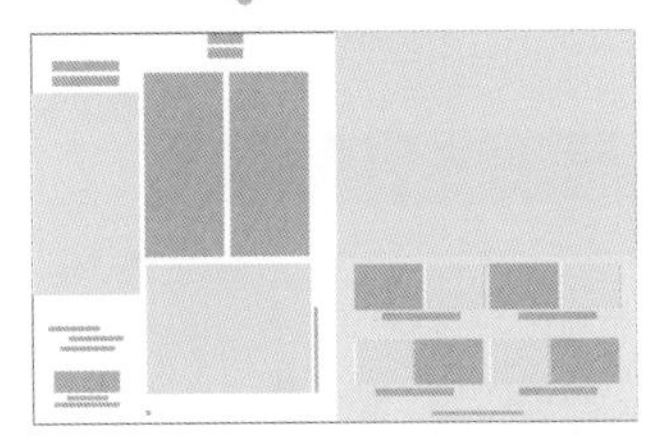

这款杂志内页将图片素材大致分为大、中、小三个层级。左页的图属于中等尺寸，右页的图片分别是大图和小图。整个版面层次分明，主次明确，富有节奏感和灵活性。

新闻刊物内页版式

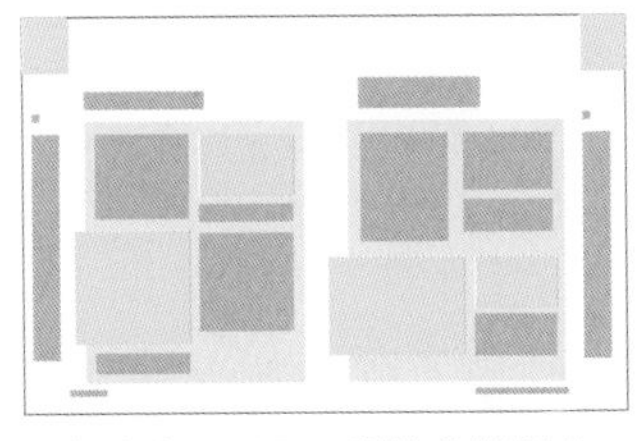

该杂志内页采取三栏的分栏样式。靠近订口的两栏较宽，主要展示正文内容，并且加色底强调其整体性，对含有重要信息的图片放大并适当超出色底予以突出；最外侧一栏较窄，用于辅助信息的补充。

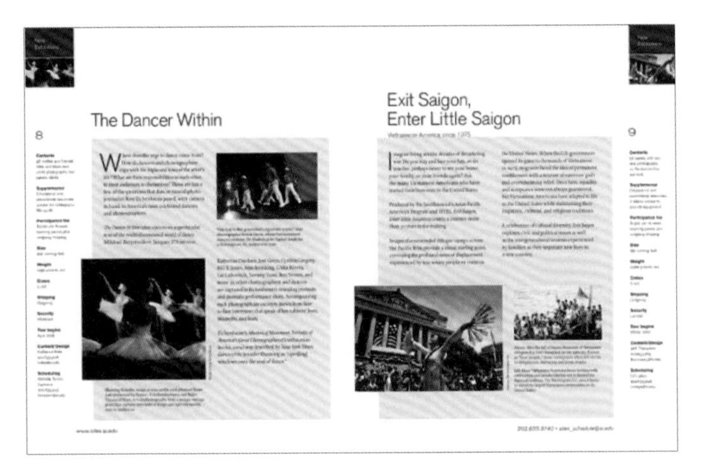

缩小图片，让留白增加透气感

在有大量图文信息的版面中，图片的层次要通过尺寸来表现。文字定量时，应缩小次要图片的尺寸来突出主图的地位，使整个版面的结构层次更加清晰直观。缩图的同时降低了图版率，增大了页面留白。图片四周增加留白，能够增强图片的独立性，并且提升版面的档次。比如概览性质的图片可以采用“小尺寸+无缝拼接”的形式，既可节约版面，又可提升读者的浏览效率。

BEFORE

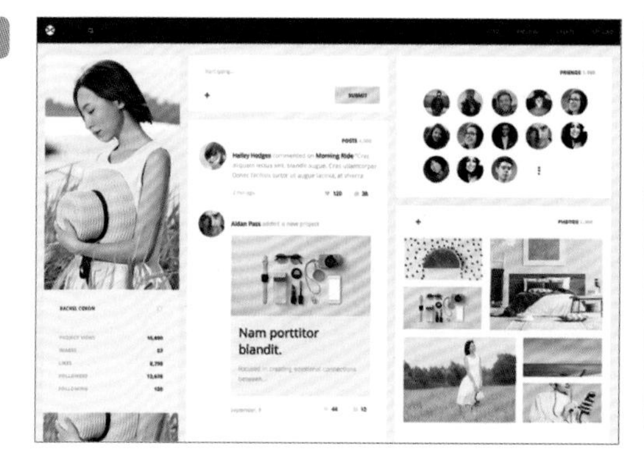

运用网格系统
迅速决定留白位置

留白的位置并不是随意决定的，要考虑到版面内信息的结构、层次等，错误的留白很可能影响版面真正的宣传内容，误导读者。当不知道该如何留白时，可以尝试导入网格系统，根据需要对图片尺寸进行调整，增减留白，这样的方法不易出错。

AFTER

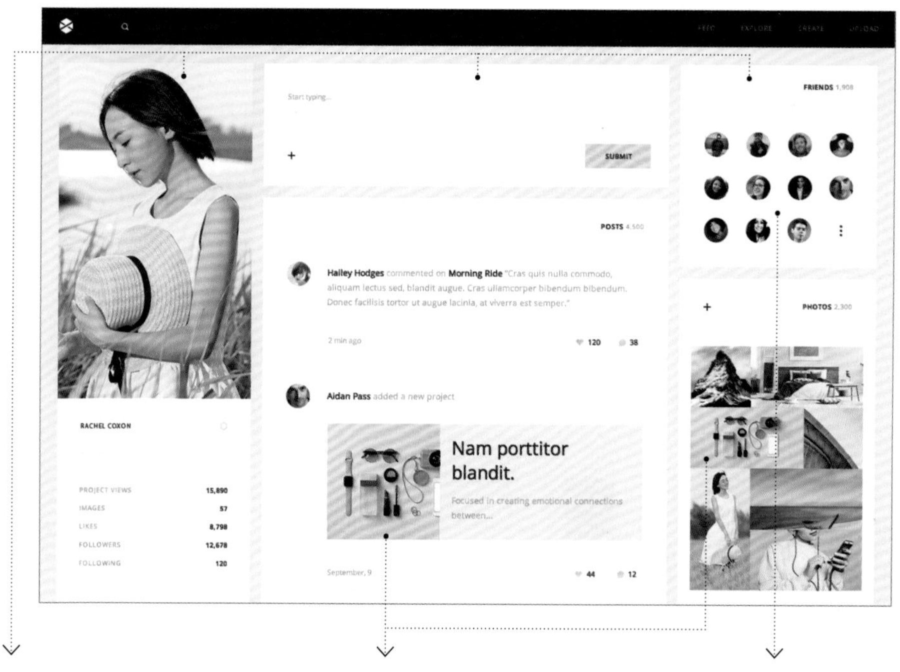

按比例划分版块，网页重心一目了然

版面划分为三个竖栏，中间栏最宽，为信息的主要展示区。该栏信息之间的留白较多，突显了信息的存在感，强调了主次关系。

图片尺寸对比强烈，内容详略分明

右侧版块展示了图片集合，单图的尺寸都较小，且图片之间无缝拼接，独立性弱；而中间版块展示的单张图片尺寸较大，并附有详细的信息描述，四周也有一定的留白，存在感较强。

缩小头像图片，保证各自的独立性

缩小头像图片，图片之间的留白增大，减少了相互之间的干扰，保证了各自的独立性，同时也营造出干净、清爽的版面效果。

插画作品集内页版式

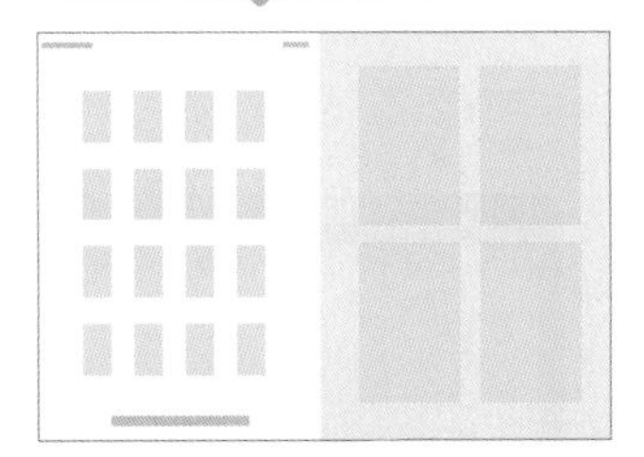

某作品集的内页版式，文字内容极少，重点在于表现插画作品，所以图与图之间及四周都有一定量的留白，版面直观、简洁又清爽。

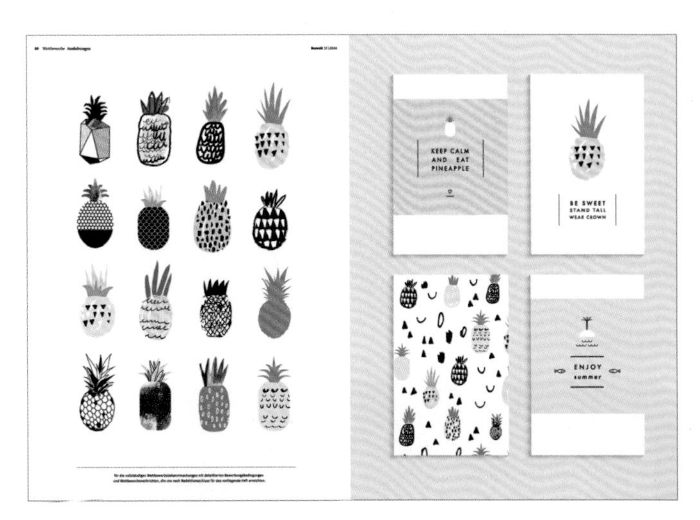

美食广场现金卡版式

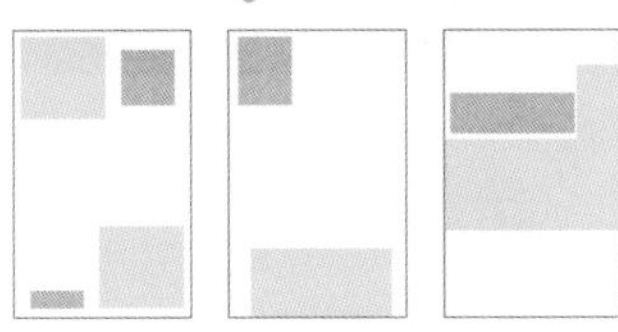

“留白”不一定是白色，纯色的背景也可以产生留白。现金卡卡面通过留白突显了餐具的剪影，版面结构清晰直观、干净利落，搭配高纯度的暖色背景，能给人美味、可口的印象。

宣传海报版式

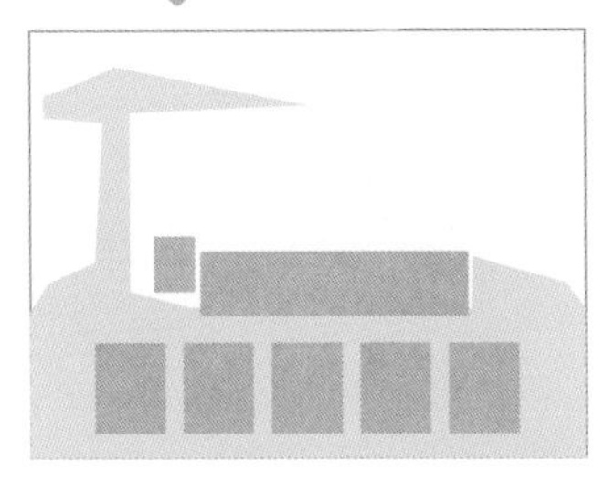

整个海报为黑白色，通过剪影插画与宣传文字的结合，生动形象地传达了信息内容。文字恰当的尺寸给了版面更多的留白空间，引导读者的视线向下移动。

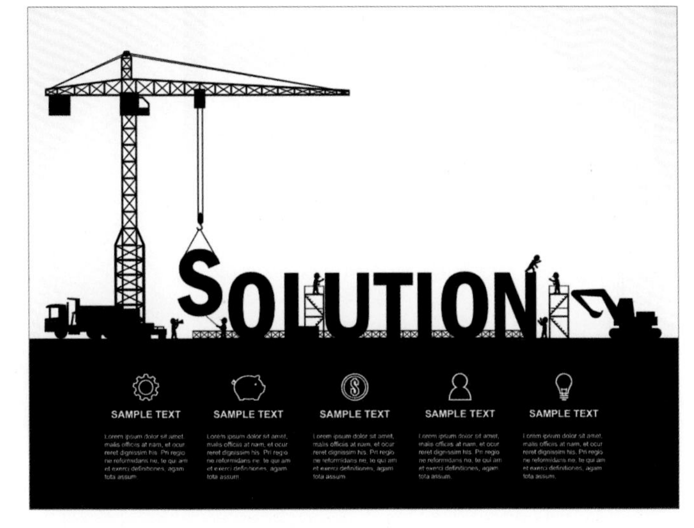

运用图片出血增强感染力

在版式设计中，为了更好地展现对象的全貌，增强版面的氛围，常将图片进行出血处理。将出血图片的边线与页面边缘对齐，仿佛与页面融为一体，以此来增加视觉空间的延展性，让读者更有身临其境的代入感。常见的出血方式分为满版出血、单边出血和三边出血，不同的出血方式也会有不同的视觉感受。出血图致力于展示全观和氛围营造，搭配的小图注重对细节的展示。

BEFORE

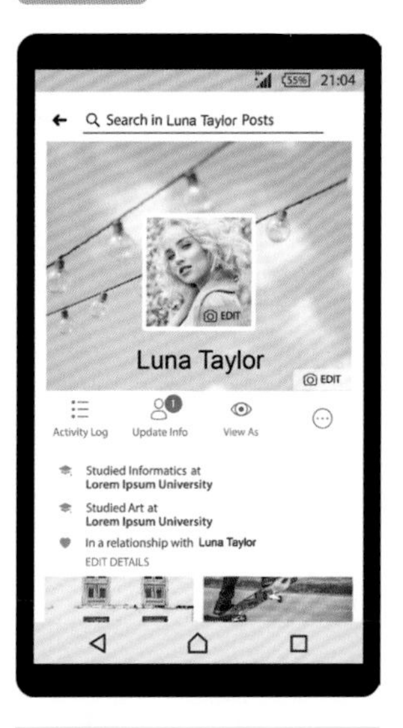

图片覆盖订口，注意图片内容是否完整表达

为了营造更加开阔大气的效果，当图片需要放大至跨页的程度时，要注意图片覆盖订口的情况，让图片的重要内容避开订口的位置。锁线胶装比无线胶装能更大程度地摊开，而裸脊线装适合页数多的书籍，可以平摊开完全展示页面内容。

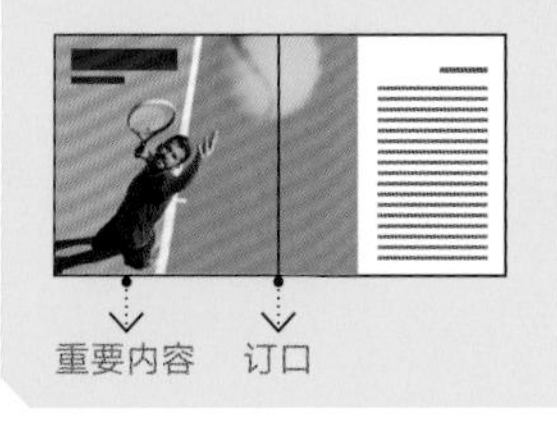

AFTER

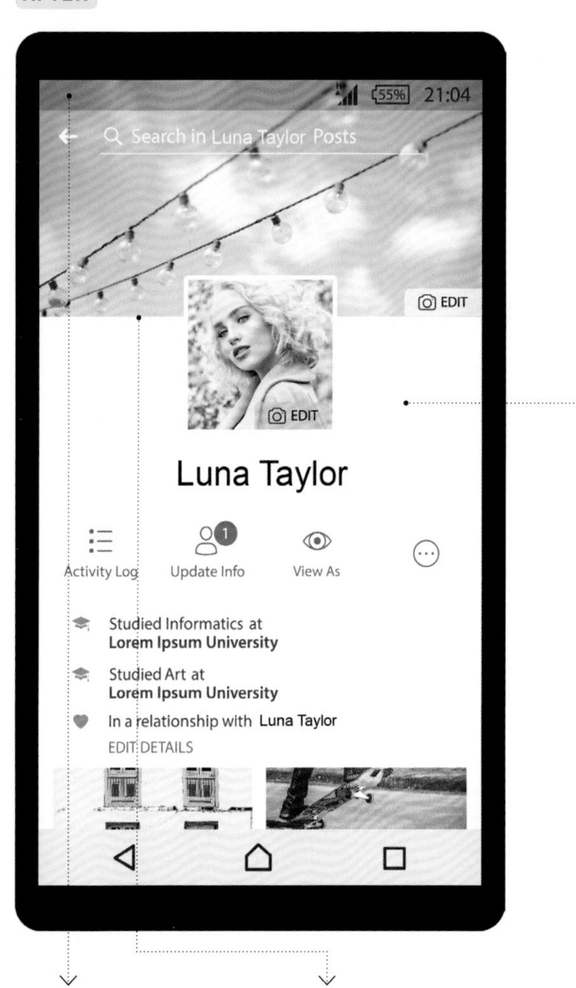

状态栏半透明处理，增加视觉延展性

手机状态栏采用黑色半透明处理，既保证了信息的正常显示，又不影响用户背景图的展示，给人开阔、无拘束的视觉感受。

背景图三边出血，烘托氛围

背景图片的上边和左右两边撑满整个界面的上方，具有向上的空间延伸性，给人轻松、自由的感觉，向下则引出用户界面的信息内容。整个界面层次清晰，氛围感较强。

图片四周大面积留白，强化图片意境

背景图片下的用户头像的两侧有大面积的留白，一方面强调了用户的主要信息，并让次要的文字信息与用户形象进行分离；另一方面，大量留白增加版面的清爽感和高级感，让浏览者的视线更能聚焦在用户头像和背景图内容中。

平面设计网页版式

该网页版式设计中，两张图片均用到了出血的编排手法。标题背景图片的左右边撑满版面，在横向视觉空间上有延伸的作用；第二张异形图片右边出血，引导视线向右延伸。网页整体给人自由、开放的印象。

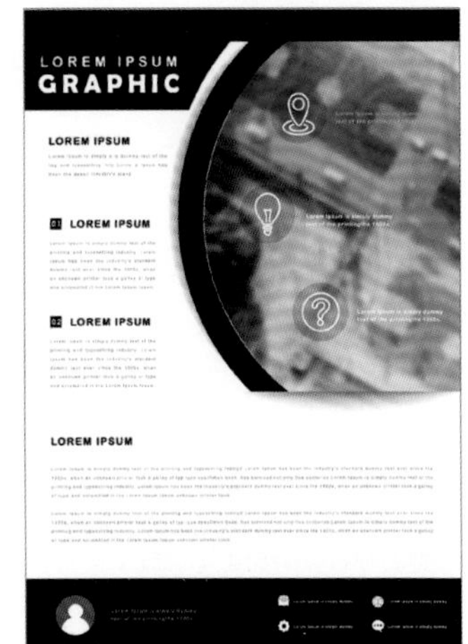

房地产 DM 单版式

DM单中仅使用了一张异形图片，图片宽度较大，横跨DM单的三个页面，并且图片的左右边出血，形成了十分宽广的横向视觉延展空间。出血的编排方式再结合图片内容，给人壮观、豪华、广阔的印象。

时尚杂志内页版式

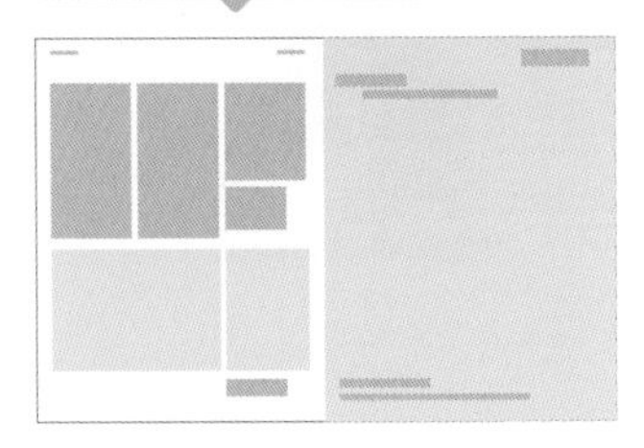

该杂志内页的右页图片为满版出血的编排方式，左边与订口重合，文字信息直接排在图上，整个内页给人较强的视觉冲击感和较强的场景感。

时长：0.5 课时

多种图片组合打造更具吸引力的版面

井然有序地展示大量图片

在版式设计中，矩形图片十分常用。当需要展示大量图片时，为了让版面显得整洁、井然有序，可以统一图片尺寸，或按照网格系统进行编排。由于矩形图片没有退底图片在版式上那么自由，因此相对较呆板、规整，版面容易显得单调。因此我们可以尝试保留原图片尺寸，再选择一条轴线，将图片向轴线对齐，使版面规整的同时又具有灵动感。

BEFORE

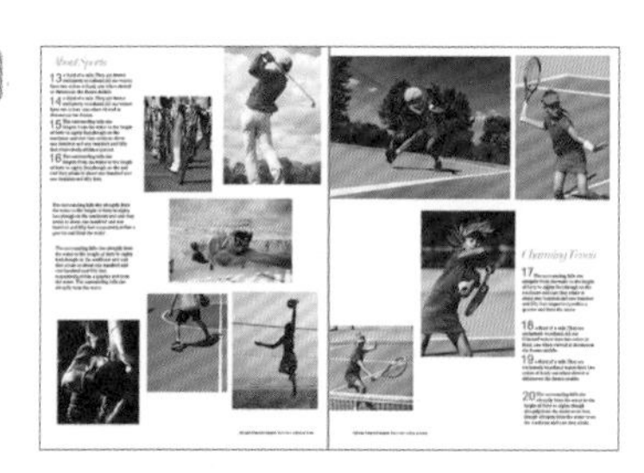

图片之间的间距样式不宜过多

同一群组内的图片间距应相同，以产生同类感；而不同群组之间的间距一般应大于群组内的图片间距，以此来产生距离感，达到分类的作用。所以间距样式不宜过多，应保证版面的整洁性。

AFTER

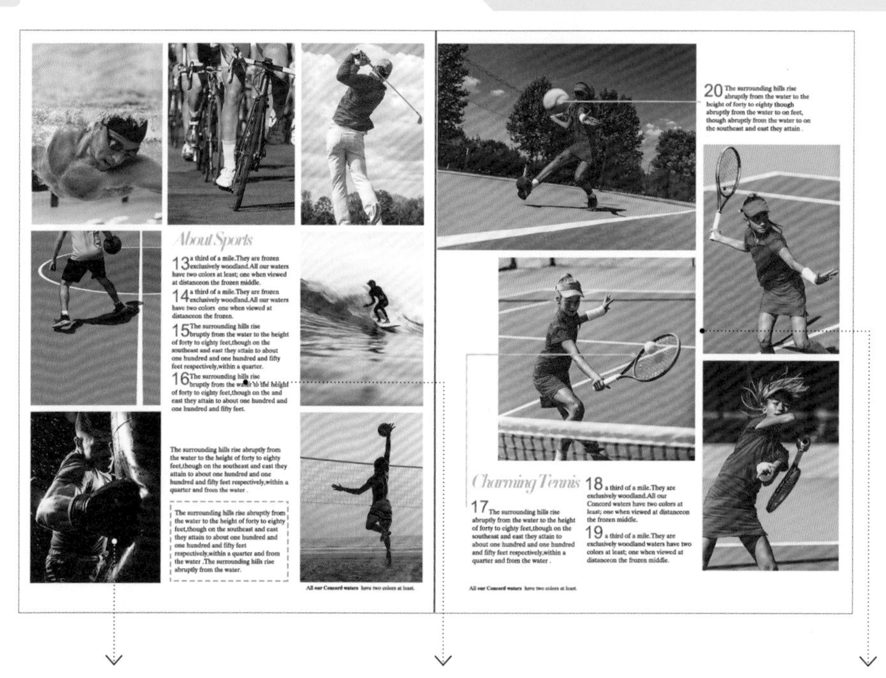

统一图片尺寸，按照网格排列

杂志版面中展示大量同层级的图片时，为了让版面显得井井有条，可以统一尺寸，并按照网格排列，使版面信息简洁、直观。

文字与图片分区，信息清晰、直观

版面中图片较多时，一定不要让图片四处散落，以免版面散乱不易阅读。将图片和文字段各自成组，可以使版面结构更加清晰。

不同尺寸的图片向同一条轴线对齐

对于不能改变尺寸的图片，可让图片向隐形轴线靠拢、对齐，使版面整洁又有节奏感。

摄影类手机软件

这款手机软件整体为极简风格，色彩选择浅淡的灰色和白色，将界面对用户摄影作品的干扰降到了最低。预览界面的图片间距极小，在保证每个摄影作品独立性的同时，又具有整体性。

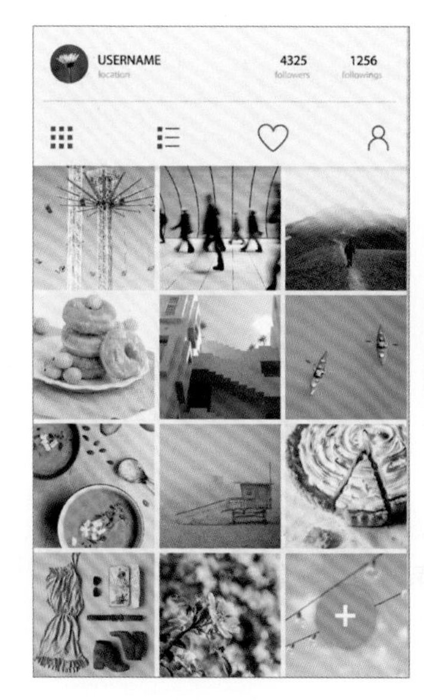

商务 PPT 版式

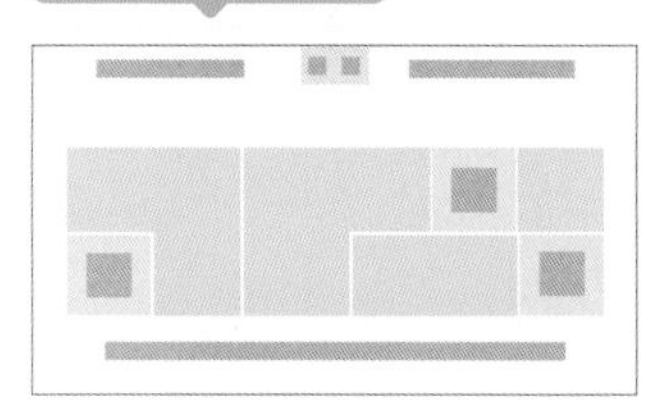

图为某商务PPT的一页，图片间无缝衔接，有的是异形，有的则是方形，图片像俄罗斯方块一样契合在一起，组成一个长方形，给人既丰富又简约的印象。

科技杂志内页版式

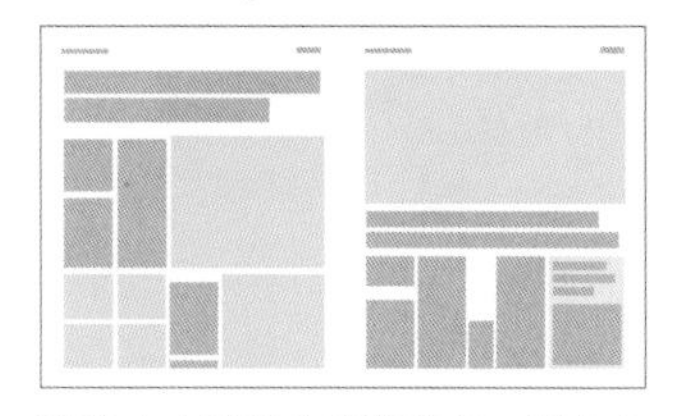

该杂志内页图文信息较多，且文字信息层级较复杂，导入网格系统是很好的解决方法。图片尺寸顺应网格的变化，版面显得饱满而不凌乱。

增大图片的视觉张力

当版面中有大量图片时，编排前应先明确图片内的主体，分析它在版面中的作用，再分析图片的色调，为后期版面元素提供色彩灵感。

为了增大图片的视觉张力，可以通过夸张的尺寸来表现图片之间的主次关系，并且注意图片间的色彩搭配，让整个版面的图片和谐甚至融为一体，来达到放大图片的效果。切忌凌乱、密密麻麻地排列图片。

BEFORE

用无缝衔接的方式排列图片

无缝衔接的方式可以弱化图片的边界，减弱单张图片的独立性，增强全部图片的融合感。这样的编排方式在一定程度上扩大了读者的视觉空间，并赋予读者更大的想象空间。

要注意的是，实际编排时为了不让相邻的图片过于同化，应将不同色调的图片放在一起。

AFTER

无留白的满版编排，极具视觉张力

左右页面的四角均被图片撑满，整个版面呈现出满版的效果，给人极强的视觉冲击感。部分说明文字为白色，为版面注入通透感。

重复的图片编排，增强节奏感

将页面分割成四等份，文字与图片交替放置，呈现出如国际象棋棋盘的效果。左右两个页面均使用这种模式，根据内容需要改变部分细节，整个版面显得精致且充满节奏感。

色底色调统一，增强图片的融合感

色底的色彩取自图片，并且都统一为浊色调，增强了图片之间的融合感，给人和谐统一、柔和温馨的感觉。

设计类杂志内页版式

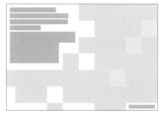

该杂志内页将大部分版面用于展示图片，图版率较高，图片均为方形尺寸，且无缝衔接、整齐排列，最终展现出像马赛克一样的图片群组，整个版面极具视觉冲击力，给人时尚、前卫、充满艺术感的印象。

舞蹈俱乐部 DM 宣传单版式

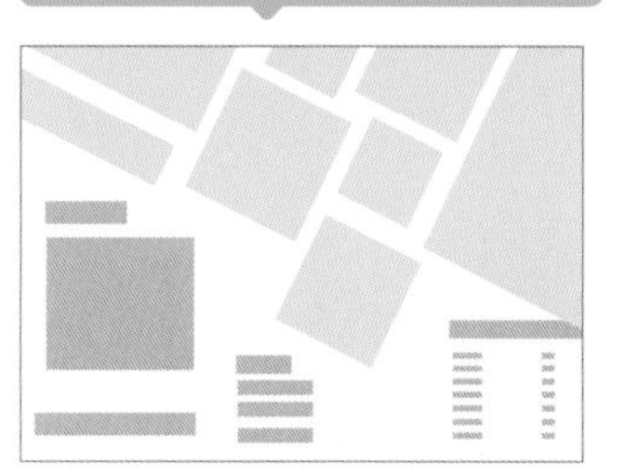

此宣传单为三折页，图片和文字各占一半版面。图片群组倾斜排布，横跨三个折页，并且图片尺寸均不相同，给人丰富、动感、活跃的印象。

金融杂志内页版式

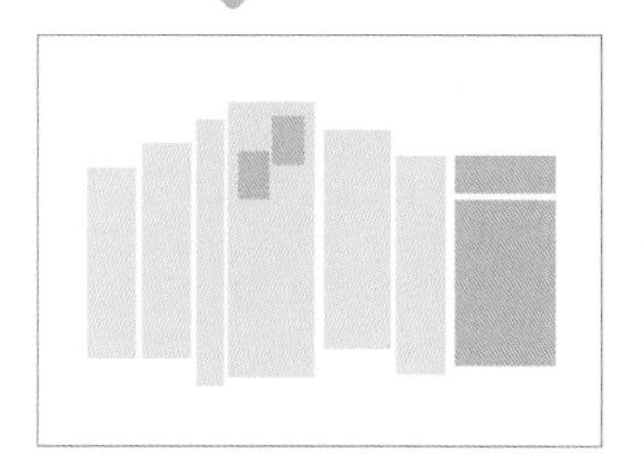

该杂志内页根据图片中的高楼大厦对图片进行竖向裁剪，分割为几个不同尺寸且上下起伏排列，四周留白较多，整个版面简约时尚且充满韵律感。

打破规则增添趣味感

相较于异形图、退底图，矩形图片在版式编排上容易显得呆板、缺乏自由性。并且随着图片数量的增加，为了保持版面的整洁，图片的排列方式趋于规整，版面效果容易显得单调、无趣。为了给版面注入趣味性，可以加入一些设计来赋予版面变化。通过改变某一图片的尺寸、旋转角度等来打破呆板的网格规则。规整与跳跃的元素对比强烈，能为版面带来趣味性。

BEFORE

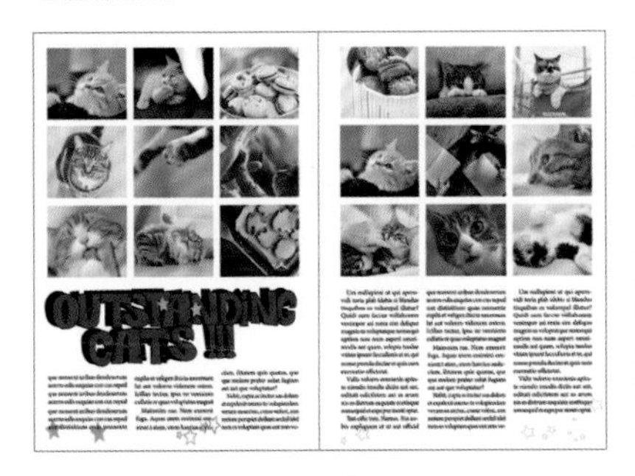

运用异形图片增加趣味性和设计感

在规整的图片版式中，变化个别图片的形状也可以增加趣味感：几何形状如三角形、圆形的图片往往能带来较强的设计感；自由形状的图片则给人自由、随性的感觉。

AFTER

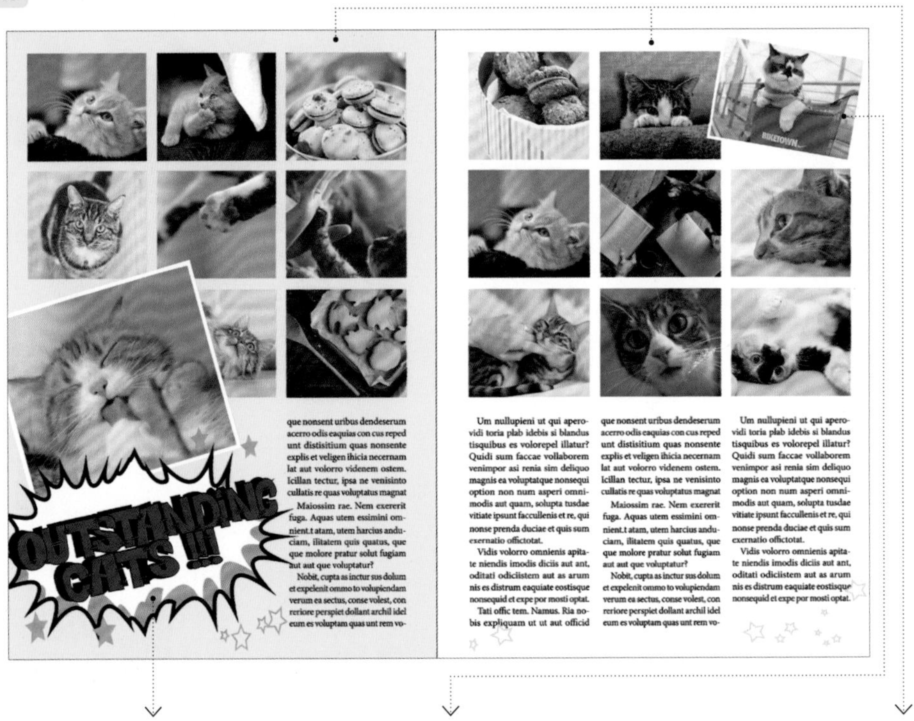

卡通字体搭配爆炸框，活跃版面气氛

爆炸框是传单上常见的装饰，将信息放置在爆炸框内，十分吸睛。卡通字体加爆炸框为版面注入了可爱和调皮的印象。

图片打破网格系统，充满趣味性

将左页标题上方的图片放大并旋转一定的角度，与标题搭配具有较强的视觉冲击力；右页右上角的图片向外旋转一定角度，打破九宫格的编排规则，增加了页面的活泼感。

色底色彩对比，增加活跃氛围

左页与右页的版面相似，但选择了不同的色底，增强了左右页的对比。并且黄色给人愉悦的感觉，增加了活跃的氛围。

企业画册内页版式

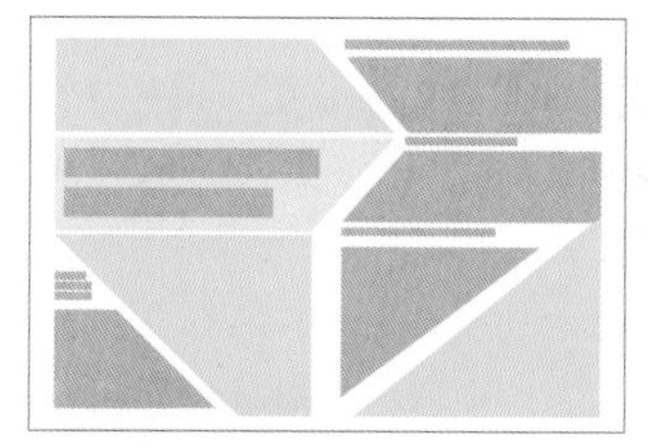

该企业画册中的图片运用了三角形和直角梯形的外观，尖锐、利落的边角打破了僵硬的文字段落，增强了版式的设计感，能够表现出企业专业、干练的形象。

派对海报版式

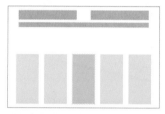

该海报的版面采用水平构图的方式，版面中间的人物插图在配色上打破规则，与其他的人物形成鲜明对比，使版面有了视线焦点，也使气氛显得活跃。

报纸内页版式

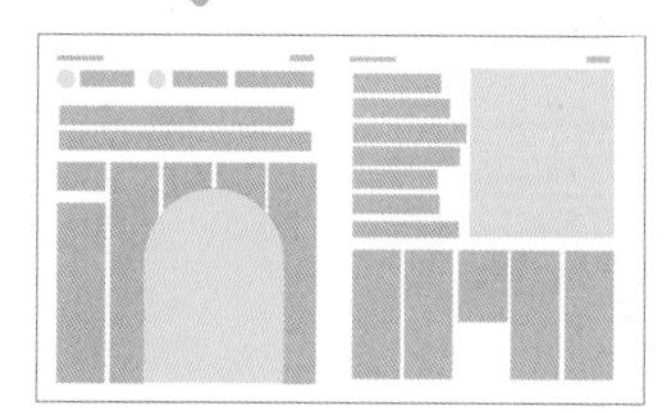

将伞形图案插入密集的文字栏中，文字即“雨点”，伞形图案为下方的信息“遮挡”出了一片空间，增加了趣味性，减弱了大篇幅文字带来的枯燥感。

CHAPTER 04

时长：0.5 课时

结合图片内容排出灵活的版式

学会利用图片本身的动感

图片是最能直观表达信息的版面元素。在版式设计中，我们要做的不单是将图片置入版面，还要考虑图片的内容，利用特别的设计手法将图片信息进行“放大”。例如，图片中有人物在奔跑、跳跃，可以依据人物运动的方向对图片进行旋转或放大，将图片内的活跃气氛释放到整个版面中。

BEFORE

通过图片的内容对比
突显图片效果

最常见的就是动静对比、方向对比及细节和整体对比等。将这些对比运用到图片素材的选择上，可以更直观地表现版面内容。

AFTER

标题顺应图片倾斜，增强动感气氛

标题与图片群组向同一个方向倾斜，制造出贯穿整个跨页的主要视觉顺序，与下方正文形成对比，动感十足。

大胆倾斜图片，放大图片氛围

中间的图片是一群小孩在草地上奔跑，倾斜的构图释放出了照片中的孩子们兴奋和快乐的心情，烘托了整个版面纯真、欢乐的氛围。

黑色边框 + 出血，突出视觉延伸感

三张图片等高并对齐，黑色胶片框有电影的故事性和连续感。左右两边出血，增强了视觉的延伸感，更放大了图片所要表达的信息。

企业画册内页版式

左页为一张满版图片，图片为记录行人的摄影作品，其中动感模糊后的标题穿插于人群之中，仿佛融为一体。右页色底色彩取自图片，使氛围统一。

杂志内页版式

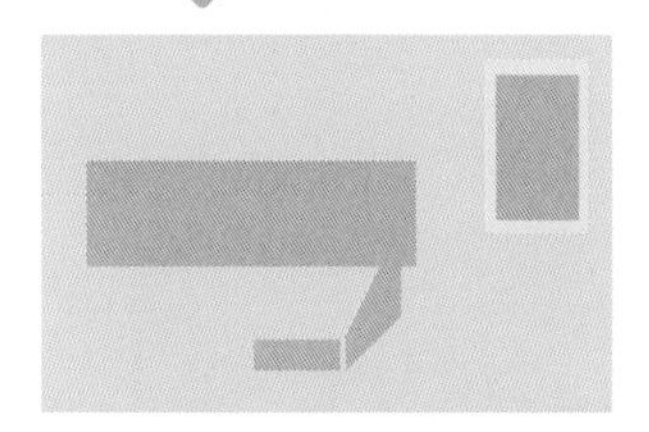

该杂志内页的图片为满版编排，展示了高楼林立的都市街道，透视感极强。标题则利用其中的透视效果将文字变形，“放置”到图片空间中。整个版面空间感极强，给人极大的视觉张力。

时尚宣传册内页版式

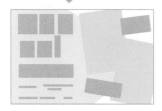

版面色彩亮丽，版式灵活，给人十分灵动、轻快的印象。其中两张图片中的人物均为运动的状态，倾斜图片可以增强图片的动感效果。

使用满版图片增强氛围

如果想要营造强烈的氛围感，延展图片里的空间，可以将图片以满版的形式编排，再将文字放置在图上适当的位置。

在图片中编排文字时，常用的文字是黑色或白色，无彩色可以很好地融合到图片中。不过黑色粗体有时会显得过于强势，而白色搭配细小的字体则会降低可读性。这时可以根据**图片色调来设置字体颜色，更能增强版面氛围感。**

BEFORE

运用半透明背景色兼顾文字可读性和氛围

有时满版图片背景比较花，文字放在上面不易辨识。这时可以给文字加上一层半透明的背景色，背景色要与图片色调相符，这样既保证了文字的可读性，又增强了氛围感。

AFTER

在图片适当的位置编排字体

图片本身的构图重心位于右侧，左侧空出了三分之一的空间，将文字放在此处既保证了文字的可读性，又很好地展示了图片内容。

满版图片，延伸视觉空间

图片采取满版编排，使图片空间变得更加宽广。极高的图版率加上少量的文字，整个版面带给读者极大的视觉冲击力，信息直观又清晰。

从图片中吸取标题文字颜色

标题文字的颜色吸取自图片中梅子的紫红色。标题选择这个颜色既能与冷色调的环境相融合，又能与美食相呼应，成功扩展了图片氛围。

时尚杂志封面版式

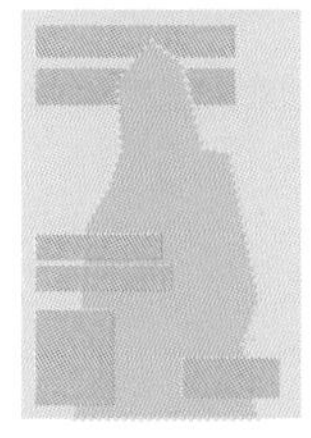

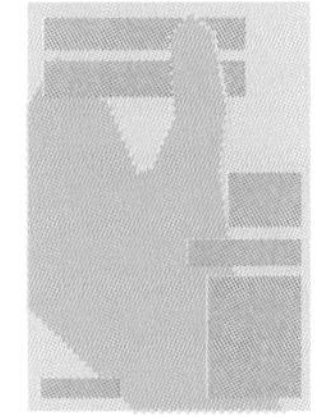

许多杂志封面都喜欢使用满版图片。图中的标题文字颜色与图片色调统一，并且封面人物遮挡了部分标题，形成了较强的空间层次感，极具视觉冲击力。

生活杂志内页版式

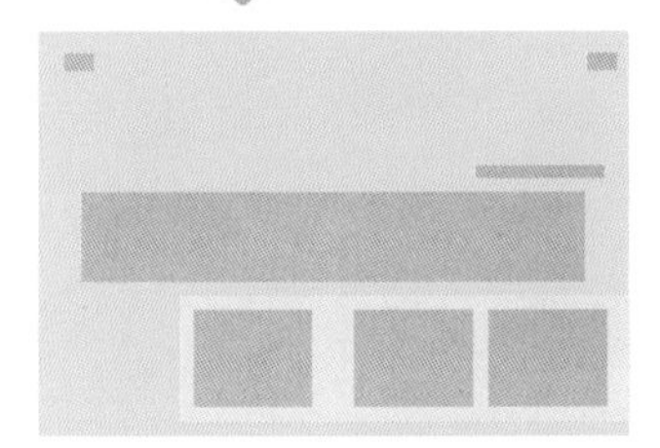

满版图片上的标题放置在比较巧妙的位置，并加上了阴影，效果逼真。为正文加入半透明背景，让文字更加统一、更易阅读。

艺术杂志内页版式

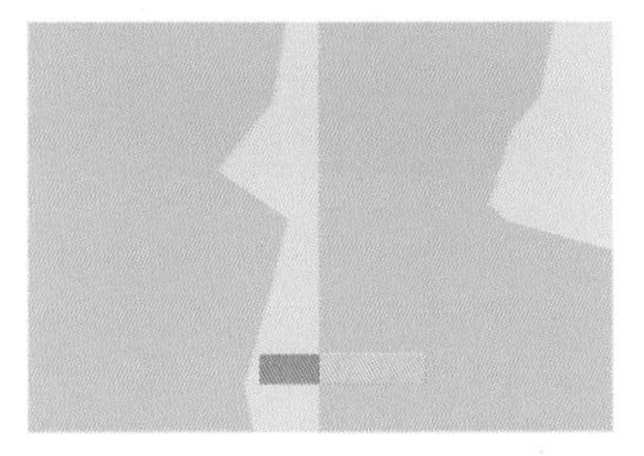

版面的左右页均为满版的人物特写插图，粗体的标题文字放置在中间，根据图片色彩进行了反色，既保证了文字的可读性，又产生了特殊的视觉效果。

图片退底使版面通透灵活

如果想要增加页面的生动感，或是想要突显图片中的拍摄主体，最常用的方式就是图片退底，即按照物体的轮廓线来裁剪图片。

拍摄的物体原本是限制在矩形的图片里，在编排时具有较大的局限性，退底后则能将物体释放出来，增强与读者之间的亲近感。

这种方式多用于衣物、杂货、食品等物品的拍摄图片，在时尚杂志、家居杂志里比较常见。

BEFORE

AFTER

裁剪轮廓时带有部分背景

裁剪图片时不一定要完全按照图片轮廓进行裁剪，可以把轮廓周围的部分背景也保留在图片上。与严格按照轮廓裁剪的退底手法相比，这样的图片更具场景感。

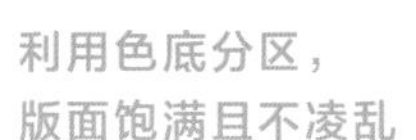

利用色底分区，版面饱满且不凌乱

要突显两个不同价位的福袋，在版面中加入两个大小不同的圆形图案作为色底进行灵活的分区，部分商品轮廓还超出了圆形边界。这样的处理方式不但使版面生动、活泼，而且让版面整洁、清晰。

为轮廓加上边框，增强独立性

为图片轮廓加上浅色，突显了每个物品的独立性，使版面有较强的层次感。并且高明度色彩的边框为原本就缺少白色的版面加入了透气感，给读者较为舒适的视觉体验。

图片退底，版面动感十足

该图为某时尚杂志的宣传内页，展示了许多当季新品。图片数量较多，采取退底的方式处理，既提高了版面的信息量，又增加了版面的生动感。

时尚杂志内页版式

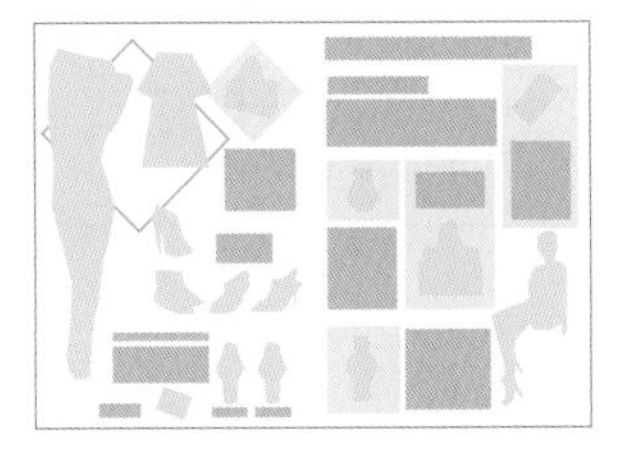

内页中过多的退底图片可能会导致版面零碎、散乱，所以在左页的人物图和其他商品下方添加了一个菱形框，增加了图片之间的关联性；右页的图片增加了同栏宽的背景色块，使版面结构更加清晰。

甜品店菜单版式

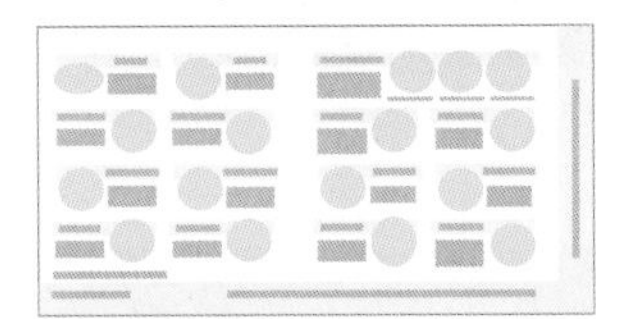

菜单除甜品外均为简约的黑白配色，加上退底后的甜品图，整个版面极具立体感，并且版面留白较多，信息一目了然。

家居杂志内页版式

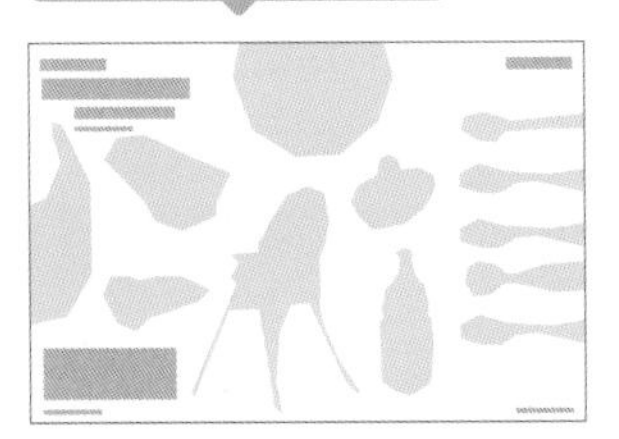

整个版面的文字量较少，图片较多，将其进行退底处理后，对部分图片进行放大，图片之间尺寸失真的对比为版面制造了较大的视觉张力，搭配鲜艳的色彩，营造出生动活泼的氛围。

时长：0.5 课时

图片的适当裁剪让表达更清晰

图片的分辨率与裁剪

图像分辨率指图像中存储的信息量，即每英寸图像内有多少个像素点。图片文件大小与其分辨率的平方成正比，如果保持图片尺寸不变，将图片分辨率提高至原来的两倍，文件大小将增大为原来的四倍。

用于印刷时，分辨率一般要达到300dpi或以上，这样的图片放大至原来的120%也不会出现不清晰的情况。如果图片只有72dpi，放大到原尺寸时，印刷出来就会不清晰。

综上所述，大分辨率图片的印刷效果和显示效果会更好，但过大的分辨率会增加整个文件的容量，所以在实际编排时要根据需求灵活处理。

图片尺寸：30cmx20cm 分辨率：300dpi

100% 原图显示（部分）

较大尺寸搭配300dpi的高分辨率，即使放大图片，细节依旧清晰可见，有很大的裁剪空间。

200% 原图显示（部分）

图片尺寸：15cmx10cm 分辨率：300dpi

100% 原图显示（300dpi）

尺寸缩小一半，分辨率不变，放大图片后依旧清晰，说明高分辨率的图片能很好地保证作品的印刷质量。

200% 原图显示（部分，300dpi）

图片尺寸：15cmx10cm 分辨率：72dpi

100% 原图显示（72dpi）

尺寸缩小一半并将分辨率改为72dpi，可以明显看到图片质量下降，丢失了很多细节，印刷呈现出的效果很差。

200% 原图显示（部分，72dpi）

通过裁剪突出图片主体

裁剪图片最主要的目的是让图片传递的信息更加直观。截取图片的某一个部分进行放大，减少图片的信息量，可以有效地将读者的视线集中在想要表达的内容上。
经过裁剪后的图片尺寸小于原图片，但可以通过放大让图片既能保持原图尺寸，又能精确展示局部细节。
然而，要对原图片进行“缩小”是不可实现的，所以尽量在拍摄图片时就确定好场景和内容。

原图展示了人们在晴朗夏天泛舟游玩的场景。图片重点在于表现场景，包含的信息也很多。

假设某文章的重点是描写船上人物和他们的行为活动，那么配图上就可以通过裁剪使图文内容更匹配。

通过裁剪减少原图信息量，并放大到原图尺寸。放大时注意图片的清晰度是否满足版面要求。

通过裁剪删除多余的图像

删除图片中多余的部分，可以明确实际要表达的内容。比如在给人拍照时，在图片的角落拍到了其他行人，为了减少图片的杂乱感，可将有多余内容的部分裁剪掉。
在裁剪图片时要注意，要考虑到图像信息的表达，一定要避免过度裁剪导致图片信息不完整，造成意图不明的效果。错误的裁剪可能会使读者感到迷惑，甚至误解图片原本的意思。所以在进行图片裁剪时，一定要留心这些细节的处理。

将多余的人物裁剪掉，并处理干净，图片表达清晰直观，这才是正确裁剪。

图片刚好将手指指向的物品裁剪掉了，这样的过度裁剪易使读者感到迷惑，并且注意力会转移到手指指向的未知部分，造成不自然的图片效果和错误的引导。

根据版面的编排方式对图片进行裁剪

有时我们会遇到图片的尺寸、比例、构图等与版面的需求不符的情况，此时需要针对版面的需求对图片进行灵活裁剪。

摄影杂志内页版式

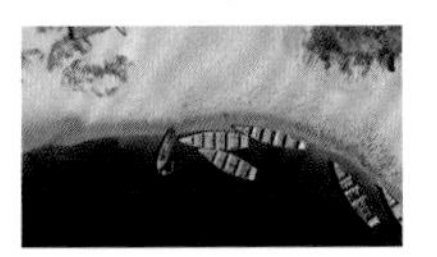

原图

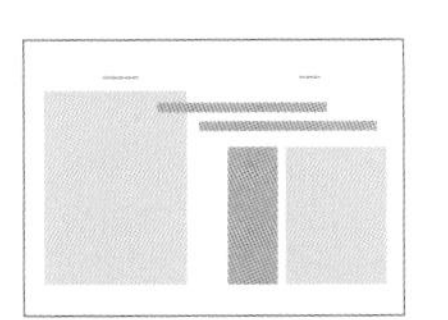

版面中的两个图片框用了同一张照片的不同部分，虽然图片被截开，隐约相连的海岸线却起到了引导读者视线的作用，给人宽广的视觉效果和想象空间。

宣传册内页版式

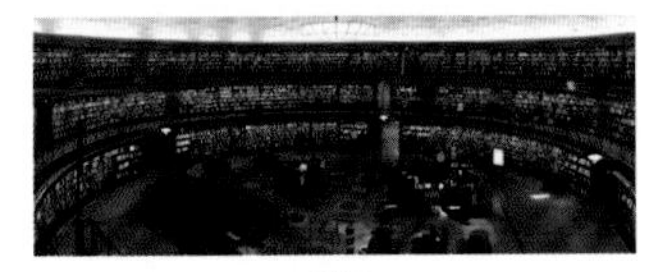

原图

版式中的文字信息较多，将文字集中编排在下方，上方主要是图片和图形。为了增强图片效果，边界采用了羽化处理，增强了空间的延伸感，避免了页面的沉闷感。

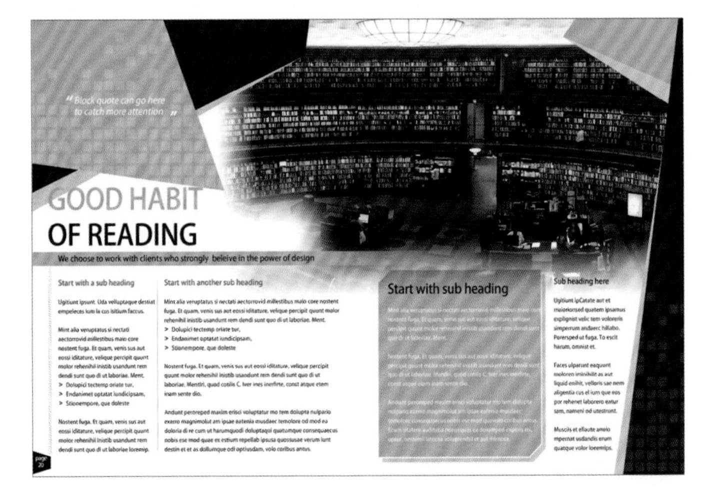

女性杂志内页版式

原图

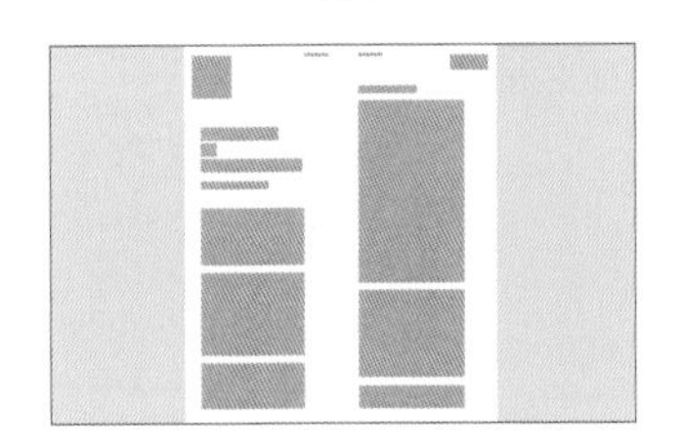

整个版面中的文字居于中间位置，两侧为两个竖长形的图片框。可以将图片大胆地裁剪，分为两个部分分别放在两边，不但没有减弱版面的效果，反而使整个版面更加融合。

对比下方两张裁剪缩放前后的图片编排效果，谈谈不同的版式效果感受。

修改前

To music
Never give up

I first published the novella A Clockwork Orange in 1962, which ought to be far enough in the past for it to be erased from the world's literary memory. It refuses to be erased, however, and for this the film version of the book made by Stanley Kubrick may be held chiefly responsible. I should myself be glad to disown it for various reasons, but this is not permitted. I receive mail from students who try to write theses about it or requests from Japanese dramaturges to turn

It into a sort of Noh play. It seems likely to survive, for an artist. Rachmaninoff used to groan because he was known mainly for a Prelude in C Sharp Minor which he wrote as a boy, while the works of his maturity never got into the programmes. Kids cut their pianistic teeth on a Minuet in G which Beethoven composed only so that he could detest it. I have to go on living with A Clockwork Orange, and this means I have a sort of authorial duty to it. I have a very special duty to it in the United States, and I had better now explain what this duty is.

Let me put the situation baldly. A Clockwork Orange

ELLE · 29

修改后

To music
Never give up

I first published the novella A Clockwork Orange in 1962, which ought to be far enough in the past for it to be erased from the world's literary memory. It refuses to be erased, however, and for this the film version of the book made by Stanley Kubrick may be held chiefly responsible. I should myself be glad to disown it for various reasons, but this is not permitted. I receive mail from students who try to write theses about it or requests from Japanese dramaturges to turn

It into a sort of Noh play. It seems likely to survive, for an artist. Rachmaninoff used to groan because he was known mainly for a Prelude in C Sharp Minor which he wrote as a boy, while the works of his maturity never got into the programmes. Kids cut their pianistic teeth on a Minuet in G which Beethoven composed only so that he could detest it. I have to go on living with A Clockwork Orange, and this means I have a sort of authorial duty to it. I have a very special duty to it in the United States, and I had better now explain what this duty is.

Let me put the situation baldly. A Clockwork Orange

ELLE · 29

（答案见下载资源）

05

版式的“骨架”——网格

网格是版式设计中的必要元素之一，是一种行之有效的版式设计形式法则。本章将开始学习网格系统，将构成主义的秩序引入设计之中，使所有的版面构成元素之间形成协调、平衡的关系，令整个版面更具规划性。

05
CHAPTER

CHAPTER 05

时长：0.5 课时

初识网格系统

什么是网格

网格系统是一种十分重要的版式设计形式法则，其特点是运用数字的比例关系，通过严格的计算，将版面分割成像方格纸一样的网格。通过网格系统可以将文字、图片等元素按照网格对齐，使版面变得整齐、清晰，保持一定的均衡感，更好地展示版面信息。虽然并非所有的版式都需要网格的约束，但对于信息量较大、版块较多的版面来说，导入网格无疑是十分高效的解决方法。

网格编排流程

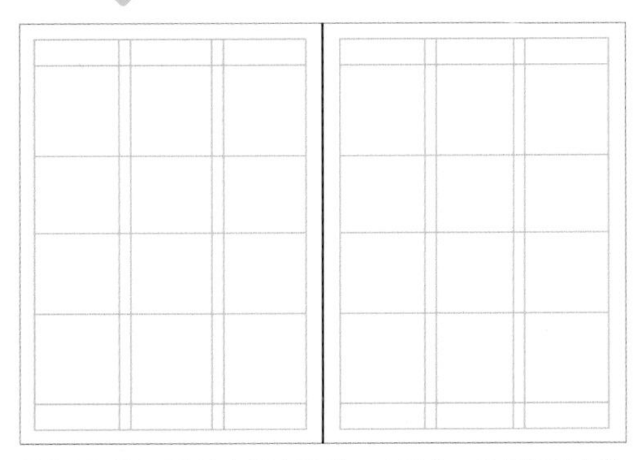

首先要对版面的信息量大致做一个评估，将版面划分为三栏。

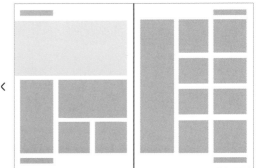

接着整理版面信息，确定版块的划分。这时版式已经大致确定。

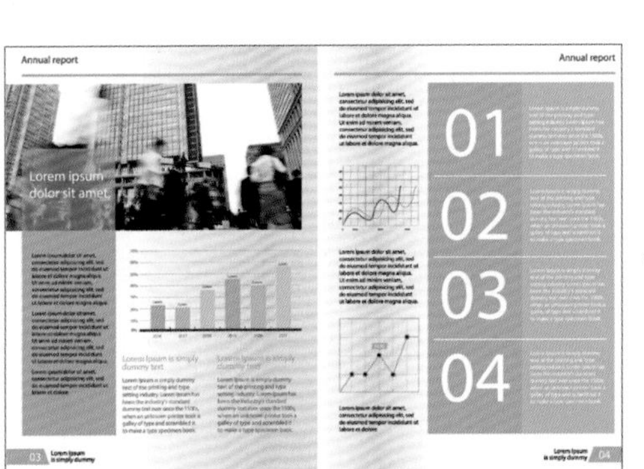

最后将内容按照网格系统放置到版面中，再根据实际情况进行调整。

拓展案例

科学类杂志的内页通常图少文多，跨栏图片能在诸多信息中立刻凸显出来，为规矩的版式注入活力，同时大尺寸图片可以缓解阅读压力。

从上图的PPT版式中我们可以看出其信息量较大，网格的划分可以让版面结构分明，再搭配相同的蓝紫色色底，增强了整套PPT的统一性。

网格系统的重要性

网格存在的意义就是约束版面，它能够将原本复杂的版式编排得更加简单直观、有规律可循，使版面具有秩序感和整体性。无论是哪种文字和图片类型，通过网格都能看出版面的分割情况。合理的网格结构能够帮助人们在设计时掌握准确的版面结构，这一点在文字编排中尤为明显。

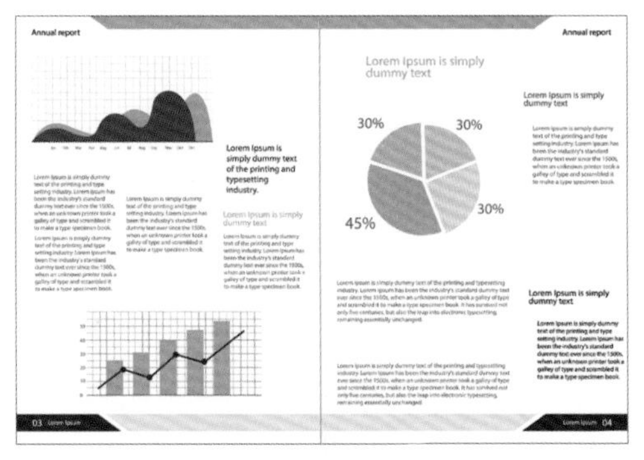

上图展示的数据中图表信息繁多，没有网格系统作为骨架的情况下，很难高效且准确地传达版面的主题和重点。

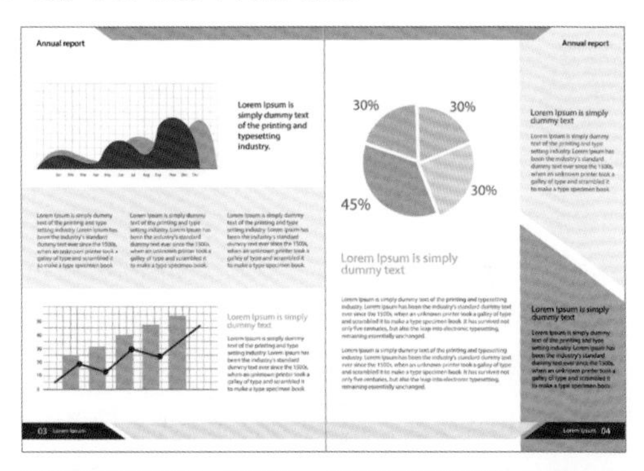

在网格的约束下，图表统一放在每页的左边，文字按照三栏的形式整齐、规范地编排，部分文字下加底色，使版面结构更有层次感。

网格系统的作用

❶调节版面气氛。加强版面凝聚力，使版面更加统一，还可以让版面在规范中具有灵活感。

❷组织版面信息。网格对版面中的文字、图片等构成元素进行有序的编排，使信息得以清晰表达，版面也更有节奏感。

该杂志内页采用了三栏对称式网格系统，将图片和文字信息处理得非常规范、整洁，图片的大小处理得具有较强的节奏感，大面积的黑色背景增加了左右页的联系。

❸提升阅读的关联性。在网格系统的框架内，能够有效地保证元素之间的关联性，在版面中形成有序、流畅的视觉流程。

❹确定信息位置。对各项元素进行有效的组织、编排，能快速高效地确定信息的位置，使版面具有条理性。

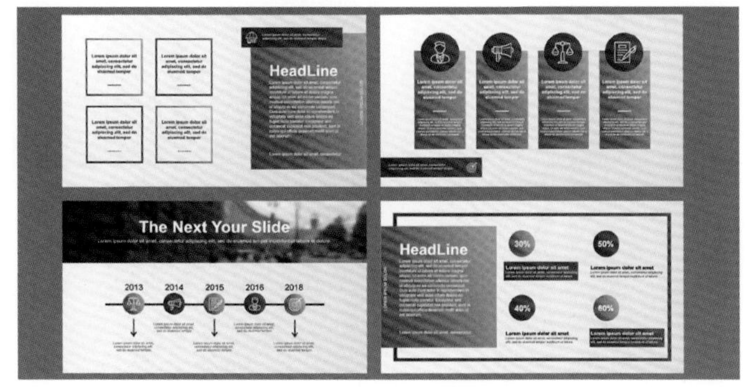

该组PPT主要以文字信息为版面元素，在网格的基础上，结合图形和色底，使繁杂的文字信息得以清晰表达，形成了流畅的视觉流程。

时长：1 课时

丰富的网格类型

稳定平衡的对称式网格

对称式网格主要应用于左右两个版面或一个对页，两页的页面结构完全相同，互为镜像。它们有相同的页边距、网格数量、版面安排等。对称式网格能够有效地组织信息、平衡版面，整体效果稳定协调。但如果一本书中大量重复地使用对称式网格，易给人枯燥乏味的印象，引起视觉疲劳。因此，我们可以通过适当添加其他元素使版面显得更加灵活。

对称式网格通常分为单栏对称式网格、双栏对称式网格、均衡双栏对称式网格和多栏对称式网格。

单栏对称式网格

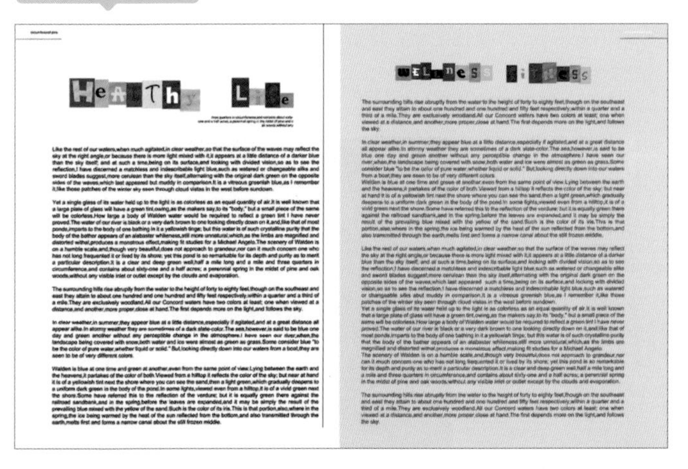

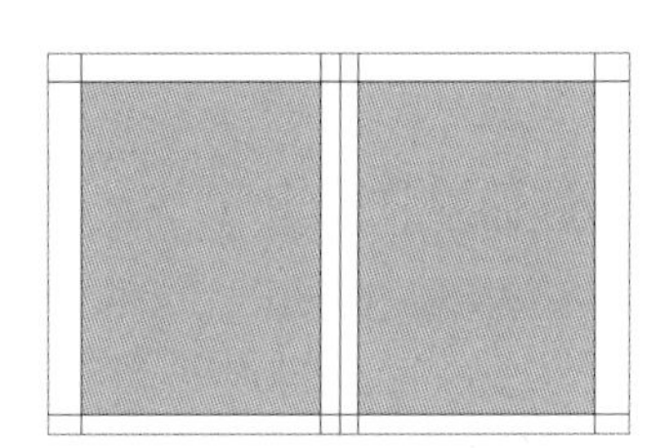

单栏对称即将文字进行通栏排列，不进行任何处理，简洁明了。但这种网格类型显得过于单调，容易造成视觉疲劳，因此只适用于小说等开本较小的出版物。如果是杂志等开本较大的出版物，则容易跳行，需谨慎使用。

双栏对称式网格

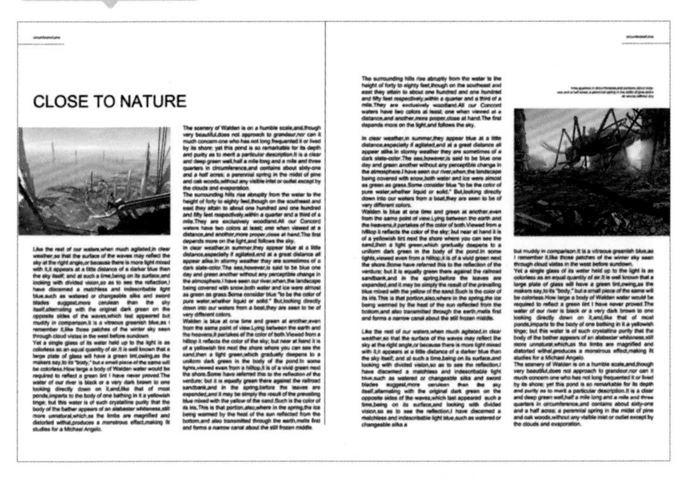

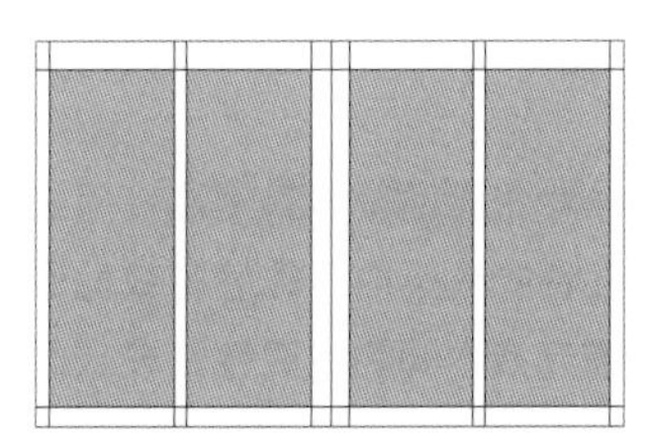

双栏对称式网格将文字从中间分割为两个部分，能够很好地平衡版面，缓解了阅读大量文字时的枯燥感，使阅读更加流畅，在杂志的版式设计中比较常见。但使用这种网格编排显得文字比较密集，整体给人比较呆板的感觉，可以适当穿插图片来增加版式的变化。

均衡双栏对称式网格

circumferend pine

Like the rest of our waters,when much agitated,in clear weather,so that the surface of the waves may reflect the sky at the right angle,or because there is more light mixed with it,it appears at a little distance of a darker blue than the sky itself.
And at such a time,being on its surface,and looking with divided vision,so as to see the reflection,I have discerned a matchless and indescribable light blue,such as watered or changeable silks and sword blades suggest,more cerulean than the sky it self,alternating with the original dark green on the opposite sides of the waves,which last appeared but muddy in comparison.It is a vitreous greenish blue,as I remember it,like those patches of the winter sky seen through cloud vistas in the west before sundown.
Yet a single glass of its water held up to the light is as colorless as an equal quantity of air.
It is well known that a large plate of glass will have a green tint,owing,as the makers say,to its "body," but a small piece of the same will be colorless.
How large a body of Walden water would be required to reflect a green tint I have never proved.
The water of our river is black or a very dark brown to one looking directly down on it,and,like that of most ponds,imparts to the body of one bathing in it a yellowish tinge;

but this water is of such crystalline purity that the body of the bather alabast, I are magnifiedanddistorted withal,produces a monstrous effect,making fit studies for a Michael Angelo.

Chapter 1

The scenery of Walden is on a humble scale,and,though very beautiful,does not approach to grandeur,nor can it much concern one who has not long frequented it or lived by its shore; yet this pond is so remarkable for its depth and purity as to merit a particular description.It is a clear and deep green well,half a mile long and a mile and three quarters in circumference,and contains about sixty-one and a half acres; a perennial spring in the midst of pine and oak woods,without any visible inlet or outlet except by the clouds and evaporation.

The surrounding hills rise abruptly from the water to the height of forty to eighty feet,though on the southeast and east they attain to about one hundred and one hundred and fifty feet respectively,within a quarter and a third of a mile.They are exclusively woodland.All our Concord waters have two colors at least; one when viewed at a distance,and another,more proper,close at hand.The first depends more on the light,and follows the sky.

In clear weather,in summer,they appear blue at a little distance,especially if agitated,and at a great distance all appear alike.In stormy weather they are sometimes of a dark slate-color.The sea,however,is said to be blue one day and green another without any perceptible change in the atmosphere.I have seen our river,when,the landscape being covered with snow,both water and ice were almost as green as grass.Some consider blue "to be the color of pure water,whether liquid or solid." But,looking directly down into our waters from a boat,they are seen to be of very different colors.

Walden is blue at one time and green at another,even from the same point of view.Lying between the earth and the heavens,it partakes of the color of both.Viewed from a hilltop it reflects the color of the sky; but near at hand it is of a yellowish tint next the shore where you can see the sand,then a light green,which gradually deepens to a uniform dark green in the body of the pond.In some lights,viewed even from a hilltop,it is of a vivid green next the shore.Some have referred this to the reflection of the verdure; but it is equally green there against the railroad sandbank,and in the spring,before the leaves are expanded,and it may be simply the result of the prevailing blue mixed with the yellow of the sand.Such is the color of its iris.

This is that portion,also,where in the spring,the ice being warmed by the heat of the sun reflected from the bottom,and also transmitted through the earth,melts first and forms a narrow canal about the still frozen middle.

light green,which gradually deepens to a uniform dark green in the body of the pond.In some lights,viewed even from a hilltop,it is of a vivid green next the shore.Some have referred this to the reflection of the verdure; but it is equally green there against the railroad .

circumferend pine

The surrounding hills rise abruptly from the water to the height of forty to eighty feet,though on the southeast and east they attain to about one hundred and one hundred and fifty feet respectively,within a quarter and a third of a mile.They are exclusively woodland.All our Concord waters have two colors at least; one when viewed at a distance,and another,more proper,close at hand.The first depends more on the light,and follows the sky.

In clear weather,in summer,they appear blue at a little distance,especially if agitated,and at a great distance all appear alike.In stormy weather they are sometimes of a dark slate-color.The sea,however,is said to be blue one day and green another without any perceptible change in the atmosphere.I have seen our river,when,the landscape being covered with snow,both water and ice were almost as green as grass.Some consider blue "to be the color of pure water,whether liquid or solid." But,looking directly down into our waters from a boat,they are seen to be of very different colors.
Walden is blue at one time and green at another,even from the same point of view.Lying between the earth and the heavens,it partakes of the color of both.Viewed from a hilltop it reflects the color of the sky; but near at hand it is of a yellowish tint next the shore where you can see the sand,then a light green,which gradually deepens to a uniform dark green in the body of the pond.In some lights,viewed even from a hilltop,it is of a vivid green next the shore.Some have referred this to the reflection of the verdure; but it is equally green there against the railroad sandbank,and in the spring,before the leaves are expanded,and it may be simply the result of the prevailing blue mixed with the yellow of the sand.Such is the color of its iris.This is that portion,also,where in the spring,the ice being warmed by the heat of the sun reflected from the bottom,and also transmitted through the earth,melts first and forms a narrow canal about the still frozen middle.

Like the rest of our waters,when much agitated,in clear weather,so that the surface of the waves may reflect the sky at the right angle,or because there is more light mixed with it,it appears at a little distance of a darker blue than the sky itself; and at such a time,being on its surface,and looking with divided vision,so as to see the reflection,I have discerned a matchless and indescribable light blue,such as watered or changeable silks and sword blades suggest,more cerulean than the sky itself,alternating with the original dark green on the opposite sides of the waves,which last appeared such a time,being on its surface,and looking with divided vision,so as to see the reflection,I have discerned a matchless and indescribable light blue.

I remember it,like those patches of the winter sky seen through cloud vistas in the west before sundown.
Yet a single glass of its water held up to the light is as colorless as an equal quantity of air.
It is well known that a large plate of glass will have a green tint,owing,as the makers say,to its "body," but a small piece of the same will be colorless.
How large a body of Walden water would be required to reflect a green tint I have never proved.
The water of our river is black or a very dark brown to one looking directly down on it,and,like that of most poer appearsalabaster whiteness,unnatural,which,as the limbs are magnified and distorted withal,Michael Angelo.
The scenery of Walden is on a humble scale,and,though very beautiful,does not approach to grandeur,nor can it much concern one who has not long frequented it or lived by its shore; yet this pond is so remarkable for its depth and purity as to merit a particular description.
v
It is a clear and deep green well,half a mile long and a mile and three quarters in circumference,and contains about sixty-one and a half acres; a perennial spring in the midst of pine and oak woods,without any visible inlet or outlet except by the clouds and evaporation.

The water of our river is black or a very dark brown to one looking directly down on it,and,like that of most ponds,imparts to the body of one bathing in it a yellowish tinge; but this water is of such crystalline purity that the body of the bather appears ofalabaster whiteness,still more unnatural,which,as the limbs are magnified and distorted withal,produces a monstrous .

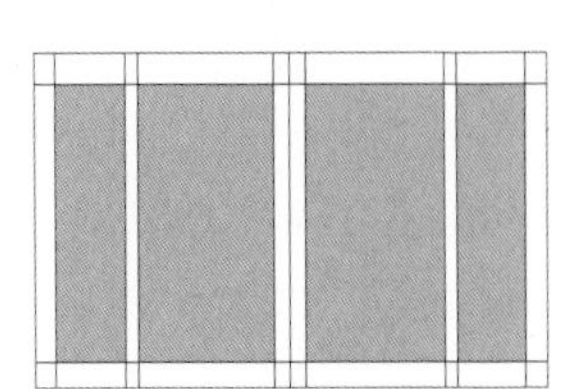

均衡双栏对称式网格也是左右双栏排列，但双栏的宽度各不相同。均衡双栏对称式网格的排列方式较多，可以左宽右窄或左窄右宽，窄的一栏适合放注解或说明类的文字。这种体例常见于需要注解的专业性书籍或双语书籍等。

多栏对称式网格

DUCIAMUS ACCATUR ALIUS DIGENT MAIEM AUTEIUUI SIT

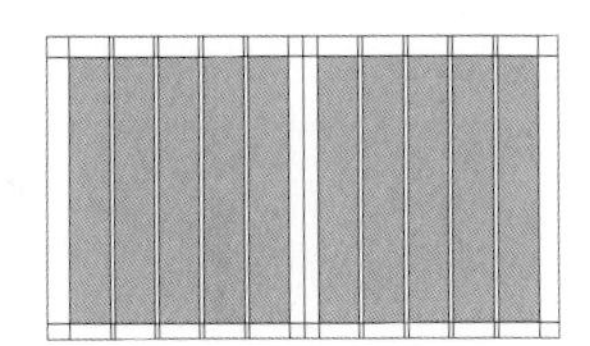

多栏对称式网格是较为灵活的网格类型，可以根据文字的字号等因素安排栏数，但左右页的栏数必须相同。这种类型的网格并不适用于正文的编排，常用于目录、数据统筹等，也可以根据实际内容增减栏数。

拓展案例

该杂志内页版式使用了双栏对称式网格编排，通过满版的背景图片弱化了双栏网格单调、呆板的印象。

该杂志内页在版式上运用了多栏对称式网格，通过改变每一栏的长短、高低及跨栏编排图片，形成丰富、灵活的版面效果。

生动灵活的非对称式网格

非对称式网格的左右版面采用了同一种编排方式，不像对称式网格那样绝对对称，在页面的整体性方面会呈现出偏左或偏右的倾向。在版面编排的过程中，可以根据版面的具体需要，灵活调整每一栏的宽窄比例，使版面的整体效果更加丰富、有趣。非对称式网格多用于散页的版式设计。

双栏非对称式网格

非对称式网格左右页的网格栏数基本一致，但左右两个页面并不像对称式网格那样呈镜像对称，并且非对称栏状网格左右页的页边距也有可能是不对称的。通过下面两张示意图的对比，可以看出对称式网格和非对称式网格之间的区别。

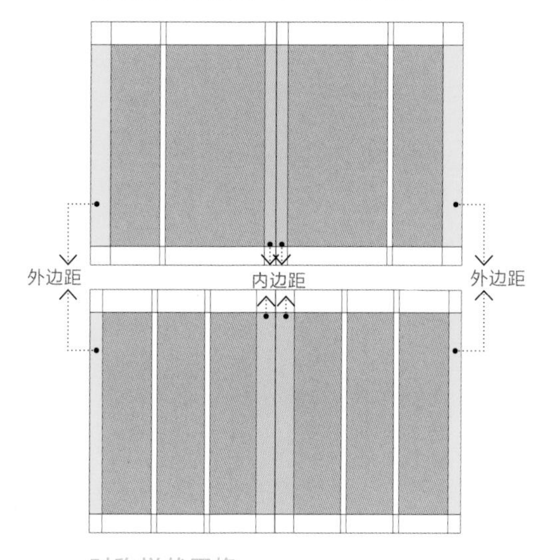

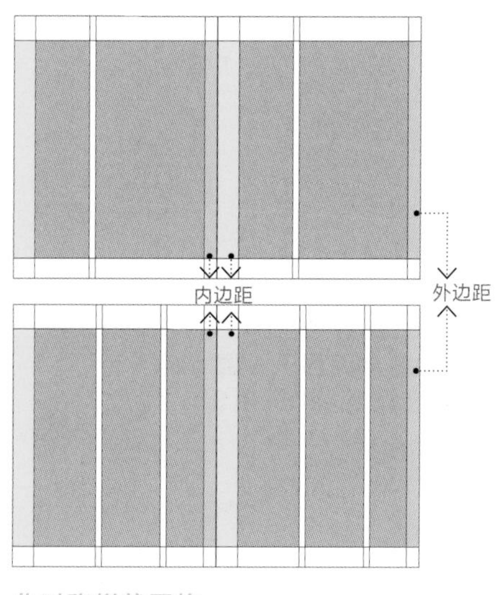

对称栏状网格

对称式网格的左右页面完全对称。蓝绿色的窄边均位于内边距位置，黄色的宽边均处于外边距位置，以订口为对称轴对称。

上图中的下图为三栏对称式网格，当书本页数较多时，为了保证版心内容的完全展示，可以增大内页边距。

非对称栏状网格

通过左右页的黄色宽边和蓝绿色窄边位置的改变，可以看出右页内容相当于左页直接复制平移后的结果，版心内容不再对称，并且有向右偏移的趋势。

上图中的下图为三栏非对称式网格，且第三栏宽度小于前两栏，使整个版面更加灵活。

拓展案例

该杂志运用了非对称式栏状网格，左页单栏主要展示标题和概述，右页两栏则为正文，版面层次对比分明。

该杂志为非对称式网格，左页三栏缓解阅读压力，防止跳行；右页采用均衡网格和窄栏结合的形式。

非对称式单元格网格

非对称式单元格网格是较为基础的版面结构。在单元格中可以根据版面的需求来调整文字及图片的大小和位置，也可将几个单元格合并使用。单元格网格使用的关键在于将文字或图片准确地放置在单元格所划定的范围内。运用非对称式单元格网格，版式将会层次清晰、错落有致、灵活多变，却又整洁干净。

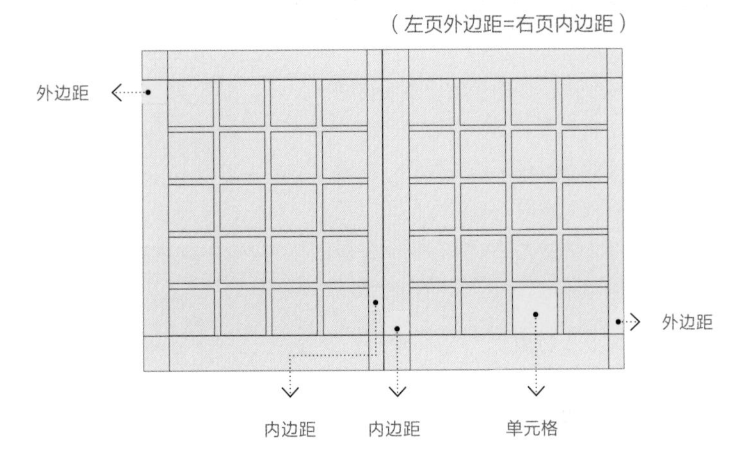

单元格网格编排流程

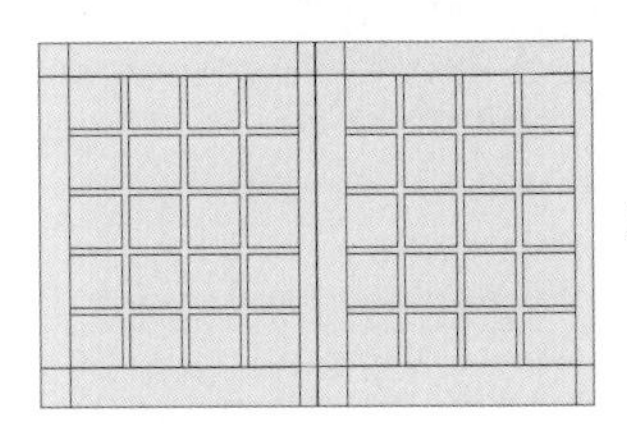

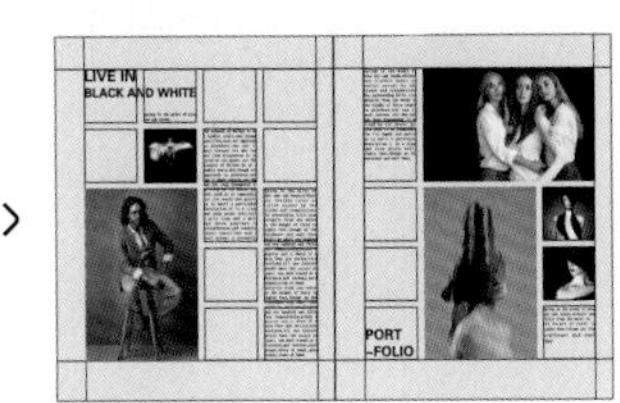

在单元格中进行编排时，图片和文字都严格控制在单元格的范围内，通过合并单元格等方式创造变化，使版面充满节奏感；合并单元格插入图片，再加上恰当的单元格留白，使整个版面极具品质感。

拓展案例

该美食杂志运用了非对称式单元格网格，将图片错落有致地排列在一起，文字集中在下方，信息一目了然且具有节奏感。

版面的图文信息量较大，采用单元格网格可以灵活划分各个图文版块，让整个版面紧凑有序地展示多元化信息。

基础编排的基线网格

基线网格是版式设计的基础，能够帮助版面中的所有元素实现标准对齐，这种对齐效果单凭感觉是无法做到的。在精确创建和编辑对象时，基线网格可以用于辅助操作，为版面的编排提供一种视觉参考和构架基准，可以帮助设计师制作出非常规范、精准的版面。

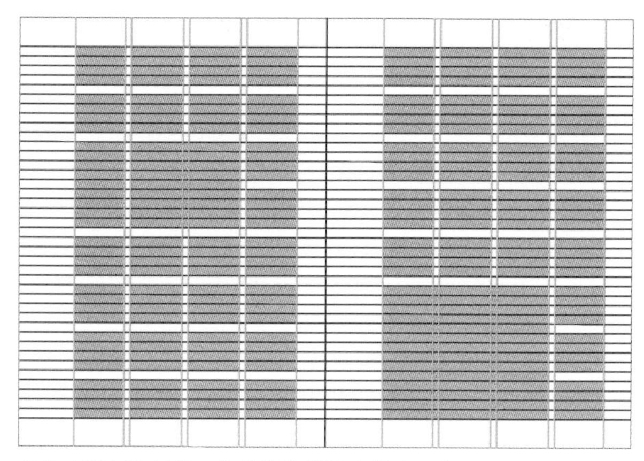

红色水平线为基线，能辅助编排图文信息。字号决定基线网格宽度，比如字号为10pt，行间距为2pt时，网格宽度应为12pt。

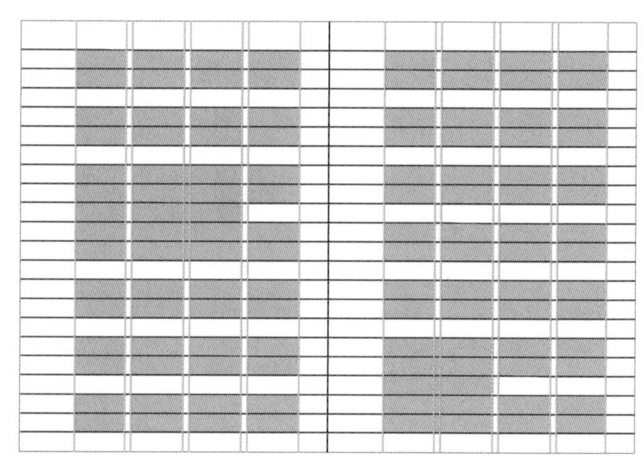

基线网格的间距应根据字号的不同而增大或减小。上图文字字号变大，相应地应将基线网格的间距变大。

基线网格

版式设计之基线网格
版式设计之基线网格
版式设计之基线网格
版式设计之基线网格
版式设计之基线网格
版式设计之基线网格
版式设计之基线网格
版式设计之基线网格
版式设计之基线网格
版式设计之基线网格
版式设计之基线网格
版式设计之基线网格

最上面一行文字的字号为36pt，因此一个基线网格中只排了一行字；中间两行的字号为14pt，行间距为4pt，因此一个基线网格可以排两行字；下面两行的字号为8pt，行间距设为1pt，则一个基线网格可以排四行字。

拓展案例

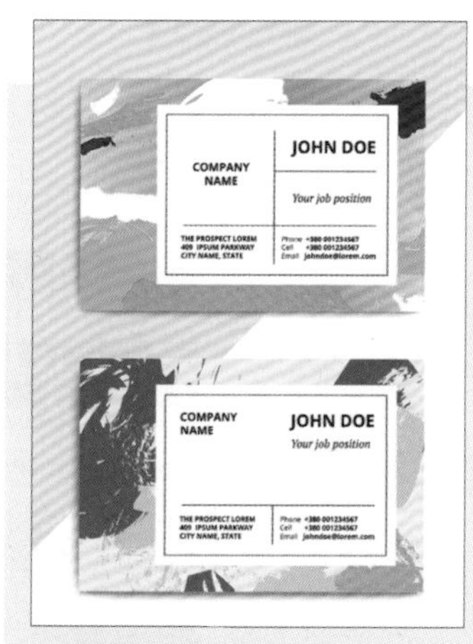

上图展示的名片的版式设计以文字为主要内容，与彩色底纹搭配，给人简约、时尚的感觉。

上图的海报中文字信息量较大，层级也十分丰富，利用基线网格使文字达到精准的编排。

SECTION 3

CHAPTER 05

时长：1 课时

网格的应用

分栏与分块

分栏与分块是版面网格系统的重要组成部分。分栏能将页面内容竖向划分为几列，分块则是进一步横向划分，确定内容的顶边和底边，这样就能锁定内容的具体位置了。

在固定大小的页面中，通过竖线对页面进行纵向划分，栏与栏之间的距离就是栏间距，通过栏间距的尺寸、形状等可区分信息区域。

分栏是分块的前提，分块的数量是以分栏的数量为基础的，进一步使版式中的图片和文字编排形式更加丰富多元化。

分栏到分块其实是将版式从无到有，再到细化的过程，同时也对内容进行了层级、结构上的梳理。

分栏的图示详解

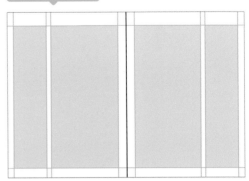

图为对称式网格，左右两个版面共有四栏，图文可放置在划分出来的蓝绿色区域，整洁大方。

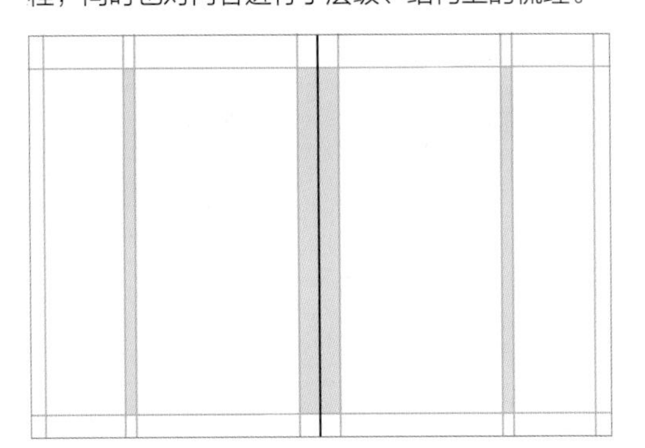

版面中间较粗的两条蓝绿色区域为内页边距，用于区分左右页的内容；较细的则为栏间距，用于区分栏与栏的内容。

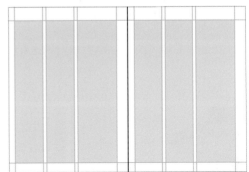

竖线越多则表明分栏越多。上图展示了非对称式网格的分栏，左右两页共分为了六栏。

分块的图示详解

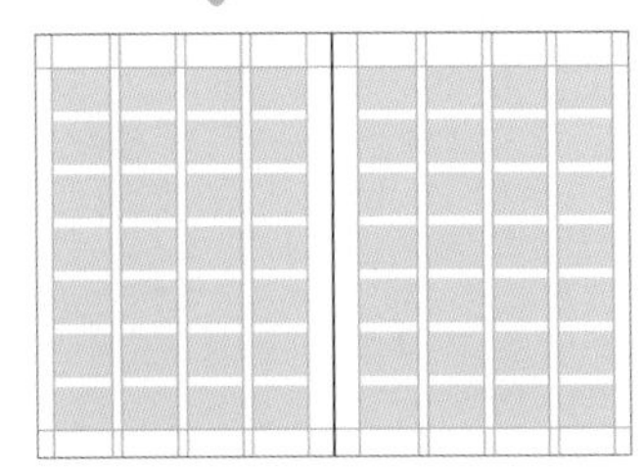

图为最简单也最常见的四栏对称式分块网格，由此可以延伸出很多版式。

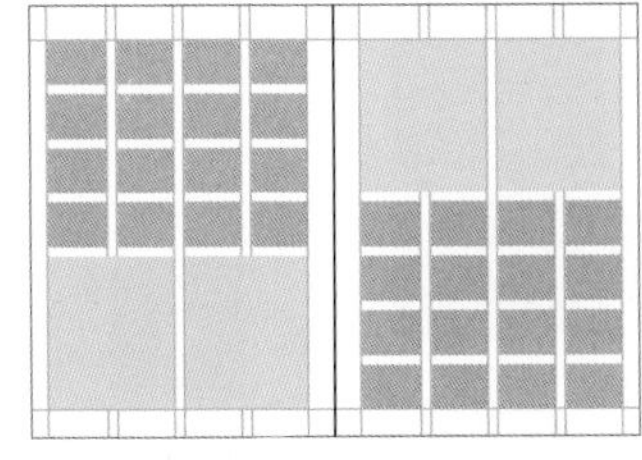

该版式呈现出中心对称的效果，既有较强的对决感，又存在一定的均衡感。

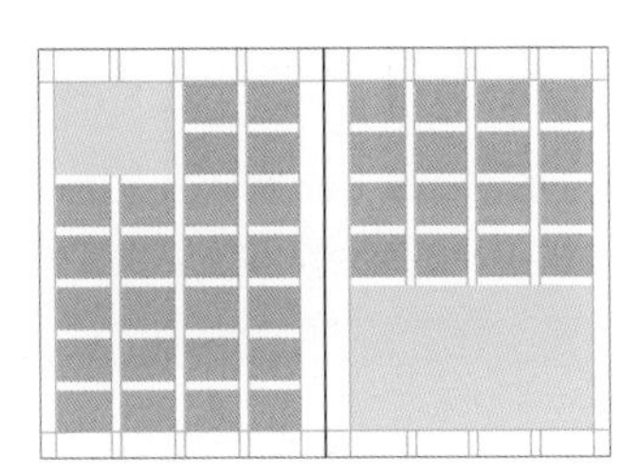

两图距离较远，适合关联性不强的图片。分别放在左上角和右下角，可撑起版心。

这种版面适合需要插入大图的情况，还可以以满版编排的形式来增强视觉冲击力。

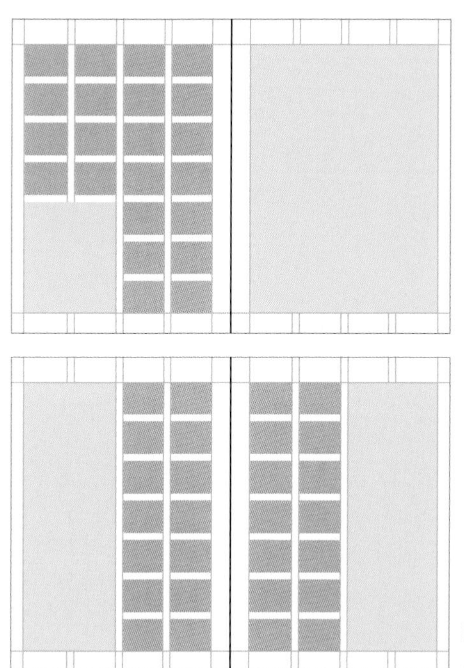

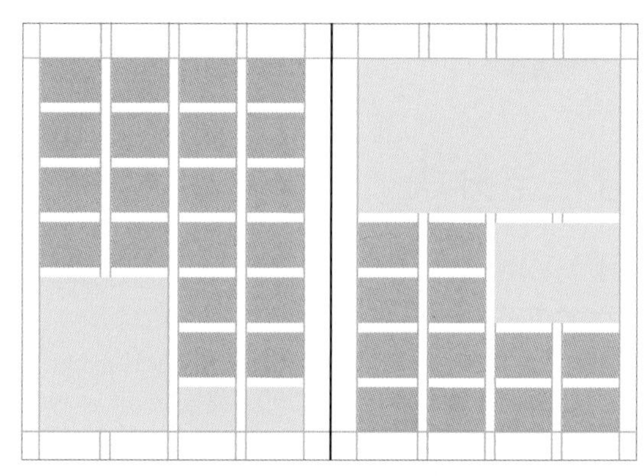

这种版面插入图片的尺寸较丰富，适合系列图的展示，并且图片主次分明，整个版面丰富而饱满。

图为对称式分块网格，图片分别放置在两侧，形成了对照的效果，也使跨页的内容更加融合。

拓展案例

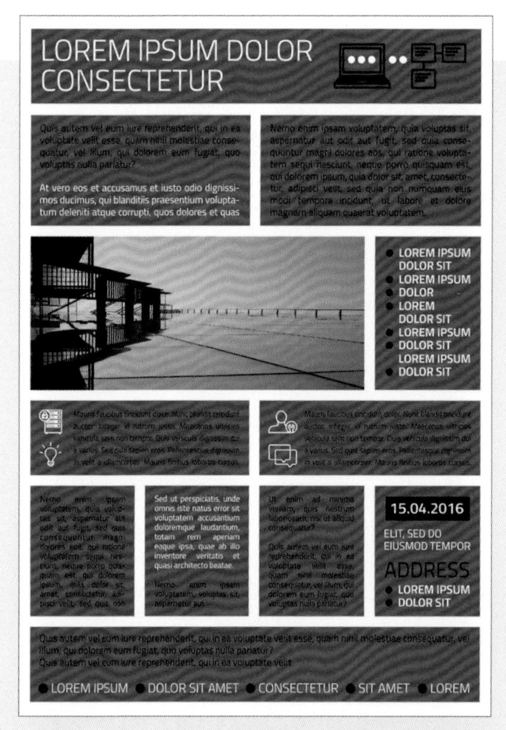

版面通过红色色底将整个四栏分块网格系统清晰地展示了出来，对大量的文字内容进行有效的分类分层，个性化的配色减弱了大段文字带来的枯燥感，给人较强的视觉冲击感。

该新闻杂志内页为不对称的五栏网格，插入不同大小的图片，使版面充满了节奏感，版面充实、有序。

该宣传册版面采用三栏网格，图片和文字交错编排，较窄的页边距加上左上角、右下角的留白，跨页内容和谐统一。

如何在有限网格中灵活编排

在版式编排的过程中，因为网格形式的多样性，所以能够编排出丰富的版式结构。运用网格可以保证版面的整齐和统一，使内容结构更加严谨，但运用不好也会让版面显得呆板。所以我们在实际运用网格时，要适当地打破网格的约束，增加版面的节奏感和吸引力。常用的方法有留白处理，可以增强版面透气感；或者让图片出血，增加版面的生动感和灵活性；还可以让图片跨页，增强版面的视觉冲击力。

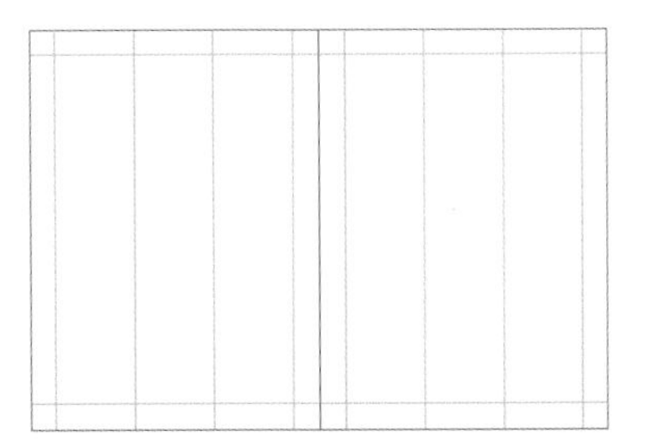

网格分为三栏，没有栏间距限制，可自由调整，这样的网格排列较为灵活。

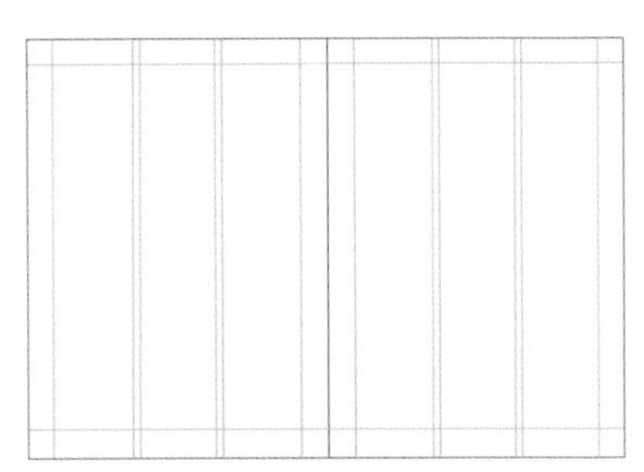

上图为三栏对称式网格，栏间距确定，这种网格能使版式更加规范、整齐。

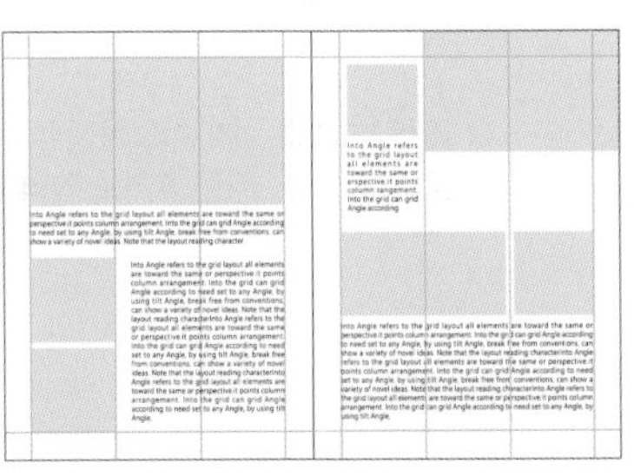

置入图片和文字素材后，除去网格进行相应的调整，并通过适当的留白与出血渲染氛围。

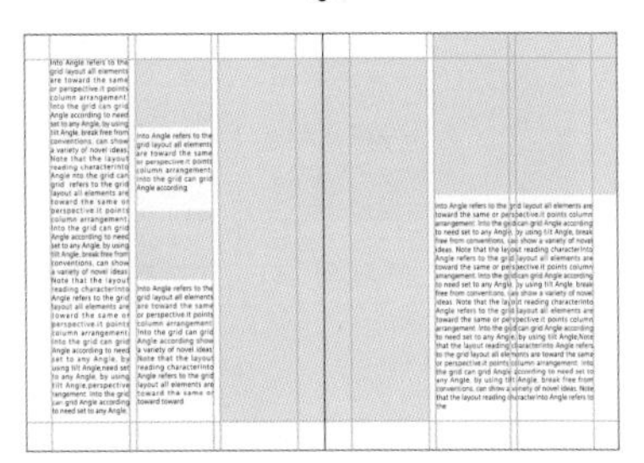

合并左右页的两栏，形成跨页大图的效果，使版面更具视觉冲击力，突出文章主题。

在没有栏间距限制的网格中，一栏、两栏、合并栏或者通栏都可以灵活排列。

置入素材并除去网格，相同栏间距使版面统一，融合感强，两张大图分别上下边出血，为版面注入自由感和活力。

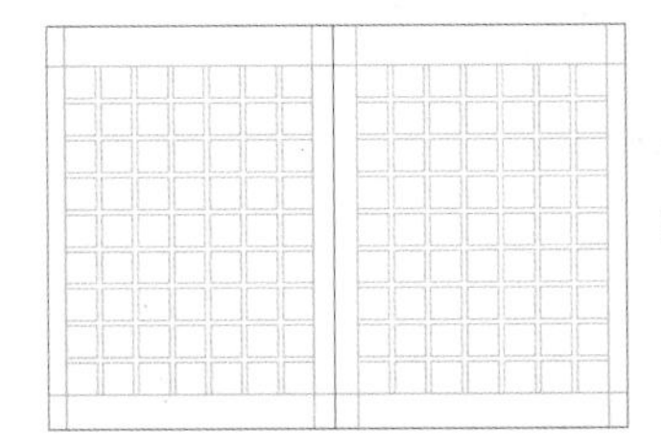

在多个单元格的网格中，版面划分更加细致，编排将更加灵活多变，栏间距和行间距都固定，保证了版面的统一性。

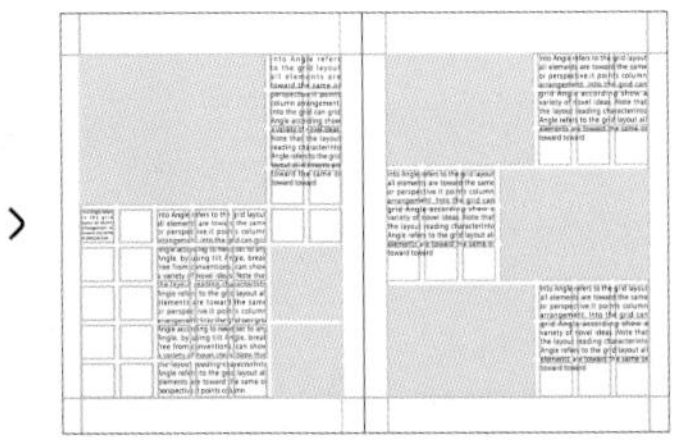

可以合并多个单元格，也可以单独占据一个单元格，灵活的编排使版面充满无限可能。

按照网格进行编排，既能够保证版面的统一性，又可以轻松包容许多多元化的素材。

虽然前文讲解案例大多是图书、杂志等印刷品，但实际上网格在任何媒体的版式编排上都能用到，如网站页面、手机UI界面设计等，以网格为骨架可让设计师更高效地处理繁多的版面元素。除了规范的版式外，网格还能给设计师更多构图灵感。

拓展案例

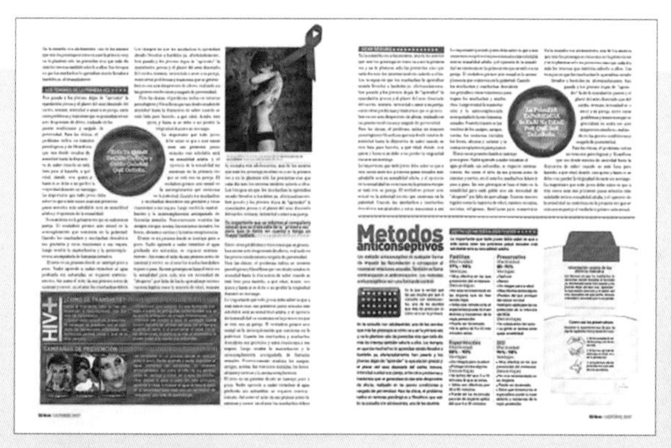

某杂志内页采用了三栏对称式网格，版面中文字量较多，图片较少，在左右页的栏间距之间插入圆形图案，打破网格的束缚，使版式不那么呆板、乏味。

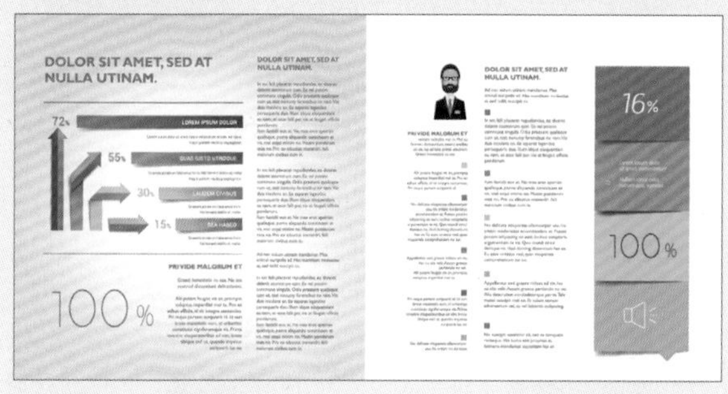

图为某数据报表册，版面采用三栏非对称式网格，通过合并栏、图片退底及文字色底使整个版面看起来规范又充实。

图为某网页的UI界面设计，网页的首页以无间距的方形网格为基础，红绿色对比搭配，增强视觉冲击力。

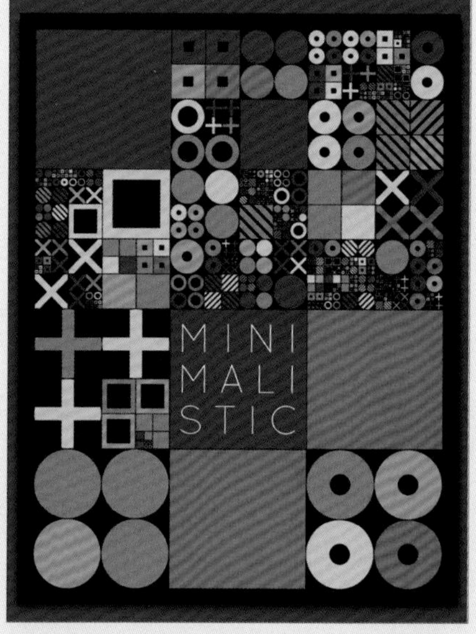

该海报以3×4的大网格为基础并继续细分网格，制造出独特的版面效果，加上对比强烈的红蓝配色，显得时尚、前卫。

请分析出下方图片的网格类型，并用基线网格画出矢量版式图。

图一

图二

"HEADLINERS CONTINUES TO AMAZE – YOUNG JOURNALISTS BRING A REAL VIBRANCY AND TRUTH TO THE KEY ISSUES OF THE MOMENT. THEY RESEARCH AND PRODUCE COLUMNS WHICH ARE ALWAYS TO A VERY PROFESSIONAL STANDARD FOR SKY."

GET PHOTOGRAPHY LESSONS FROM YOUR CAMERA.

D3100

The new Nikon D3100 has a built-in Guide Mode that literally shows you how to make your pictures better. It puts advanced Nikon technology (such as 11-point autofocus and 3-frames-per-second shooting speed) at your fingertips too. It even gives you full 1080p HD video with sound, plus a world first: full-time autofocus for video*. And it's incredibly light and easy to handle. So get your hands on the new Nikon D3100, with Nikon's two-year Canadian warranty**. And get ready to amaze yourself. Visit nikon.ca or your Authorized Nikon Dealer.

Nikon

nikon.ca

Don't take it personally

[illegible]

Keep it in perspective

[illegible]

An appreciative approach to the holidays

Let's be clear: There's nothing wrong with giving your children gifts. But, as the parent, you get to define what celebrating means at your house, and shifting the focus from getting to giving will have a ripple effect.

Set the tone

Let your children know that gifts from the heart are priceless. They can make things for people they love, such as handmade necklaces or ornaments or frames reserved for a special photo. Together, you could bake cookies and package them up for neighbours. When the focus is on what they can do and give, the gimmes tend to get lost in the background.

Get festive

Spend your time doing things as a family — skating, decorating, playing board games, visiting family and friends — rather than centring the holiday around gifts. The memories will outlast any item on their wish lists.

Downsize your holiday

Set a limit on spending and requests. Maybe your kids could just ask for two things this year, forcing them to decide what is truly important to them.

Give of yourself

Have your kids choose gifts for a toy drive, or sponsor a family in need. Buy a goat in Africa. "Getting involved with charity, by volunteering or donating, gets children to think outside of themselves. You're creating that experience instead of just talking about it," Gordon says.

图三

contents

图四

（答案见下载资源）

06

版式的颜值打磨——色彩搭配

本章将从色彩的基础理论知识开始学习，结合常用的色彩搭配方法，再延伸到色彩在不同版面中的技巧效果上。

06
CHAPTER

CHAPTER 06

时长：0.5课时

色彩知识大扫盲

色彩的基础知识

色彩是人们对客观世界的一种感知，物体的色彩与形状一同作为最基本的视觉反映，存在于人类日常生活中的各个方面。色彩是通过眼睛、大脑产生对光的视觉效应，如果没有光线，我们就无法从黑暗中看到任何物体的色彩与形状。因此，我们所看到的并不是物体本身的色彩，而是物体反射的光。

色彩的三属性

色相、明度和纯度（也称彩度、饱和度）被称为色彩的三个基本属性。它们分别表示色彩的相貌、色彩的深浅程度及色彩的鲜艳程度。几乎每一种色彩都会伴随这三种属性的不同显现。

色相

色相是对色彩相貌的称谓，用于区别色彩。色相由原色、间色和复色构成。色相环就是以三原色为基础，按红、橙、黄、绿、青、蓝、紫的顺序排成环形，常见的有12色相环和24色相环。

原色

原色有红、黄、蓝三色，一般称作三原色。原色是不能通过其他色彩混合调配而得出的基本色。12色相环中的三角形所指即为三原色所在的位置。

复色

复色也被称作次色或“第三次色”，复色由任意两个间色或三个原色调配而成，调配的比例没有限制，所以复色是最丰富的色彩分类。复色包括了原色和间色以外的所有色彩。

间色

间色有橙、紫、绿三色，一般称作三间色，也叫“第二次色”。间色是由相邻的两个原色等比例混合而成，如橙色由黄色和红色混合而成，绿色由黄色和蓝色混合而成。在色相环上，间色等距离分布于两个原色之间。

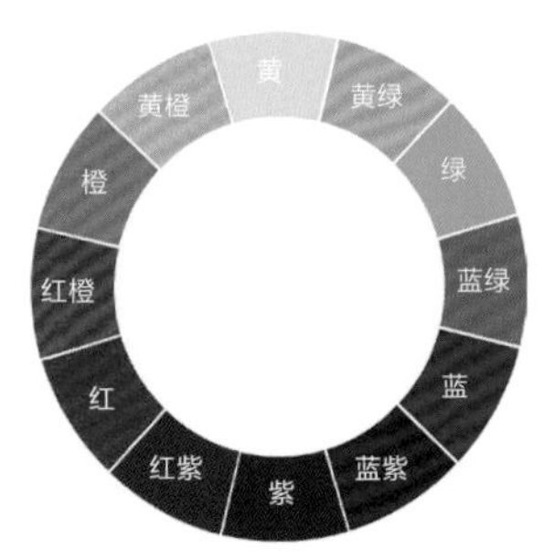

12色相环

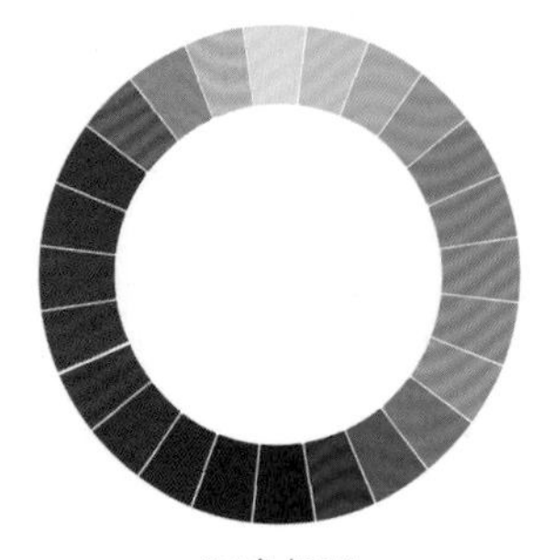
24色相环

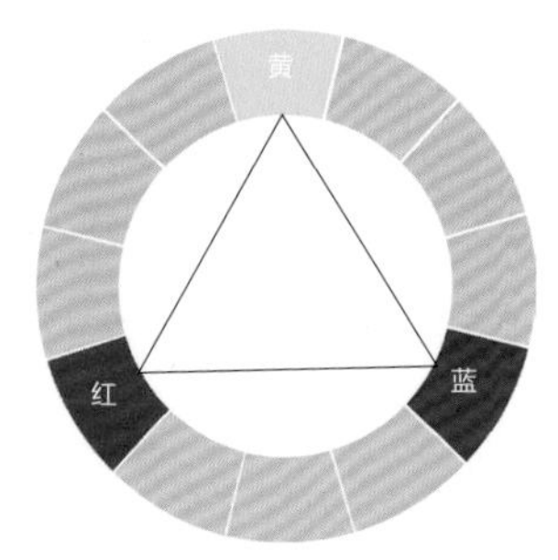

三原色

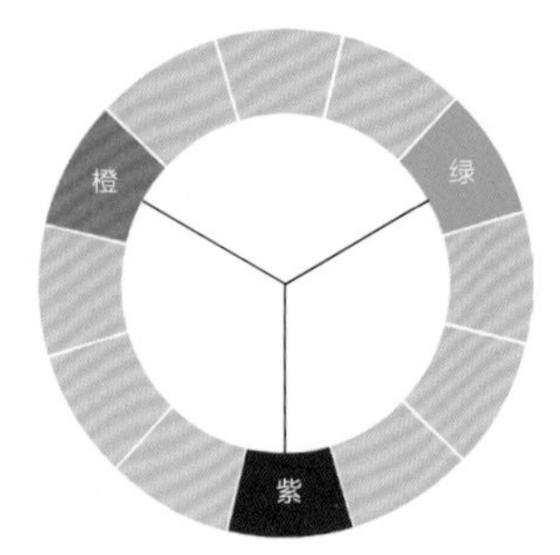

三间色

明度

色彩的明度是指色彩的深浅程度，是各种有色物体因反射光线强度不同而产生的明暗差异。色彩的明度分为两种情况，一是相同色相的不同明度，二是不同色相的不同明度。

在无彩色中，明度最高的是白色，明度最低的是黑色，两者之间存在一个从亮到暗的灰色系列。对于同一色相的明度调整，可以考虑加白提高明度或者加黑降低明度，也可以与其他浅色或者深色混合。而不同的色相本身也具有明度差异。在有彩色中，明度最高的是黄色，明度最低的是紫色，红、橙、蓝、绿的明度相近，为中间明度。

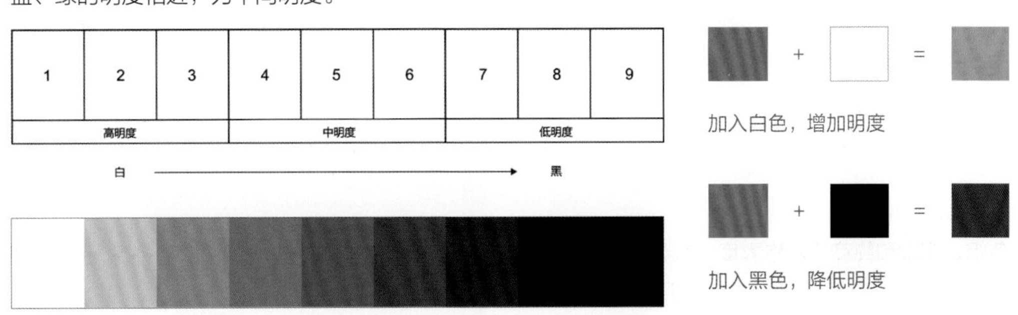

明度条

纯度

色彩的纯度是指色彩的纯净程度。纯度越高，色彩越鲜艳亮丽；纯度越低，色彩越暗淡浑浊。红、橙、黄、绿、蓝、紫等基本色相的纯度最高，而属于无彩色的黑、白、灰的纯度为零。

色相相同而明度不同的色彩，其纯度也不相同。由于无彩色的加入，导致色彩中纯色部分的比例不再是100%，所以纯度也发生了变化。

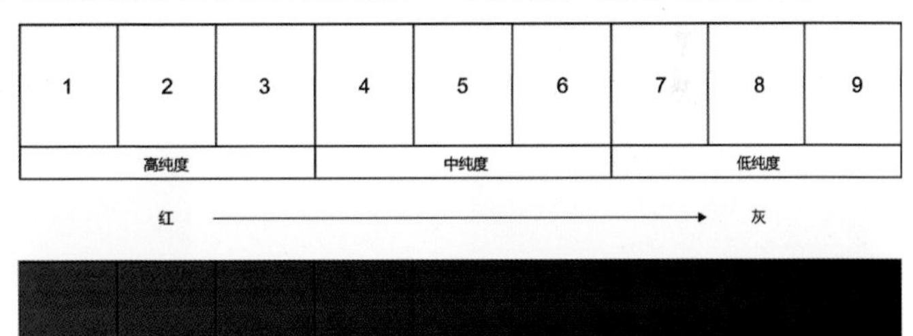

纯度条

色彩的对比类型

色彩对比分为色相、明度和纯度的对比，掌握这三种对比类型，能使版面达到突出主题、加强氛围等效果。

色相对比

海报以绿色为主，画面中央的橙黄色天堂鸟与背景形成鲜明对比，突出了画面主体，给人眼前一亮的感觉。

明度对比

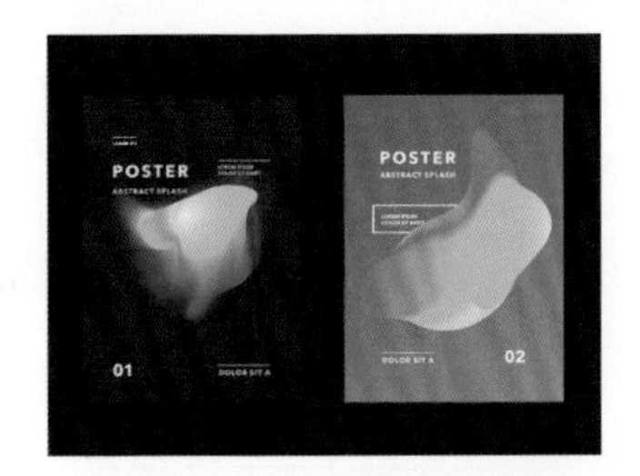

两张系列海报，通过色彩明度的变化表现出画面主体的飘逸感和层次感，使海报呈现出简约、前卫的风格。

纯度对比

画面中用到了大面积的灰蓝色，其中纯度较高的红色与之形成强烈的对比，既突出了标题，也为画面注入了活力。

色彩的视觉识别性

想要使设计的作品具有较高的视觉识别性，通过优秀的色彩搭配给人留下深刻的第一印象是非常有效的方法。版式设计中的色彩与图形、字符紧密相关，合理的图文配色是版式设计成功的要素之一。

色彩与版面率的关系

色彩对版面率也有影响。例如，在相同的版面中，浅黄色的色底和深红色的色底相比，浅黄色的版面率要低于深红色的版面率。这是因为明度高、纯度低的色彩给人轻盈、通透的感觉，而明度低、纯度高的色彩则给人饱满、厚重的感觉，从心理上形成内容充实、版面率高的印象。因此，当版面显得空旷却没有更多的元素可以添加的时候，可以通过色彩来调整版面率，使版面达到更加饱满的效果。

该海报的版面设计中，页边留白使用了明度较高的米白色，比较醒目，形成轻盈、透气、舒适的视觉效果。

将相同版面的页边留白换为较深的绿色，版面的醒目性低于左图，但是页面效果更加饱满，给人厚重、复古的感觉。

拓展案例

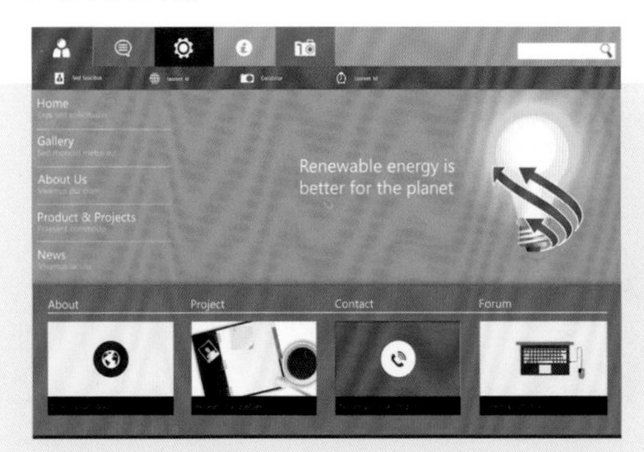

该图的图文信息并不多，但使用了纯度较高、明度适中的色底，整体视觉效果饱满，缓解了图文量少带来的空旷感。

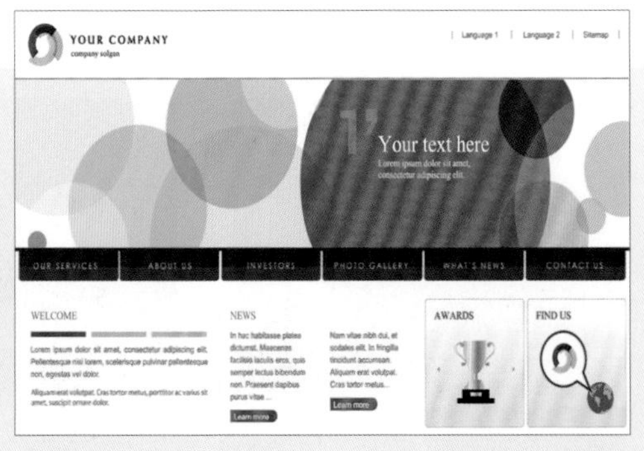

该图的图文信息量高于左图，白色色底可以缓解多图文量带来的拥挤感，给人轻盈、清爽的视觉感受。

色彩与图形的关系

运用适当的、不同的色彩来表现图案，可以使图案的效果更加丰富，形式美感更强。色彩是直接影响图案设计成败的要素之一，色彩运用得巧妙得体，能够充分体现图案的丰富多彩和装饰魅力。图案的色彩搭配强调归纳性、统一性和夸张性，尤其注重对整体色调的设定。

背景色为浅绿色，右侧斜向插入蓝紫色渐变长条，为整个版面增添了立体感，给人时尚、梦幻的印象，极具设计感。

整个页面中的花纹、左页文字都运用了从右页图片中提取的棕色系，加上繁复的花纹，给人温暖、古典、浓郁的感觉。

色彩与字符的关系

色彩对字符最大的影响在于字符的可读性，通过文字和色底色彩属性的差异可以保证文字的可读性。从右图的比较分析可以得出，与色底明度差异大的文字可读性最高，而纯度差异所呈现出的文字可读性最低。因此，白底黑字是最常用的搭配，黑白两色巨大的明度差异保证了字符极高的辨识度。注意，如果字符的色彩对阅读造成了负面影响，那么即使再好看的配色也是不可取的。

色相差异

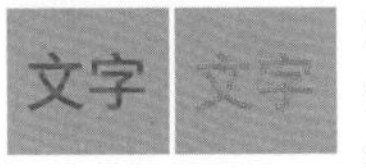

色相差异小的文字的可读性较低，但柔和、统一感较强；色相差异大的文字可读性较高，并具有较强的视觉张力。

纯度差异

图为高纯度色底+低纯度文字、低纯度色底+高纯度文字，可以看出仅纯度的差异所形成的文字可读性很低。

明度差异

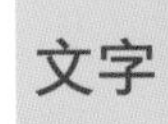

大的明度差可提高文字可读性，明度差异是决定文字可读性的重要因素。

左图版面的色底鲜艳多变，整体明度偏低，文字采用白色，可读性高；右图白底上的文字则采用黑色，醒目易读。

综合利用色彩属性进行版式设计

版式设计中需要运用不同的色彩属性进行处理，色相、明度和纯度之间的表现存在着一些规律和差别。例如，以展示色相为主的内容，需要着重展现每一种色相的特点，常与较为分散的版面编排相搭配；而以明度差异的表现为主的内容，可以通过重复、叠加等编排方式来体现不同明度之间的对比效果；以纯度差异的表现为主的内容，可以选择同一种色相，通过叠加等编排方式展现出不同纯度之间细腻丰富的层次变化。需要注意的是，设计作品一般都不止通过一种色彩属性来表现，综合三种色彩属性的设计能够使版面效果更加优秀。

该杂志内页大胆使用黑白为主色，呈现出强烈的明暗对比，结合几何图形和大量留白表现出前卫、高端的感觉，再加入一抹亮黄色提升其独特性和设计感。

该儿童服饰网页色彩丰富且整体明度较高，结合黄色和桃红色的心理属性，带给人愉悦、欢乐的感受，退底图和异形图结合自由的版式结构使人眼前一亮。

拓展案例

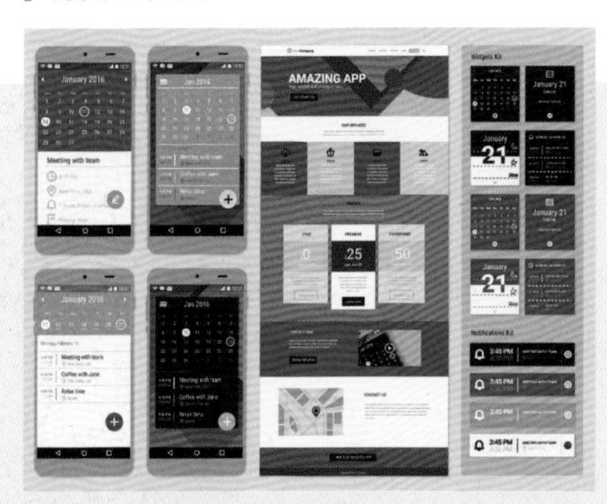

版面中最醒目的颜色为粉色和蓝紫色，塑造了优雅氛围，部分蓝黑色版块搭配白字提升了对比度，给人干练的印象。

居中式构图将元素放在版面中心，通过丰富色相来表现趣味、增添活力，边框运用黄蓝撞色，从色相和明度上提升了醒目性。

CHAPTER 06

时长：0.5 课时

利用色彩表现空间感

烘托主题的冷暖色

色彩给人的感受来自色彩的物理光刺激对人生理产生的直接影响。冷色、暖色则是依据心理错觉，对色彩进行物理上的划分。当我们看到蓝色、蓝紫色时，会有寒冷的感受；看到红色、橙色时，会有温暖的感受。但这些感受并非来自物理上的温度，而是凭借我们自身的视觉经验和心理联想产生的。

暖色包括红、橙、黄等，冷色包括蓝绿、蓝、蓝紫等，而绿色和紫色则属于无冷暖倾向的中性色。单纯的冷色系配色或暖色系配色，能够给读者的心理带来明确的冷暖感受，这样的色彩可以使版面的主题印象更加突出。

另外，冷暖色也可以表现出版面的空间感，主要是依靠暖色或冷色的色相、明度、纯度等方面的综合表现。例如，明度相同、纯度相同的橙色和蓝色相比，橙色给人膨胀、饱满的感觉，蓝色则给人收缩、宁静的感觉。

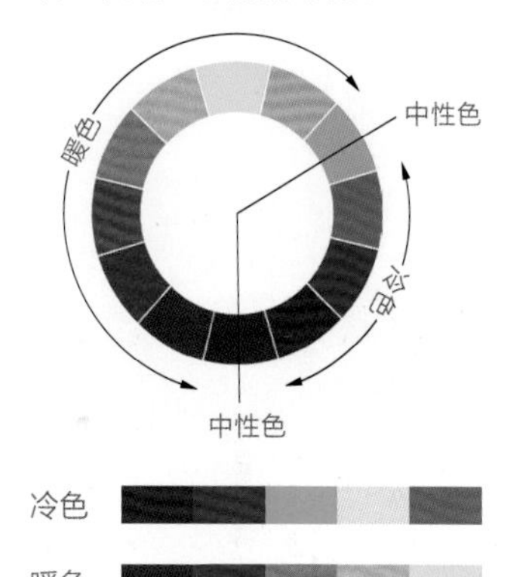

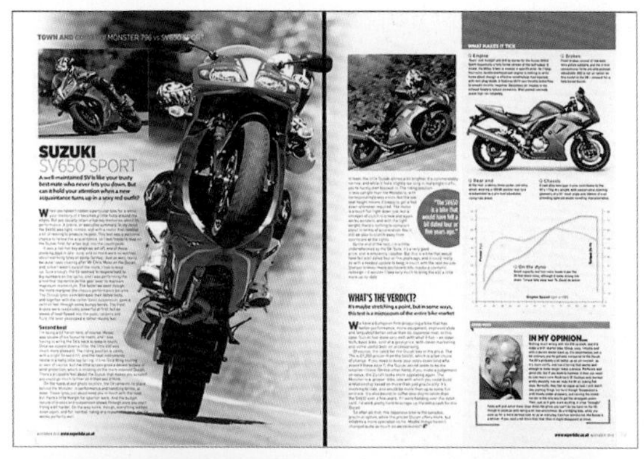
SUZUKI
SV650 SPORT
WHAT'S THE VERDICT?
IN MY OPINION...
WHAT MAKES IT TICK

该杂志内页以冷色系为主，结合图文内容，整个版面配色给人敏捷、迅速、果决的印象。

SUZUKI
SV650 SPORT
WHAT'S THE VERDICT?
IN MY OPINION...
WHAT MAKES IT TICK

将蓝色替换为属于暖色的红色，整个版面的空间感变得丰盈起来，给人以兴奋、热烈、充满爆发力的印象。

拓展案例

某运动饮料的广告海报，整体以蓝色系配色为主，冷色调结合动态的水花图形，在炎炎夏日里给人清爽、冰凉的感受。

该海报的色彩丰富，版面饱满，元素众多，给人丰富且夸张的视觉感受。画面中红色和黄色较多，整体呈现出暖色调，更增加了热闹、欢乐的印象。

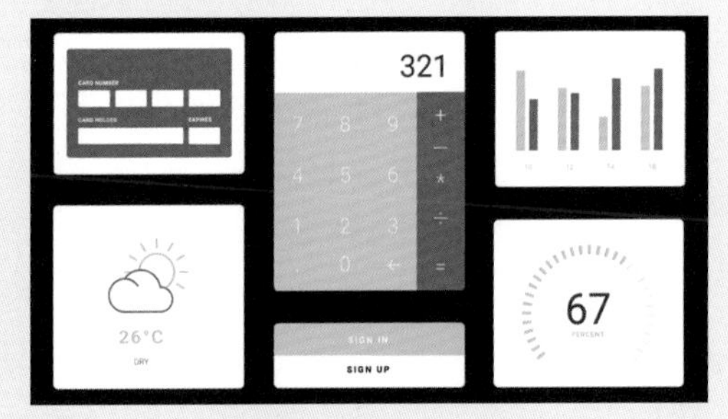

极简的风格搭配冷色系，给人舒畅、清新的印象，整体营造出舒畅的界面空间感。

该版面属于暖色系配色，主要通过棕色、浅黄色之间的明度变化，使版面产生了一定的空间感，且营造出温暖、典雅的色彩氛围。

儿童餐厅的菜单分别以冷暖两种色调呈现，既表现了清爽、天真感，又表现了美味、温馨感。整体营造出了餐厅菜品丰富、氛围欢乐的感觉。

和谐统一的同类色

同类色搭配是指色相相同、明度和纯度不同、色度有深浅之分的配色法，属于弱对比效果的色组。例如，红色类有深红、粉红、橘红等种类。同类色在色相环中相距30°左右，色相之间差距很小，可以运用低明度色彩表现远景，高明度色彩表现近景，形成远近空间感；也可以利用高纯度色彩表现近景，低纯度色彩表现远景，以此来营造版面的空间层次感。

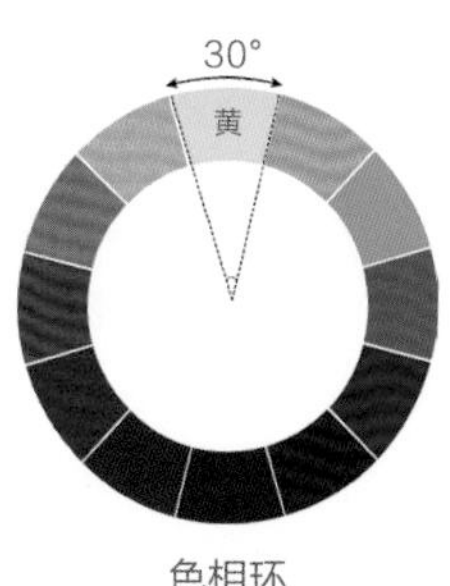

色相环

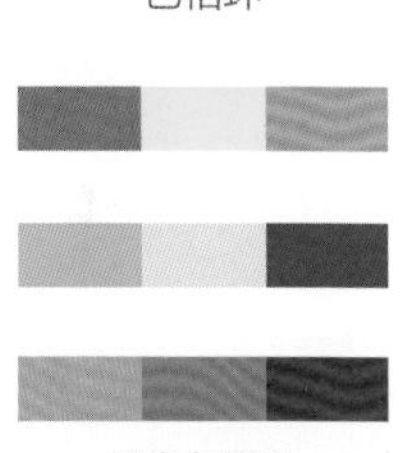

同类色搭配

美食的系列海报，主要信息采用白色字体，背景则为同类色配色的插图，版面的文字和背景层次清晰，信息直观。

将背景配色改为色相差距较大的色彩方案，虽然增强了视觉张力，但文字信息受到干扰，版面显得混乱。

拓展案例

该图是以红色的同类色配色，通过色彩间的明度差异来展现版面的空间感，突出产品细腻、温和的特性。

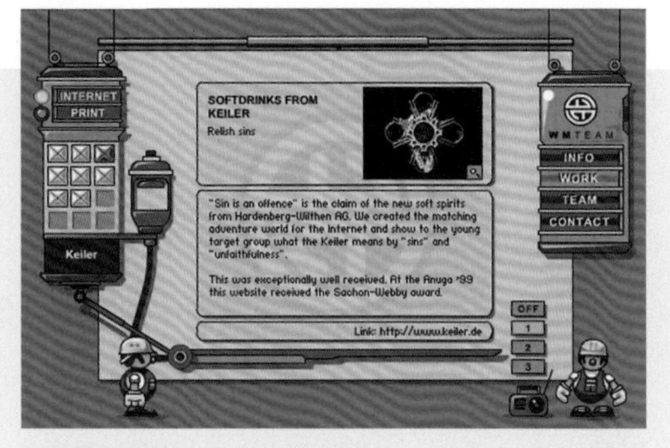

该图是以橙色为主的同类色配色，如橙红、橙黄、浅橙等，主页面和背景的明度差异增强了版面的远近空间感。

增大张力的对比色

对比色是指色相差异较大的颜色，简单来说就是撞色，如红配绿、红配蓝、黄配紫等。通过对比色相之间的冷暖、明度、面积、形态等方面的差异，形成前进、后退、重叠等视觉效果，使版面具有丰富的层次感和空间感。并且色相之间差异效果的对比要比同类色搭配更具变化感和冲击感，版面效果更加生动。

黄
90°
红紫
紫
蓝紫

色相环

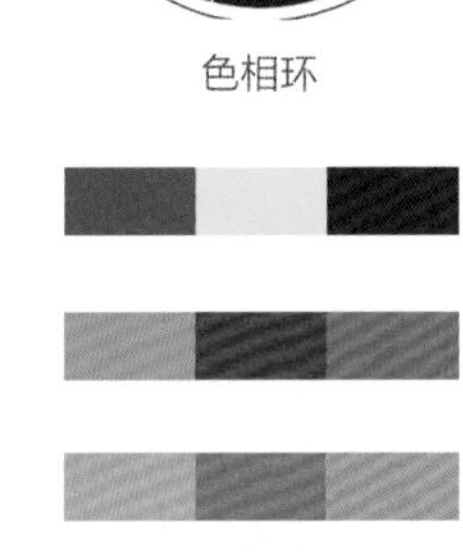

对比色搭配

图为某网页界面，版面以红色搭配浅蓝色为主，两色在纯度和明度上存在差异，产生了远近、主次的空间感，醒目的同时给人愉悦的视觉感受。

将网页配色从对比配色改为同类配色，整个版面瞬间失去了原有的活力，虽然因为明度差异依然存在一定的空间感，但整个氛围变得消极、平淡。

拓展案例

图为简约清新风格的名片设计，主要采用了浅蓝和浅粉的对比配色，结合几何图形编排展现出了折叠效果，给人清爽、舒适的感受。

海报中的背景采用大面积的蓝色，主体则为高纯度的红色和黄色。对比配色增强了版面空间感，主体和背景层次清晰，信息直观。

SECTION 3

CHAPTER 06

时长：1 课时

色彩在不同版面中的应用技巧

色调统一让版面更舒适

色调指的是画面中色彩的整体倾向，是整个版面色彩的大效果。使不同色彩的元素都带有同一色彩倾向的现象，就是色调。即使使用相同的色相配色，色调不同也会使其传达的情感相去甚远。

如下图所示，色调有明、淡、锐、暗、涩或黑暗等类别。在进行版面配色时，使用相同的色调或是类似的色调作为配色基础，将得到较为自然舒适的版面效果。

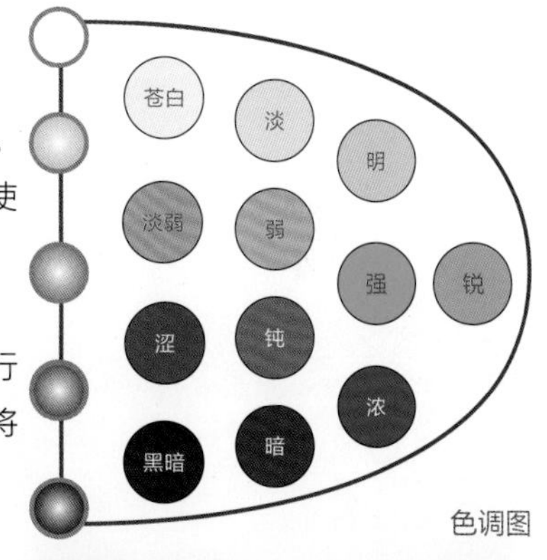

色调图

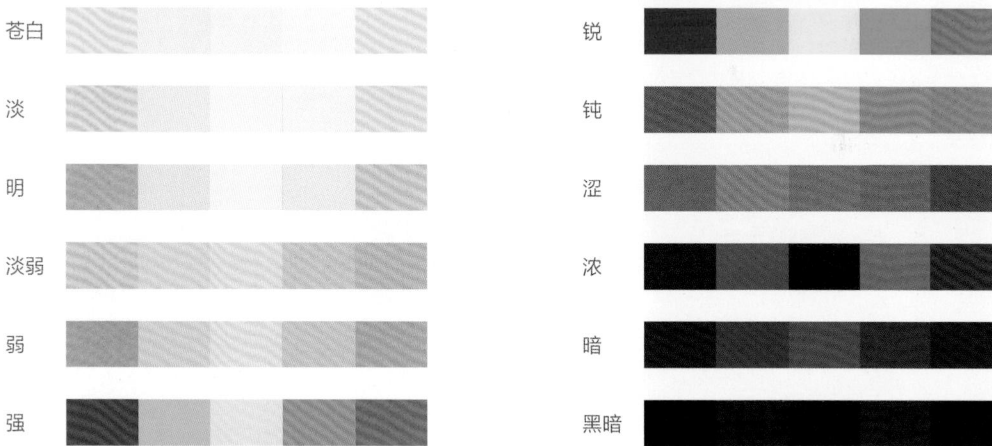

色调统一对氛围的影响

不同的色调具有不同的情感氛围，如淡色调使人联想到婴儿、女性，给人柔弱、天真的印象；强锐色调给人醒目、热情、活泼的感觉；暗色调则给人厚重、沉稳、高级的印象。根据版式需求选择正确的色调将为设计增光添彩。

促销海报采用淡弱色调，整体给人无趣、枯燥的感觉，很难吸引消费者。

浓暗色调体现陈旧、传统的印象，暗色调难以引起消费者的注意，效果不理想。

改用强锐色调，色彩纯度高，给人活泼、热情的印象，有较好的宣传效果。

从前面的案例可以看出，对于宣传、促销类的海报，色彩搭配上需要能吸引消费者的目光并且能带给人积极、振奋的情绪，所以明、强、锐色调是比较好的选择。但将这种配色用于表现成熟、稳重等主题则会显得浮夸、劣质。所以在实际设计时，我们应根据版面的内容具体问题具体分析，选择合适的色调。

拓展案例

图为菠萝味的速溶麦片，选择明强色调，给人愉悦、明朗、健康的感觉，不至于像锐色调那样过于刺激，引起不适。

该网页界面采用明淡色调，给人清爽、高档、舒适的感觉，且柔和的色调不易让人感到视觉疲劳。

感恩节海报采用涩、钝色调，与画面中的插图搭配，充满了田园风，给人成熟稳重、饱满富足的印象。

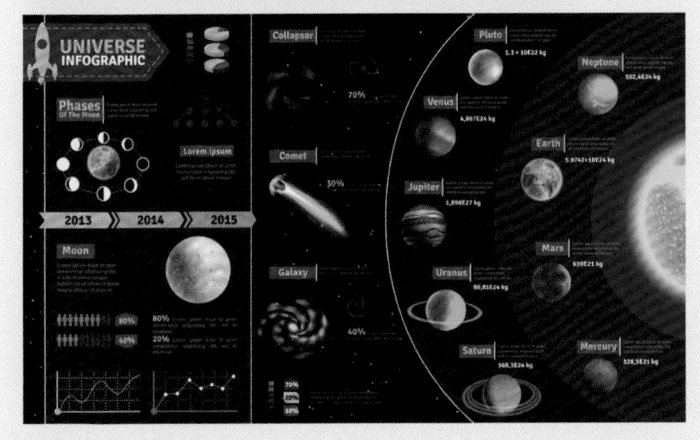

图为某天文学网站页面，整体为暗色调，详细的插图为明强色调，对比较强，视觉冲击力强，能很好地引起读者的兴趣。

强调色在版面中的导向性

色彩除了丰富版面、传达主题等作用之外，还具备引导视觉流程的作用。在版面设计中，通过对色彩的位置、方向、形态等特征的安排，使版面的视觉流程更加清晰流畅。这样一来，重点的内容就更容易引起读者的注意。

那么，如何让色彩起到强调的作用呢？这就要依靠前文提到过的色彩对比类型，如纯度对比、色相对比、明暗对比等，都可以作为强调色使用。另外，强调色的面积一定要小，才能起到聚焦视线的作用。

纯度对比

整个版面采用同类色配色，右上角的小图标纯度明显高于整个版面，起到强调作用。

色相对比

这里的小图标使用了橙黄色，与版面的蓝绿色形成色相上的对比，版面活跃感明显提升。

明暗对比

这里小图标的色彩明度较低，与版面形成强烈的明暗对比，强调了小图标上的信息。

拓展案例

海报中央的黄色、红色与整个版面的深蓝色环境形成色相对比，更突出版面主体，给人经典、深刻、充满戏剧性的印象。

该菜单为橙色系配色，给人美味、温暖的印象；深棕色文字与浅棕色背景形成强烈的明暗对比，主次关系清晰明了。

海报整体为暗色调，米白色文字“DEEP BLUE SEA”在明度上与环境对比强烈，使读者一眼就能捕捉到重点信息。

如何让强调色达到最佳效果

根据前文的内容可以总结出强调色的两个特点：面积小；具有色彩属性的对比。但想要达到最佳的强调效果，往往需要综合几个色彩属性对比，比如明度高、纯度低的浅蓝色放在明度低、纯度高的深红色中，其强调效果一定比单纯的红蓝色相对比要强烈。

强调色的色彩越鲜艳，面积越小，在画面中的强调效果越好。

黄色面积过大，没有强调效果

缩小黄色面积，强调效果较好

小面积强调效果最佳

色相对比的强调效果弱于综合对比的强调效果。

都为类似色，没有强调效果

改变色相，色调不变，强调效果较弱

再结合纯度对比，强调效果明显

拓展案例

以浑浊的浓色调为主，黑色与橄榄绿搭配呈现低调、雅致的形象，但易给人压抑、沉闷的感觉，因此右上角的食物运用了鲜艳的色调，与背景形成对比，增添了活力和亮点。

该海报以暗色调为主，将重点内容处理为鲜艳明亮的色调，与周围环境形成强烈对比。突出主题的同时使版面具有强烈的视觉冲击力，更能感染读者。

图为橄榄油的横幅广告，版面以淡弱色调为主，加入小面积鲜艳明快的棕黄色和绿色，使版面的主题突出，具有亮点。

该版面运用了两种色调，作为主体的大巴车运用的是鲜艳色调，在浑浊背景色调对比下，成了版面重点。

黑白和双色印刷让版面更具表现力

黑白和双色印刷在色彩上有一定的相似性，既可以减弱色彩的干扰，让读者更专注于图片内容本身，又可以增强色彩氛围，制造出高级、沉静或夸张、前卫的色彩效果，让版面更具表现力。

利用黑白表现高级质感

黑白图片给人沉静的印象，有时也蕴含着彩色图片所没有的表现力。**黑白处理能剔除有彩色对图片故事性的干扰，表现出高端、沉稳、知性、冷静等印象。**当需要图片内容作为主角时，可以大胆使用强对比的黑白去表现；而局部黑白化的处理可以有效突出有彩色部分，灵活运用可表现出紧张的视觉张力。

彩色效果

图片为彩色效果时，读者的视觉重心集中在色彩营造出的复古氛围中。

局部黑白化（局部彩化）

局部黑白化后，图片重心变为单人沙发，呈现出极强的视觉张力。

黑白效果

图片全部黑白化处理，展现出低调、优雅的氛围，重点转移到房间的布局上。

拓展案例

"Brauchte die Bauwelt ein Re-Design? Muss sie mit dem Zeitgeist Schritt halten? Vielleicht ja, vielleicht nein. Wir sind die einzige Architekturzeitschrift in Deutschland, die wöchentlich erscheint, das macht uns keiner nach. Reicht das wirklich aus? Muss sich die Bauwelt nicht Woche für Woche neu erfinden und die Veränderung zum entschiedenen Konzept machen?"

杂志左页为满版图片，黑白的人物肖像使整个页面氛围沉静下来，视觉会更集中在人物本身。明亮的黄色为版面注入了活力，避免黑白可能带来的枯燥感。

海报采用黑白效果，明暗对比强，搭配暗角使主体突出，呈现出一种高级感。

双色印刷展现独特效果

双色印刷，就是只有两个颜色的印刷。两个颜色可以是专色，也可以是印刷四原色（C、M、Y、K）中的颜色。油墨颜色的搭配对双色印刷特别重要，要考虑原图的色调及想要表现的氛围。

黑色搭配有彩色的双色印刷和互补色印刷是较为常见的双色印刷方式。前者可以利用黑色表现暗部，得到清晰明确的主体，再用彩色表现亮部，奠定氛围基调，整体表现出前卫、时尚的效果；后者则可以重现彩色图片的效果，一个颜色选择原拍摄主体的主色调，另一个颜色则选择主色调的补色。使用两种色相差异大的颜色可以扩展色彩的表现幅度，补色混合后也可以呈现出类似无彩色的效果。

黑色 + 青色

C0 M0 Y0 K100　C100 M0 Y0 K0

图为黑色搭配青色的双色印刷，黑色作为暗部使主体形态清晰直观，青色则给人冰冷、科技感和未来感。

蓝紫色 + 橙黄色（互补色）

C80 M75 Y0 K0　C0 M40 Y100 K0

图为互补色的双色印刷，蓝紫色和橙黄色色相差异较大，叠加的地方呈现紫色，图片效果相对更饱满、丰富。

红色 + 橙黄色（邻近色）

C0 M100 Y100 K0　C0 M40 Y100 K0

采用邻近的红色和橙黄色搭配，两色色相差异小，叠加处呈现橙红色，整体效果类似于单色印刷，色彩较柔和。

拓展案例

采用黑色、棕色双色印刷，搭配手绘效果，呈现复古、粗犷的感觉。

音乐主题海报中的人物采用了双色叠加效果，制造出橙色与蓝绿色交织的梦幻效果，搭配标题文字的明黄色背景，呈现出沉浸在音乐中的愉悦感受。

对比下面两组图，分析不同的色彩搭配对设计主题和氛围的影响。

图组一

图组二

（答案见下载资源）

07

UI 版式设计

本章将从什么是版式设计开始了解，并结合点、线、面学习如何运用元素构成做好版面设计，通过调整空白、图像面积及改变颜色来优化版面率。

07
CHAPTER

CHAPTER 07

时长：0.5 课时

UI 版式设计必知必会

UI 设计的特点

UI是英文User Interface的缩写，意为“用户界面”，是指操作具有逻辑、人机交互、美化界面的设计。

好的UI设计不仅能让产品变得有个性、有品位，还能让操作变得舒适、简单，充分体现产品的定位和特点。以下总结了优秀UI设计的几个特点。

❶**简易。**方便用户使用和了解产品，减少选择错误的可能性。

❷**一致性。**界面的结构必须清晰且一致，设计风格必须与产品内容相一致。

❸**色彩的舒适度。**优秀的UI设计一般都会有优秀的色彩搭配。色彩舒适度要考虑到手机软件的使用场景、使用对象、想要营造的氛围等。

❹**信息主次分明。**根据整个界面信息间的关系，分别将行距、字号等调整至恰当的大小，直观清晰地传递信息。

❺**易操作性。**优秀的App往往能让用户快速上手操作，好玩又好用，简单又好看，也只有这样的App才能受到用户的喜爱。

UI 设计的尺寸规范

现在移动端的UI设计主要针对Android系统和iOS系统，下表为大家展示了一些常见的界面尺寸规范。

Android 尺寸规范

屏幕密度大小	分辨率(px)	dpi	像素比	48dp对应的宽度像素
xxxhdpi（超超超高密度）	2160×3840	640	4.0	192px
xxhdpi（超超高密度）	1080×1920	480	3.0	144px
xhdpi（超高密度）	2160×1080	320	2.0	96px

dpi= 屏幕宽度（或高度）像素 / 屏幕宽度（或高度）英寸　dp=（宽度像素 *160）/dpi

iPhone 尺寸规范

单位：px

设备	分辨率	状态栏高度	导航栏高度	标签栏高度
iPhone X	1125×2436	132	132	147
iPhone 6+/6s+/7+/8	1242×2208	60	132	146
iPone 6/6s/7/8	750×1334	40	88	98

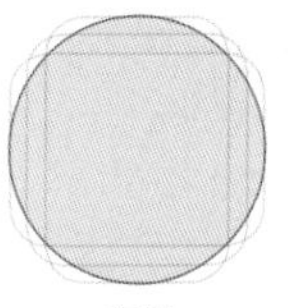

方形

直径：176dp

方形

高：152dp　宽：152dp

Android图标尺寸

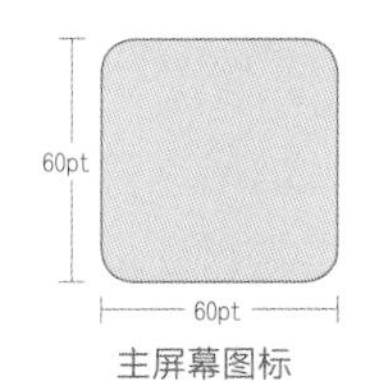

主屏幕图标

20pt

20pt

通知图标

ios 开发里的单位是 pt，1pt=2px。

iPhone图标尺寸

UI 设计的版式编排原则

App的UI界面看似只由几个简单的元素组合起来，然而当一个产品的基础原型出来后，设计师如果只是按原型进行设计而不考虑信息化的版式编排规则，那么大多情况下都会出现显示效果不协调的情况，导致用户体验感降低。其实UI设计对版式的应用非常重要，了解基本的UI设计原则，是设计良好视觉效果的前提。

对比原则

对比就是创造差异化，想要让页面吸引眼球，对比是非常重要且高效的方法，它能够引导读者的视觉走向。对比可以分为大小对比、虚实对比、颜色对比、位置对比等。

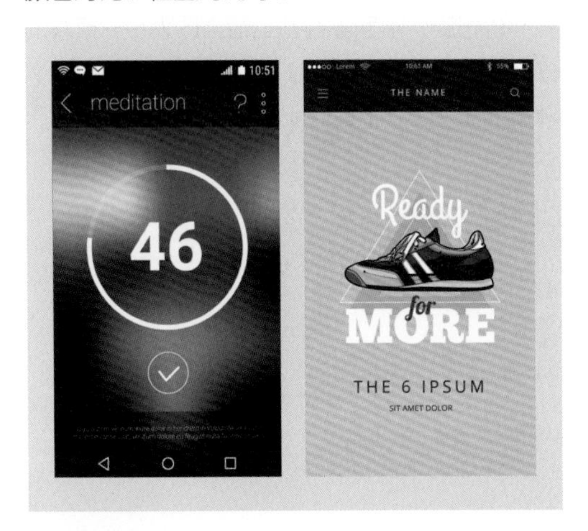

对齐原则

对齐可以让版面中的元素有一种视觉上的联系，以此来打造一种秩序感。如果不对齐的话，界面可能会显得凌乱、缺少层次感，进而降低用户体验。简单地对齐就可以达到较好的视觉效果。

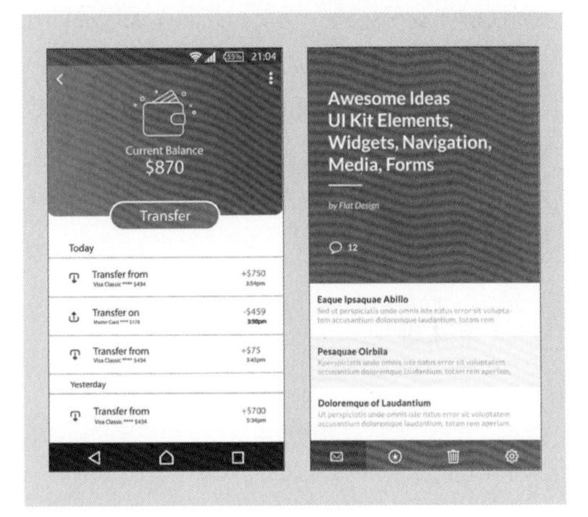

重复原则

设计的某些方面需要在整个作品中重复，重复的元素可以是图案、文字、色彩、空间格式等。重复能增强条理性和界面的统一感，节奏和韵律也需要重复来实现。

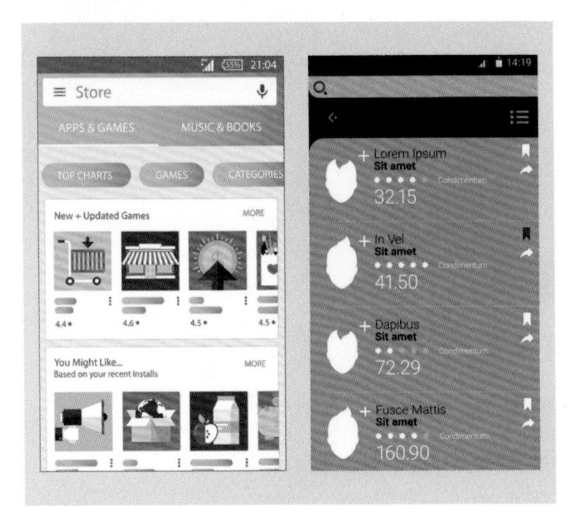

亲密性原则

亲密性原则就是将相关项组织在一起，整合在一个界面中，元素接近就意味着存在关联，因此相关项应该靠近，组织在一起，不相关的元素之间则应保持一定的距离。

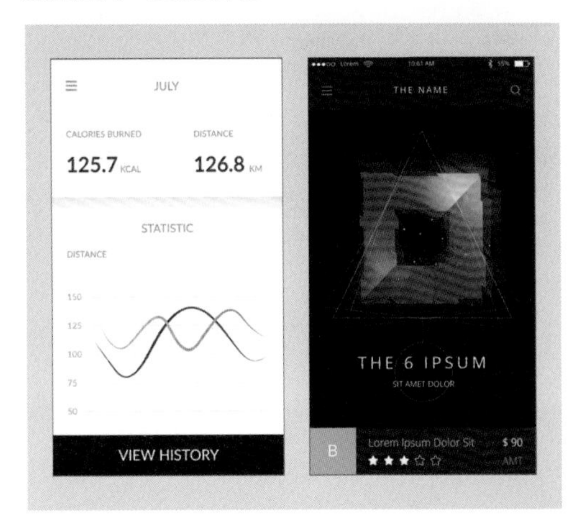

CHAPTER 07

时长：1 课时

实战案例解析

服饰网购 App 界面设计

UI项目背景与文案

项目背景	项目名称	服饰网购App界面设计
	目标定位	向广大消费者介绍服装的设计、细节、价格等，激发消费者的购买欲
	项目资料	投放载体：手机App　屏幕尺寸：640px×1136px 投放时间：长期使用　形式：手机App
文案	主要内容	服装详情、商品分类页面
	辅助内容	服装商品的详细介绍、价格等

设计思路分析

1 提高图版率

对于一个网购软件来说，最重要的就是让消费者对商品产生购买欲望，而消费者通过手机端了解商品的最直接信息则来自商品图片，因此界面的图版率十分重要。

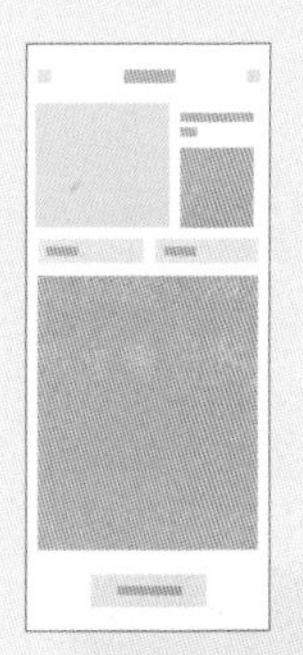

2 明确页面信息的分类层次

商品详情页主要展示单个商品信息，除了细节图片的展示外，还需要分层明确的商品信息；商品分类页可以采用具有代表性的图片结合标题的形式，注意版式要均衡、整洁。

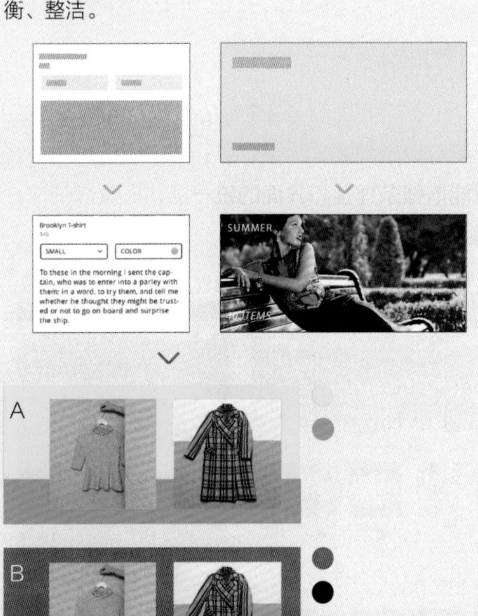

3 无彩色降低对商品色彩的干扰

图A采用黄色与绿色的搭配，鲜艳的底色与服装本身的色彩碰撞，画面显得凌乱。图B则采用灰色和黑色搭配，在不干扰商品色彩的同时，很好地突出了商品形象。

实战案例

首先我们要确定界面的尺寸，将宽度定为640px，长度可以根据内容需求来定。考虑到商品图片自身的色彩与构图，我们尽量采用简约直观的版式设计，在色彩上也尽量选择无彩色，降低对商品的干扰。

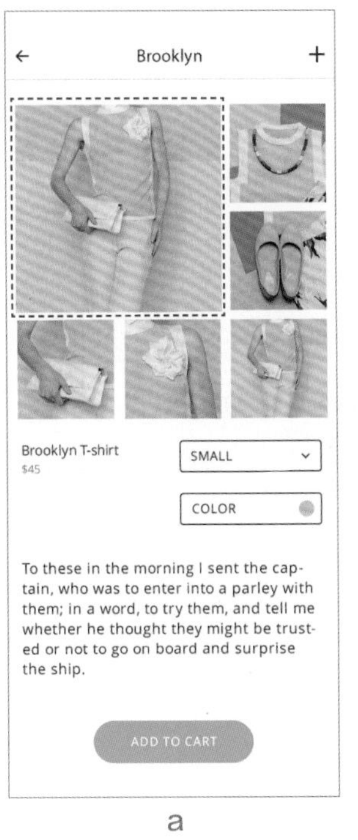

a

a. 主要展示区域，面积太小

商品的主要展示区与细节展示区的面积差不多一样大，虽然给人丰富的印象，实际却十分凌乱，效果不够直观、引人注目。

b

b. 图片堆积，缺少透气感

将文字和图片完全区分开，乍一看比较整洁、直观，实际下方分类预览的图片密集拥挤，重心下移，版面不够均衡。

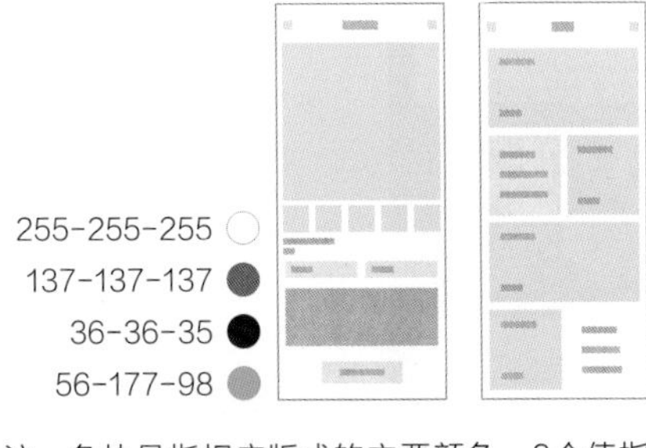

注：色块是指相应版式的主要颜色，3个值指RGB模式；4个值指CMYK模式。

最终效果！

放大商品详情页面的主要展示区域，缩小其他细节预览图，在尺寸上形成强烈的对比突出效果，给人相对直观、清晰的视觉感受；将商品分类界面的文字图块穿插到图片中，既均衡了版面，又增强了通透感和时尚感。

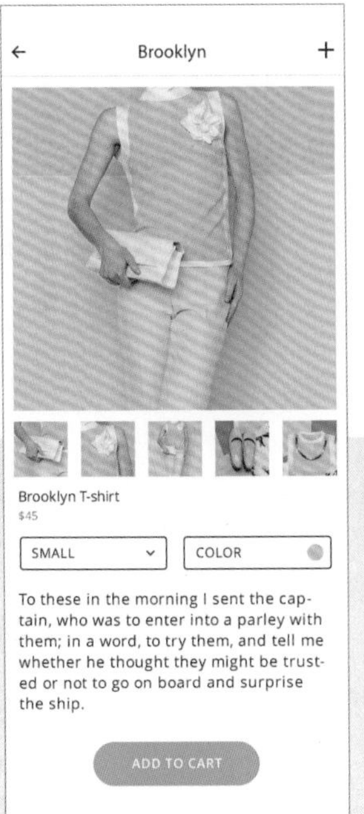

旅游 App 界面设计

UI 项目背景与文案

项目背景	项目名称	旅游App界面设计
	目标定位	风格简约、具有品质感的旅行类App，具备预订酒店（民宿）、查询线路等功能，从多个方面满足用户所需，提高用户黏性
	项目资料	投放载体：手机App　屏幕尺寸：640px×1136px 投放时间：长期使用　形式：手机App
文案	主要内容	预定某酒店（民宿）的界面信息，选择时间段的界面信息
	辅助内容	详细的房间条件、日历信息等

设计思路分析

1 体现“简约、高品质”

“简约”需要我们学会运用减法美学，专注设计的功能性，删掉过多的装饰，如分割线、分割符，可以采用间隔的形式，既增加了留白又减少了页面元素。“高品质”则通过配色来满足。

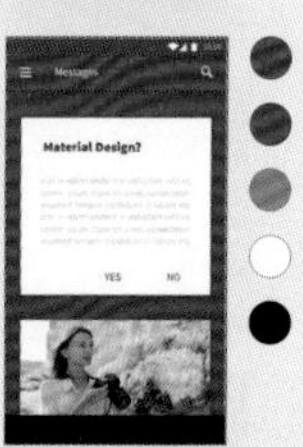

2 前景、背景虚实对比，模拟逼真的视觉场景

前景和背景的虚实对比模拟了人眼的聚焦，能够将用户的视线迅速转移到清晰的主体上，并且营造舒适的场景感。另外，从设计的角度来看，这也很容易实现，既可以规避复杂的设计，又可以降低设计成本。

3 丰富色彩细节，增加版面精致度

渐变色可以调节过度使用的图像和元素，为画面增加有趣的元素，增强视觉表现以吸引更多的用户。另外，双色调渐变比同类色渐变的视觉效果更突出，能让页面层次感更丰富，突出页面中更加重要、关键的元素，增强页面的精致感。

渐变色设计

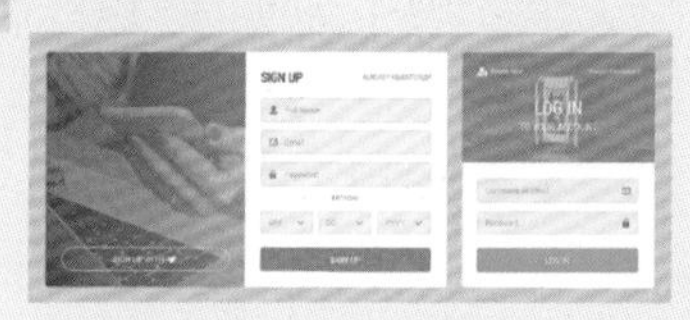

双色调渐变

实战案例

为了展现这款App的简约、高品质感，我们尽量控制配色的数量，大面积使用低纯度的蓝黑色和白色，搭配小面积的蓝绿色增强版面统一感。在酒店详情页面加入前景和背景虚实对比的设计元素，改变部分蓝绿色的透明度，增加通透感。

前景和背景明度无差异，界线不分明

前景和背景虽然使用了虚实变化的设计手法，但在明度上并无变化，致使前景和背景在色彩相同的连接处混为一体，导致整个界面显得混沌，使人困惑。

色彩单一，给人乏味的印象

该界面中蓝绿色的比例相对较高，反而减弱了其强调的作用。并且界面整体的明度较低，色彩单一，给人乏味、单调的印象，降低用户体验感。

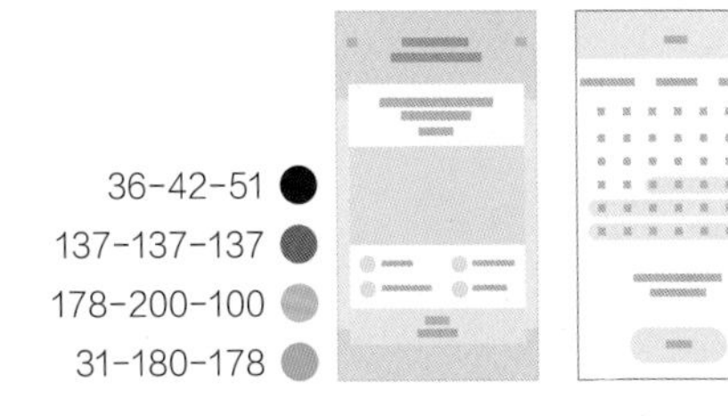

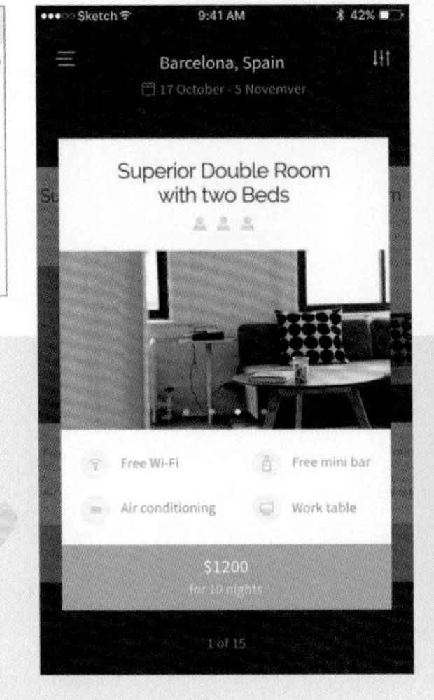

最终效果！

将前景和背景的虚实对比调整为明暗对比，既提升了界面版块间的层次感，还保留了背景的部分重要信息。另一个界面将单一的蓝绿色改为蓝绿色和黄绿色的渐变，保证页面统一的同时还增加了趣味性。

社交 App 界面设计

UI 项目背景与文案

项目背景	项目名称	社交App界面设计
	目标定位	以分享照片为主要互动形式的社交应用，能让用户快速捕捉并分享生活中的精彩瞬间
	项目资料	投放载体：手机App　　屏幕尺寸：1334px×750px 投放时间：长期使用　　形式：手机App
文案	主要内容	用户主页信息，单张图片的详情及评论，日程安排，私信聊天
	辅助内容	发布时间、位置定位、个人简介等

设计思路分析

1 分析目标定位，制定布局方式

该App虽然定位为社交应用，但它又区别于单纯的社交聊天软件，而是以分享照片为主要社交形式，因此图片展示版块在界面布局中应占有较大的比重。而社交活动则体现在评论、私信、点赞、推荐等功能上。要注意图片分享与社交功能的比例分配。

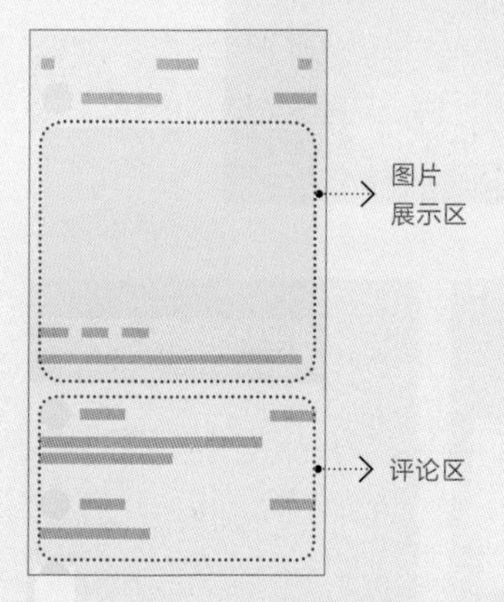

2 确定风格和色调

现代设计的发展趋势就是简约明快，大块面的色彩和线条组合的构图大气时尚，点线面等版式设计基本元素的设计与排列能很好地突显时代感，让操作更便捷。图为同色系和对比色系的配色，如果需要重点展示图片，那么界面的色彩不宜繁杂，应选冷色调同色系配色。

3 构图元素形状的确定，影响整个界面气质

如今越来越多的UI设计将头像设定为圆形，因为相较于方形，圆形更显柔和、有机、安全、友善，也更容易与他人进行情感交流，并且使人更专注于主体，能让人联想到放大镜或望远镜。但对于照片的展示，通常用方形展示全部信息，而如果用圆角矩形处理可能会丢失图片的细节、破坏构图等，方形则更显规整。

实战案例

根据项目的需求，需要设计四个界面，分别为用户主页界面、图片详情界面、日程记录界面及私信聊天界面。将界面大小设置为1334px×750px，以大量的摄影图片作为主要图片素材。界面配色定为明弱色调，以蓝色系为主，打造明亮柔和的界面效果。

a. 头像与图片尺寸差异不大

头像图片与列表照片作为两个功能完全不同的展示项，虽然在形状上有所差异，但大小基本相同，没有展示出二者的从属关系。

a

b. 界面色调浑浊，效果寡淡

图片详情展示页中缺乏白色，大面积的浅蓝灰色色底搭配照片，使整个版面给人沉闷、消极的印象，并且评论区文字和图片描述文字也没有区分开。

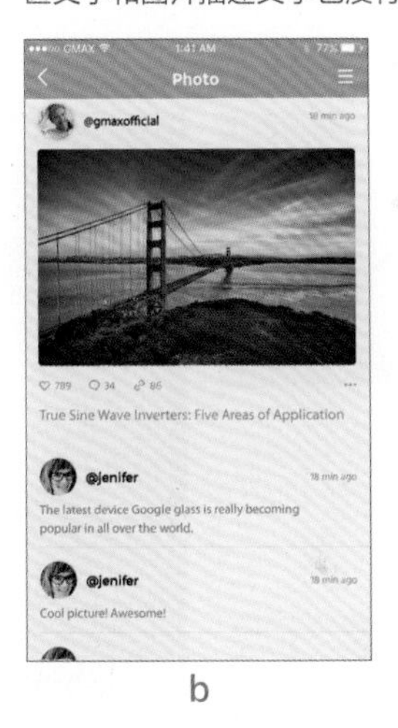

b

文字色彩灰暗，重点不明

日期、时间点、事件内容、地点信息层级较丰富，文字量也大，但却统一采用相同粗细的灰色文字进行处理，使信息失去重点。

此外用线条划分区块，增加了多余的元素，使界面显得拥挤、呆板，缺少灵动感。单调的直线也没有突出时间要素，更像是数据表格。

辅助文字字号过大，信息凌乱

私信界面中的对话内容为主要信息，发送时间点为辅助信息，两个有主次层级的信息的字号却相同，增大了用户处理信息的难度，降低了用户体验感。

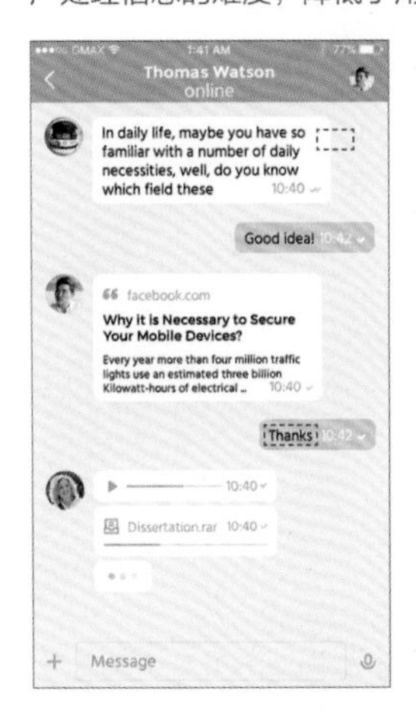

个人主页的头像用了蓝灰色投影，与整体色调相符。如果将投影设计为彩色，投影的颜色会随着整体背景的色系而改变，这样的好处是可以把投影融进整体的画面中，同时也可以让界面更突出和饱满。但要注意，黑色的投影易弄脏画面。

修改方案

经过前文的错误分析，我们分别对版式做出以下调整：适当缩小头像尺寸，整体采用居中对齐的方式，并降低背景明度，增加界面层次感；为图片版块加上黑色色底，渲染了照片氛围，明确了图片版块与评论区的划分；取消表格划分的方式，引入时间节点线，并且加粗主要信息，提高浏览效率；缩小辅助信息的字号，使用户更加直观、高效地获取信息。

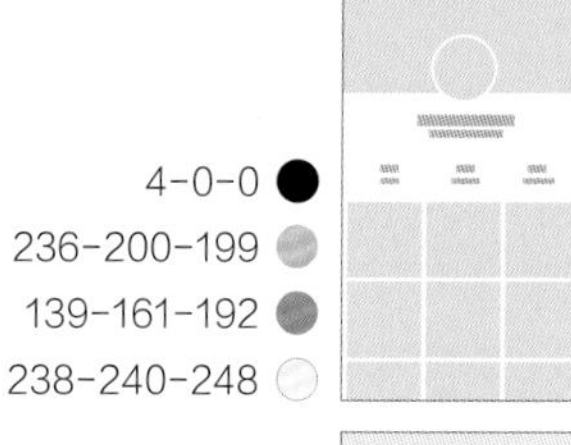

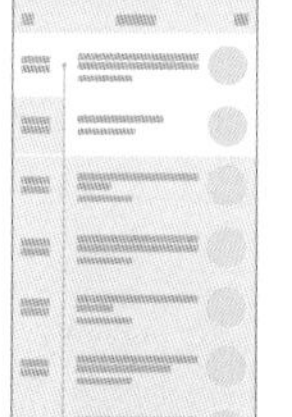

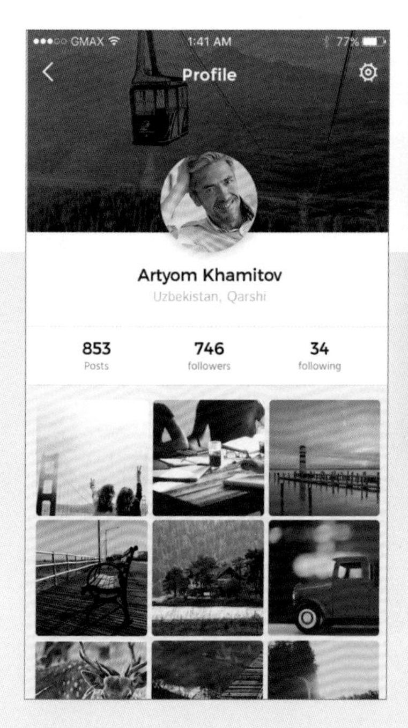

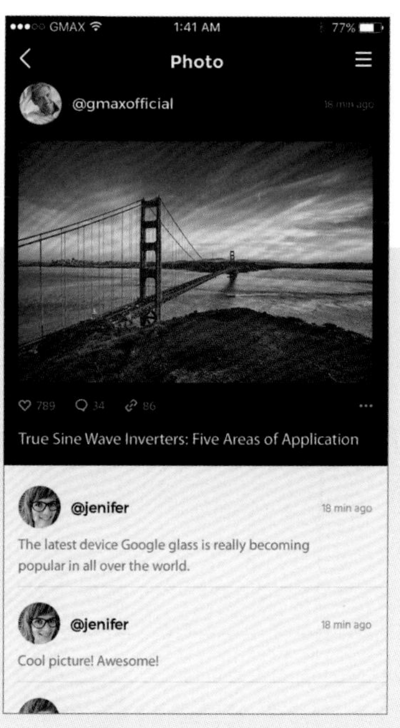

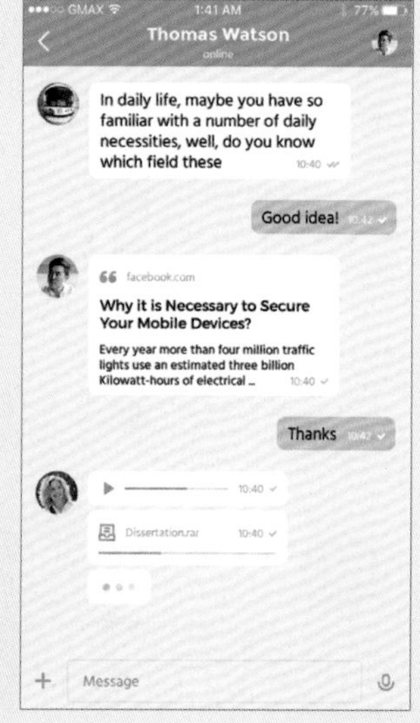

最终效果！

经过修改后的界面功能性更明确，用户主页和照片详情界面的明暗对比增强，很好地将该社交应用的重点放在了图片分享上；文字信息较多的日程安排界面和私信界面则采用柔和的色调，减轻大段文字带来的阅读压力。

CHAPTER 07

时长：0.5 课时

优秀 UI 版式设计欣赏

美食订餐软件界面

这是一组美食订餐软件界面的版式设计，前两个界面的图版率比较高，画面饱满，富有感染力。第三个界面通过地图坐标结合对应的图片向消费者清晰、直观地展示了美食的位置信息。色彩上以红白搭配为主，白色给人干净、清爽的感觉，红色则给人温暖、美味的感觉，有利于衬托食物的美味。

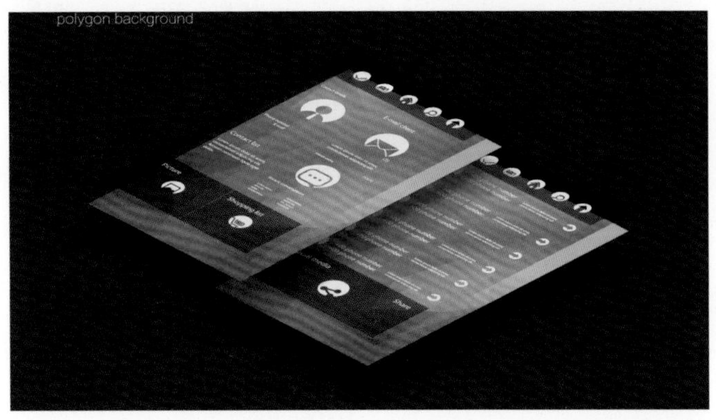

手机用户界面

这是一组手机用户界面的版式设计，采用了渐变几何色块做底，图标文字均采用白色，半透明的设计给人轻盈感和未来感。版式主要以图表排列的形式，让复杂的信息变得清晰、一目了然。

音乐播放软件界面

这是一组音乐播放软件界面的版式设计，分别是播放列表界面和用户主页界面。列表内容采取左对齐，基于人们从左上至右下的阅读顺序，信息清晰整齐；用户主页界面头像居中，通过背景中的模糊图片衬托，表现出强烈的层次感。色彩上以渐变的蓝绿色为主色，给人时尚、动感的印象。

手机系统界面

这是一组手机系统界面的版式设计，采用极简的扁平化风格，色彩主要以高明度的无彩色为主，色调柔和、明亮，给人舒适的视觉感受。装饰性构图元素极少，整组界面更趋于功能化，让用户更专注于内容本身，版面直观、清晰。

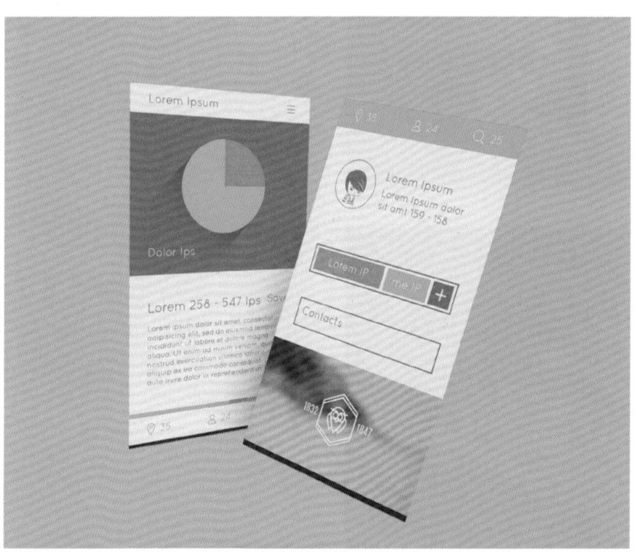

统计类软件界面

这是一组数据统计类软件界面的版式设计，版面内容多由文字和图表组成，居中满版的编排给人直观、统一的印象，简洁的图标、文字框均采用细线条，版面干净、清爽。色彩上选用浊色调，给浏览者舒适、柔和的视觉体验感，搭配饱和度较高的橙色和蓝绿色增添趣味，减弱了浊色调带来的乏味感。

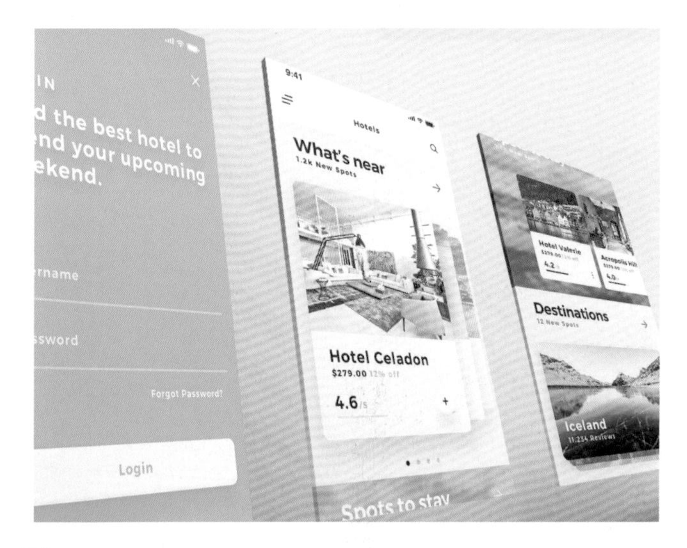

旅行软件界面

这是一组旅行软件界面的版式设计，第一个界面通过图片层叠，展现了较好的立体效果，四周的留白增强了用户浏览界面时的轻松感，并且提升了软件的品质感；第二个界面图版率高，层次感丰富，给人活力满满的印象；第三个界面通过版块尺寸大小的对比，突出下半面的版块。

通过以下的手机 App 的 UI 界面，分析它们的设计布局和风格色调等。

（答案见下载资源）

08

网页版式设计

本章将从什么是网页设计开始了解，并结合点、线、面学习如何运用元素构成做好网页的版面设计，通过调整空白、图像面积及改变颜色来优化版面率。

08
CHAPTER

CHAPTER 08

时长：0.5 课时

网页版式设计必知必会

网页设计的特点

网页版式设计是指在有限的屏幕空间里，将网页中的文字、图像、动画、音频、视频等元素组织起来，按照一定的规律和艺术化的处理方式进行编排和布局，形成整体的视觉形象，达到有效传递信息的最终目的。网页设计决定了网页的艺术风格和个性特征，并以视觉配置为手段影响着网页页面之间导航的方向性，以吸引读者的注意，增加网页内容的表达效果。

网页设计的尺寸

过去的网页设计的版面尺寸没有固定的标准，与显示器的大小及分辨率有关。如今，网页设计尺寸已经有了很大改变。目前主流形式PC端网页的设计稿尺寸宽度为1920px，高度最小为1080px，主体内容宽度在1200px内即可，这样的尺寸比较规范；移动端网页的尺寸则根据手机屏幕的不同而改变，H5页面的设计稿一般做成640px×1136px，这是最稳妥的尺寸。

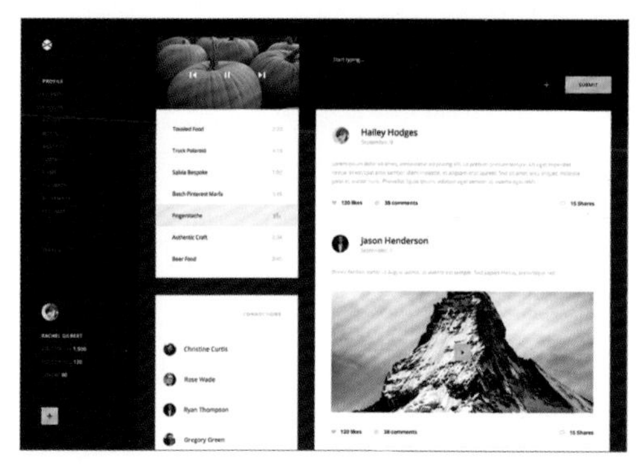

图为某博客网站，1920px×1080px是当下较常用的网页尺寸。

网页设计的流程

网页设计是感性与理性结合的过程，主要步骤如下。

❶分析定位。这一阶段主要根据客户的要求及具体网站的性质来确定设计风格和思路。

❷设计构思。根据客户所提供的图片、文字及视频等内容进行大致位置的规划，设计版面布局。

❸方案设计。将研究分析结果在电脑上呈现出来，这时往往会出现诸多在草图中无法暴露的细节问题，结合版面色彩、构图等因素进行综合调整，制作出平面稿。

❹效果图制作。制作效果图期间要与客户多进行沟通，确定网页最终的外观。

❺测试调整。这时网站的设计已经基本确定了，可以对其进行测试，看看运行是否顺畅，体验是否良好。

❻维护更新。网站制作要注意经常维护更新内容，保持内容的新鲜才能留住浏览者。

图为某企业官网，网页为现代简约风格，在大面积灰色调中设计紫红色点缀，使页面更加连贯且不枯燥。

网页的版式编排特点

网页设计特别讲究编排和布局，与平面设计有许多相近之处，需要通过文字与图形的空间组合表达出和谐与美。多页面网站的编排设计需要把页面之间的联系反映出来，特别要处理好页面之间和页面内的秩序与内容的关系。反复推敲整体布局的合理性，呈现最佳的视觉效果。

网页设计的构成要素

❶整体风格。为保证网站整体风格统一，需要尽可能将标志放在每个页面上最突出的位置；突出显示标准色彩；对相同类型的内容采用相同的显示效果。例如，标题采用立体效果，那么在网站中出现的所有标题的立体效果设置应该是完全一致的。

该网页的版式设计十分抓人眼球，色彩主要采用渐变色，搭配菱形构图元素，编排自由、灵活、有条理，统一感极强。

❷色彩搭配。使版面统一在一种色彩中，通过调整明度、纯度以形成丰富的层次；或者选择两个具有对比效果的颜色，形成视觉刺激；还可以使用同一色调的色彩搭配。总之，要使整个网站保持统一的色彩感觉。

红蓝的对比色配色十分吸睛，无论是插图还是文字底色均使用了红、蓝两色，重复使用色彩让整个网页统一感极强，两色的对比色属性也增加了版面的活跃感。

TIPS 网页设计的构图方式

网页设计的构图方式主要有骨骼形、满版形、分割形、中轴形、曲线形、倾斜形、对称形、焦点形、三角形、自由形等，可根据网站不同的行业属性、客户群体等因素来选择。

SECTION 2

CHAPTER 08　　时长：1 课时

实战案例解析

购物网站网页设计

网页项目背景与文案

项目背景	项目名称	购物网站页面设计
	目标定位	向广大消费者介绍服装的设计、细节、价格等信息，激发消费者的购买欲，同时达到宣传网站形象的目的
	项目资料	投放载体：网站　　屏幕尺寸：1500px×3593px 投放时间：长期使用　　形式：网站的建立
文案	主要内容	网站的导航栏信息、促销信息、商品品牌信息等
	辅助内容	价格、热门产品信息等

设计思路分析

1 从不过时的网格排布

网格系统在任何类型的版式设计中都可以用到，在网页设计中也十分常见。整齐的网格方块从一开始就清晰地展示了网站的内容框架，能够让浏览者迅速找到自己感兴趣的版块。

网格版式还可以以彩色色块或与文本结合的样式呈现，网格分割线根据实际情况可有可无。

2 设置相同的点缀色，增加网站统一感

下图为一个完整的单列网页设计，整体以黑白灰为主色调，绿色和紫色为点缀色，使整个网页充满了科技感和时尚感。当我们通篇浏览网页时，随着网页滑动而跳出的绿色、紫色增加了版面的节奏感和律动感，使网页不显枯燥。

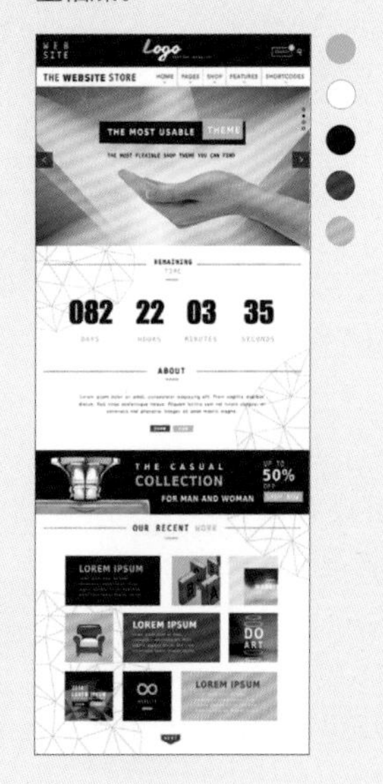

实战案例

首先我们将网页的宽度设定为1500px，长度根据内容量来定。作为一个服饰购物网站，要考虑到首页大量的商品信息，比如新品、热款、促销商品、针对不同消费人群的版块等，需要展示大量的图片，所以采用网格排布最好。

用色太多，显得凌乱、劣质

版面中的图标、按钮等元素的色彩不同，整个页面看下来缺乏统一感，令人眼花缭乱，没有起到正确的引导作用。配色劣质、俗气，严重影响网站形象。

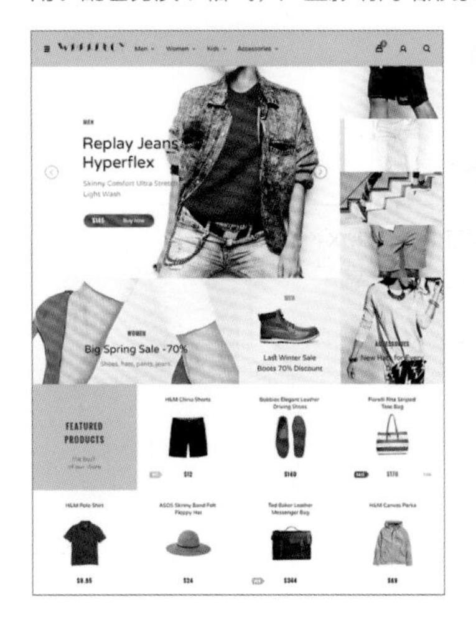

间距和分割线给人禁锢感

在版面元素已经很多的情况下，给图片之间加上间距和分割线使版面更加拥挤，虽然版面结构更清晰了，但带给消费者的禁锢感和压迫感却无法忽视。

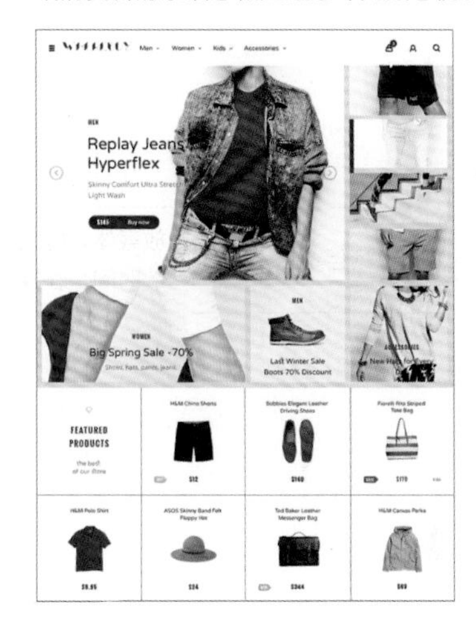

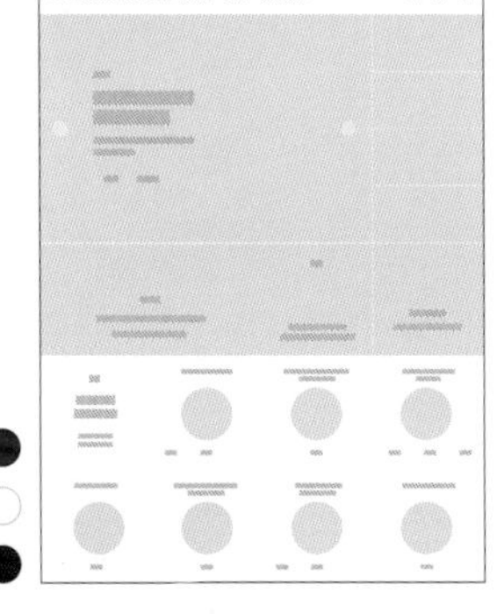

18-73-158
254-254-254
51-51-51

最终效果！

将网页中的图标、小标题等色彩统一为网站Logo的深蓝色，增强了网页的统一感。网页上方的图片采用无缝衔接，再减淡下方退底图片间的分割线颜色，增加了版面的透气感，整体给人清爽、自由、高端的印象。

音乐网站网页设计

网页项目背景与文案

项目背景	项目名称	音乐网站网页设计
	目标定位	多样化地展示音乐和音乐视频，主要针对年轻人群体，在色彩、图形上能让人眼前一亮，塑造独特、个性的网站形象
	项目资料	投放载体：网站　　屏幕尺寸：1440px×3154px 投放时间：长期使用　　形式：网站的建立
文案	主要内容	页面头部（headers）、音乐播放器、相关购买信息等
	辅助内容	歌词信息、音乐介绍、产品详情等

设计思路分析

1 小型网站采用单页设计，简洁、实用性更强

该项目想要塑造迎合年轻群体的独特音乐网站形象，当下流行的单页设计正好能为设计提供更大的发挥空间。单页网站简洁、直观，大幅面展示效果极佳，维护起来更便捷。对各种网站来说，单页设计都是非常棒的选择。尽管它不是小型网站的唯一设计方案，但对很多项目而言都是值得考虑的。

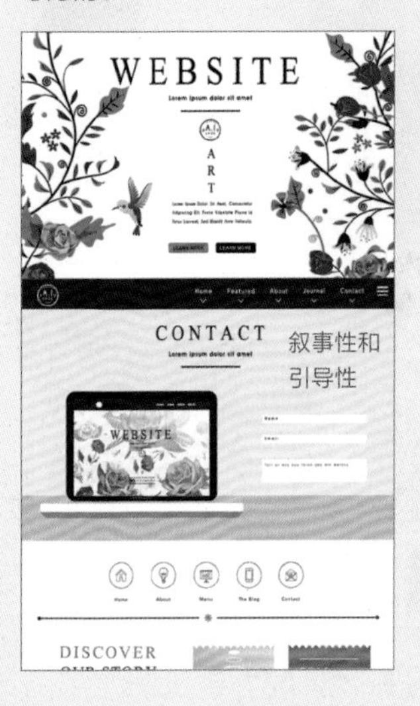

2 插画表达直观、有重点

在网页设计中，插画的作用可以很强大。文字难以表述的场景，利用插画可能就直白得多。与真实照片相比，可以排除掉多余的干扰信息，如外貌、人种、性别、年龄等，能够直击重点，引起更多人的共鸣。

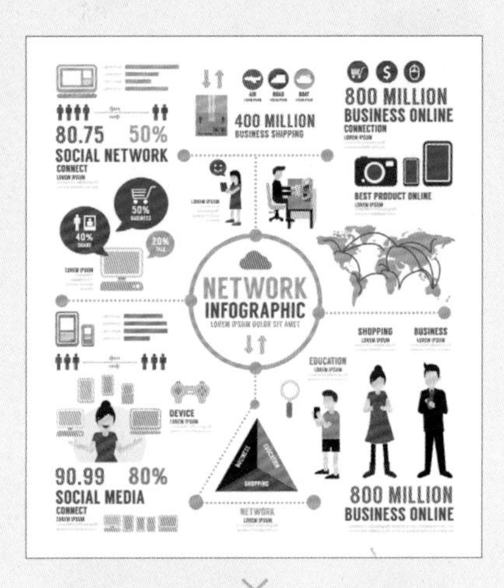

3 大胆尝试鲜艳、饱和的色彩

就过去两年的网页设计来看，鲜艳亮丽的色彩在网站设计中依然非常常见。这种高饱和的色彩不仅能吸引浏览者的眼球，还能渲染浓烈的氛围。好的配色还可以成为品牌的视觉符号，让用户看到这个色彩就能联想到对应的品牌，形成良性循环。

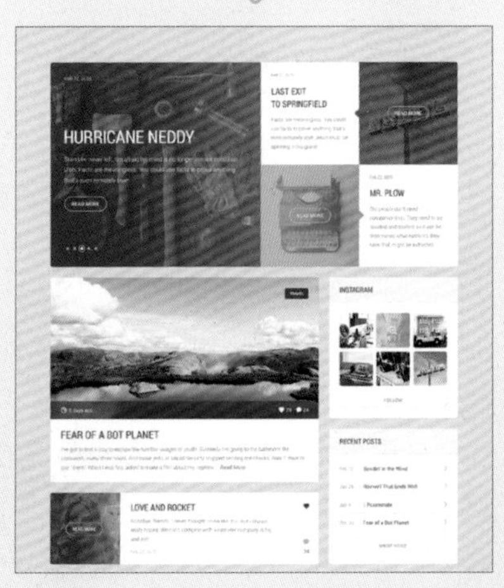

实战案例

从该项目的目标定位可以看出，这是一款面向广大年轻群体的音乐网站，在网站形象上做到让人眼前一亮很重要，色彩和构图形式都是可选的入手角度：色彩可以选择撞色、渐变等，图片则可以尝试插画。

仅色相差异的配色，不够抢眼

该网页色彩为黄蓝对比的配色，明暗对比适中，但色调整体较柔和、偏亮，搭配大面积冷色，给人清爽感，但缺少新鲜感，无法塑造令人过目难忘的网站形象。

装饰元素太少，缺少氛围感

该网站采用单页的网页设计搭配扁平化风格，整体过于单调，插画元素也较少，在蓝色调的衬托下充满了商务气息，很难吸引年轻人。

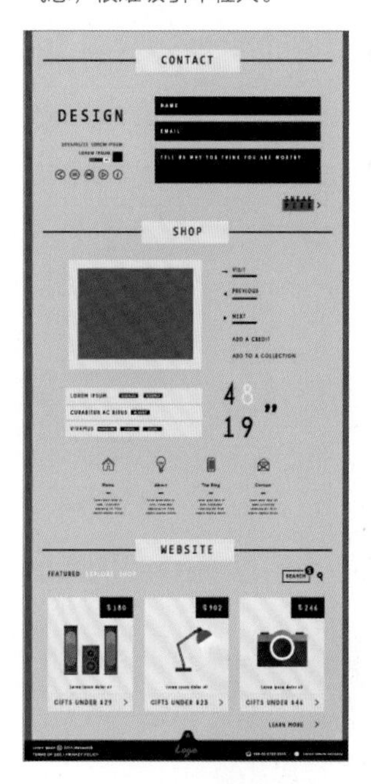

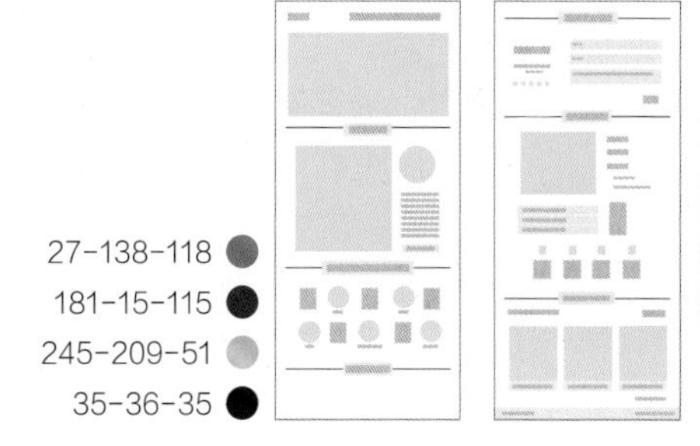

最终效果！

改为艳丽的紫、绿、黄搭配，并且利用这几个色相本身的明度差异，营造热烈氛围的同时，也保证了网页页面中信息层级的清晰。在网页边缘加上几何图形的装饰，给人时尚、锐利、个性张扬的印象。

图库网站网页设计

网页项目背景与文案

项目背景	项目名称	图库网站网页设计
	目标定位	为广大用户提供展示个人摄影作品的平台，以展示图片的最佳效果为重点，版面风格简约、大气，注重功能性
	项目资料	投放载体：网站　　屏幕尺寸：1440px×1000px 投放时间：长期使用　　形式：网站的建立
文案	主要内容	页面头部、展示+注册页面、图片浏览页面
	辅助内容	网站标语、图片详情、标题文字等

设计思路分析

1 夸张醒目的页面头部

页面头部设计是网页设计的关键，能第一时间让读者关注到重点，通过独特的字体设计，创造大幅面且极具表现力的头部设计已成为主流。选用粗黑体的字体，或者通过无衬线与有衬线字体的对比都将有效提升用户体验，吸引访客浏览。

2 不对称和碎片式网格布局

不对称和碎片式的网格布局打破了传统的网格编排规则，使设计更加自由和个性化。当然这并不意味着抛弃网格概念，而是允许图像和文本元素甚至是界面“穿越”作为分割的固定参考线。文字和图片的重叠交错，往往能带来意想不到的美感。

3 瀑布流式布局 增强页面吸睛力

随着读图时代快餐式消费的来临，瀑布流对于图片的展现是高效而具有吸引力的。其主要特点便是错落有致，定宽而不定高的设计让页面区别于传统的矩阵式图片布局模式，巧妙地利用了视觉层级，视线的随意流动又缓解了视觉疲劳。但并不是所有的图片布局都可以用瀑布流，要综合考虑网页的版面来定。

实战案例

根据项目要求，需要制作三个页面：页面头部、展示+注册页面、图片浏览页面。将页面尺寸设置为1440px× 1000px，为了展现简约大气的风格，尽量减少装饰元素的使用，采用扁平化的设计，从网页的功能性出发。

页面色彩暗淡，版块均衡无重点

左右版块宽度相同，均占版面的50%。这种比例适合相同层级的信息，用在这里并不合适。左边版块的颜色浑浊暗淡，降低了用户继续浏览网页的欲望。

版面信息过于零散，关联性弱

版面中左右两个标题和下方图片之间距离较远，相互独立，缺乏关联性，无法准确表达页面的信息。并且标题的黑色背景面积过大，给人压抑感。

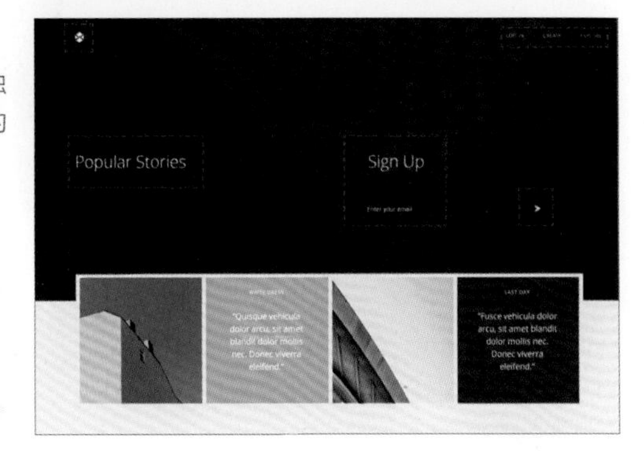

背景图干扰阅读，版面拥挤

标题栏的背景图虽然降低了透明度，但仍然干扰了标题文字和下方图片的瞩目度，使整个版面重点不明，且过高的图版率使版面过于拥挤。此外，页面下方展示的图片的尺寸均一致，虽然排列整齐，但缺少节奏感，容易造成呆板、无趣的印象，并且容易引起视觉疲劳。另外，固定的展示尺寸还会限制原始图片的构图。

TIPS 网页颜色应用规范

这里总结网页中常用的几个配色，方便设计师协作和前端开发。

#eeeeee	#e5e5e5	#dddddd	#999999	#666666	#333333
背景色	分割线	描边	副文本文字	内容文字	标题文字

修改方案

经过前文的错误分析，我们对版式做出以下调整。

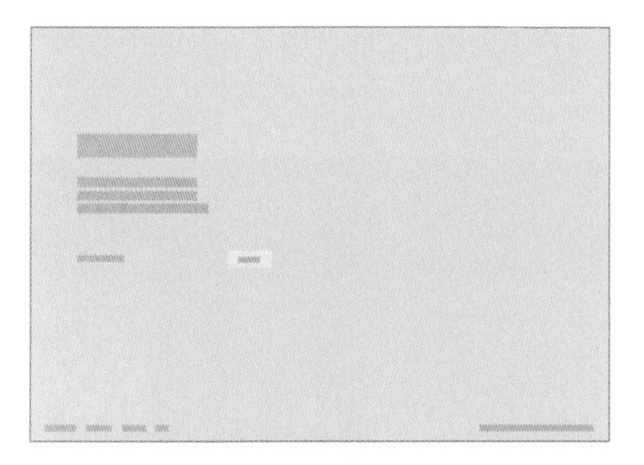

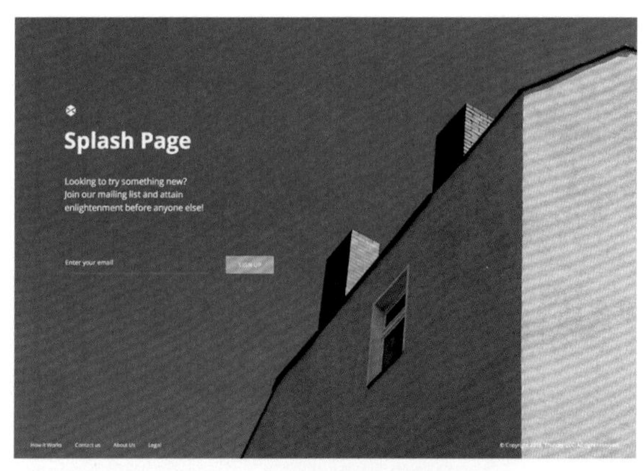

直接使用大幅面图片作为背景，标题文字等直接覆盖在图片上，拓宽浏览者视野的同时，化繁为简，给人明朗轻松的印象。

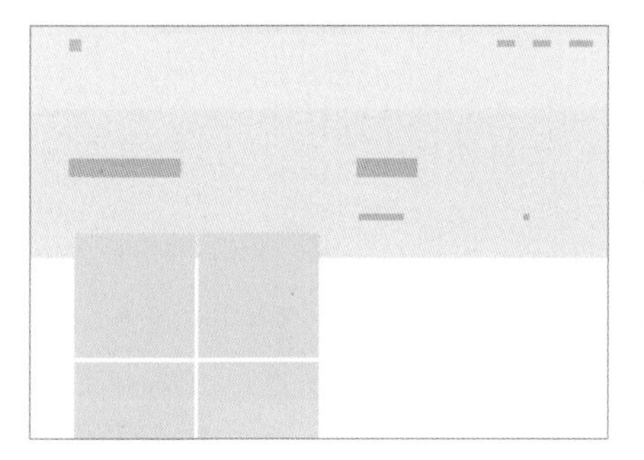

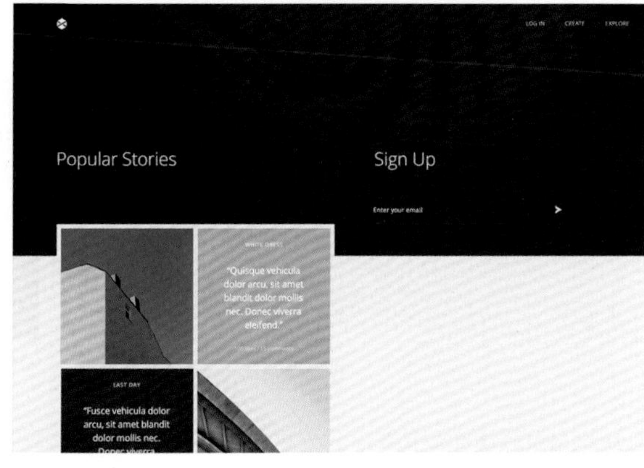

将图片向左侧集中，使右侧形成大面积留白，衬托出“Sign up”（注册）在页面中的层级，起到强调突出的作用。

最终效果！

在修改后的页面上可以感受到“少即是多”的设计理念，对功能性的专注及无烦琐装饰的设计使浏览者更加关注摄影作品本身。瀑布流式的图片布局也保证了不同尺寸图片的完美展示，使呈现出的效果更加丰富、多元化。

将矩阵式布局改为瀑布流式布局，减轻浏览时的乏味感。

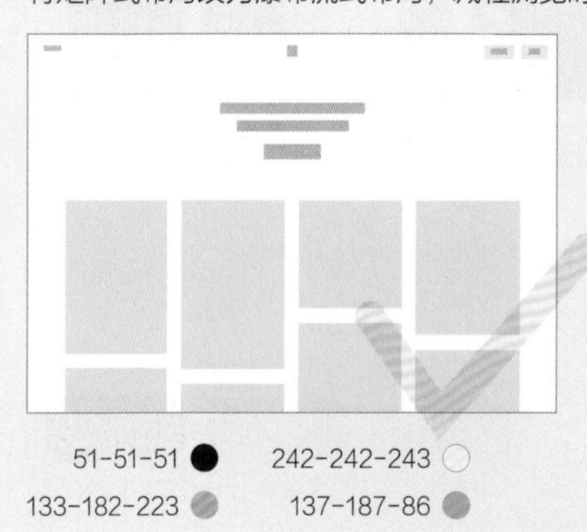

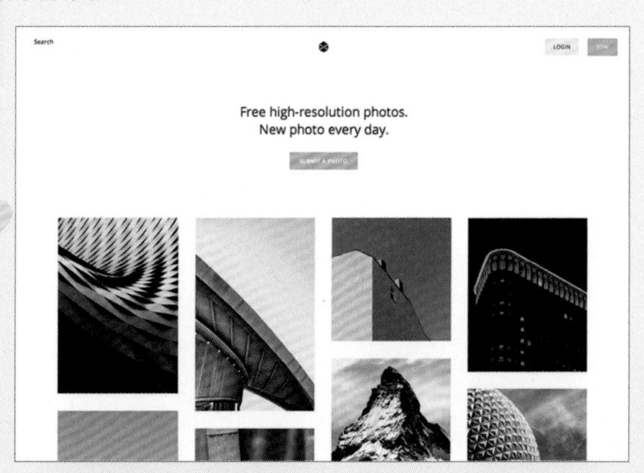

CHAPTER 08

时长：0.5 课时

优秀网页版式设计欣赏

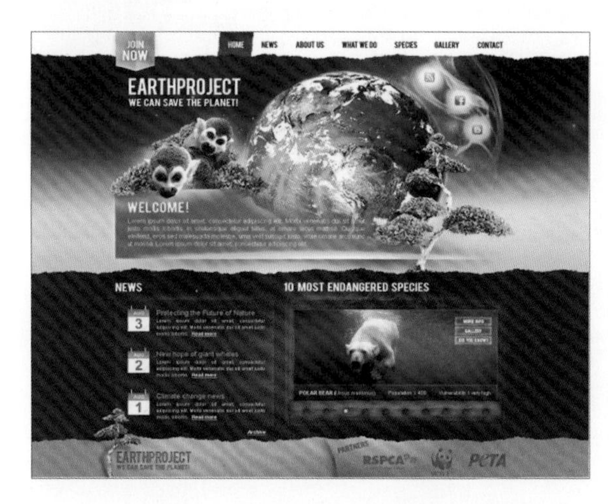

环保组织网站

图为某环保组织的网站页面，版面主要分为四个区块，引导读者从上往下阅读，最上方是网站导航，接下来的区域是组织标志及欢迎文字，然后是最近的生态环境新闻及濒危物种的展示，最后一个区域是组织标志的再次强调，以及其他相关机构的标志。整个版面具有很强的层次感和空间感，给人生动、丰富、大气的感觉。

西餐厅网页设计

图为一个西餐厅的网页设计，宣传口号使用了较为活泼的字体，并沿图像的弧线边缘进行排列，形成独特的视觉效果。版面右侧的内容统一使用左图右文的排布，食物名称与宣传口号字体、颜色相同，更显统一。

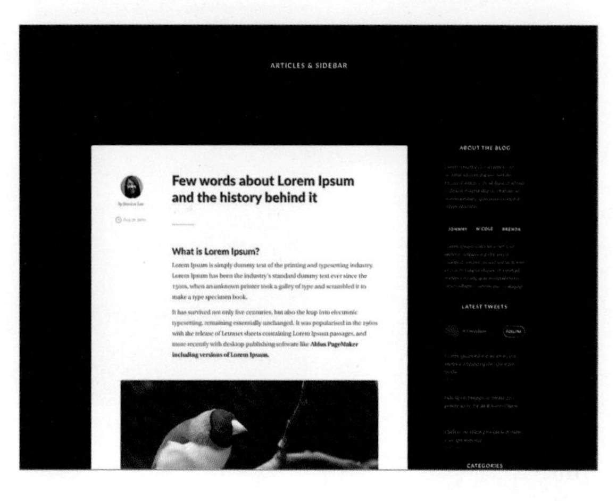

个人博客网页设计

该网页为某用户的个人博客，版面采用黑白色为主的极简风格，通过强烈的明暗对比来突出正文版块，且色彩也不会干扰正文图片内容，整体给人直观、严谨的印象。黑色比例大于白色，版面装饰极少，营造出静谧、高级、低调的氛围，让浏览者更专注于博文内容本身。

房屋中介公司网站

该网站使用了大面积蓝色作为主要色彩，给人理性、稳重的第一印象。选择房屋模型图像作为主要素材，点明主题。版面中的文字信息使用网格编排，呈现统一、均衡、严谨的效果。运用流线型的色块打破网格的刻板印象，使版面具有更强的层次感和空间感。点缀橙色作为部分图标的色彩，减弱了蓝色的冰冷感，使整体接受度更强。

儿童培训机构网站

该网站使用了较丰富的色彩配置，符合儿童的主题。运用记事本图案作为主界面的底板，呈现趣味的视觉效果，通过字体及色彩的变化区分层次关系。版面左上角的视觉重心是该机构的标志，版面下方是可爱的卡通形象，整个版面给人活泼、生动、活跃、热闹的感受。

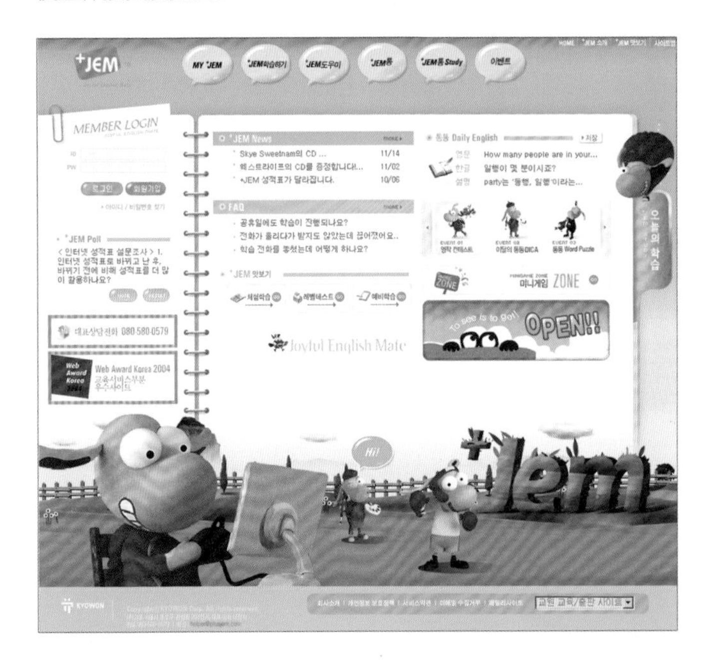

艺术文化机构网站

该版面中最引人注目的就是提琴的局部退底图，叠放在绿、黑色块之上，具有很强的立体感和空间感，点明艺术、音乐类的主题。由于提琴图像已经有很多细节，因此版面的其他部分采用了极简的处理方式，运用色块将版面分割为不同的区域，将不同的内容区分开来。文字段落左对齐，形成统一感。整体给人高端、有格调的印象。

根据网页设计要求及图片素材，做一个网页设计方案。

包装项目背景与文案

项目背景	项目名称	饮料网页设计
	目标定位	向广大消费者介绍薄荷茶的特点及功效，深化人们对产品的认识，以促进销售，同时对品牌形象进行宣传
	项目资料	投放载体：形象网站　广告尺寸：1002px×654px 投放时间：长期使用　广告形式：网站的建立
文案	主要内容	御茶园 世界茶叶　新茶研究所　御茶园产品　可持续发展　加入我们　联系我们 清凉薄荷伴你安享休闲时光 ……
	项目资料	薄荷茶 来信与我们分享你的薄荷茶故事，就有机会赢得神秘大奖哦！ ……

图片素材

基本设计思路

1. 将尺寸设定为1002px×654px，符合常规尺寸，浏览时没有滚动条。
2. 配合网站的属性，选择产品照片与具有轻盈感的舞者图片作为版面的主要素材。
3. 将版面色调设定为轻松、明快，以表现薄荷茶给人带来的惬意、放松的感受。
4. 根据产品的定位，整个版面应该呈现一种时尚、乐活、轻松、自然的感觉。

（答案见下载资源）

09

海报版式设计

了解海报版式的设计特点，并通过不同的实操案例进行学习、分析及赏析。

09
CHAPTER

CHAPTER 09

时长：0.5 课时

海报版式设计必知必会

海报设计的特点

创意是海报的生命和灵魂，是海报设计的核心，它能使海报的主题突出并具有深刻的内涵。现代海报最主要的特征之一，是能瞬间吸引读者眼球并引起心理上的共鸣，再将信息迅速准确地传达给读者，这也是海报作品获得成功的最关键因素。海报按内容主要分为商业海报和文化海报两大类型。商业海报以促销商品、满足消费者需求等内容为题材，被广泛地应用。文化海报以社会公益性问题为题材，如环保、戒烟等内容。从本质上讲，它们都具有海报本身广泛、迅速、准确、便捷地向大众传播信息的共性特征。

海报设计的尺寸

海报的使用形式有很多，尺寸也各有不同。常见的招贴海报尺寸为60cm×90cm；易拉宝尺寸为80cm×200cm；X展架的尺寸为60cm×160cm；KT泡沫展板一般为80cm×100cm。由于海报大多都采用制版印刷方式印制，在设计时应尽量使分辨率达到300dpi，使用CMYK色彩模式，以保证印刷质量。

如今电子海报也是十分常见的形式，通过屏幕显示，其分辨率只需72dpi即可，尺寸可根据实际需求来定，采用RGB色彩模式。

海报设计的流程

❶分析规划。搜集产品的属性、商标、客户要求等，反复分析并确定创意的目标。准备与海报尺寸同一比例的缩小画纸，绘制出草图。

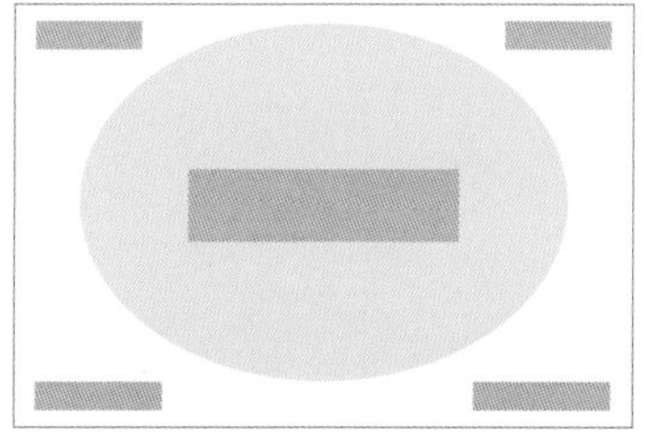

在草图上确定大致的版式构图、海报主体的位置及文字信息的排布方式。

❷图文排版。在确定项目的创意方向和主要内容后，导入图文信息，整理视觉设计元素，从整体上进行版式的编排、调整。

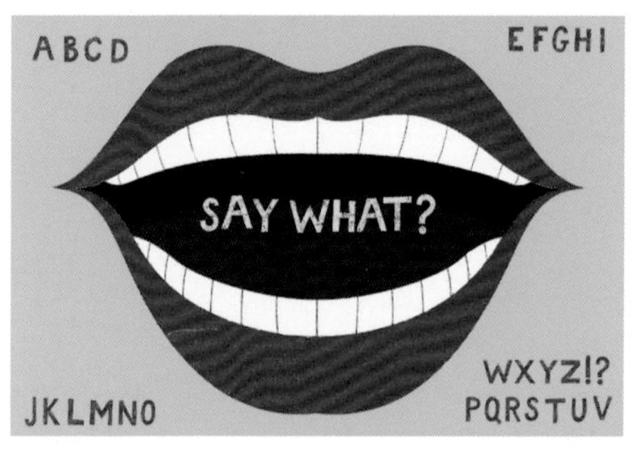

将具体的图片、文字信息导入版面中，在色彩方面做出大致的配色意向，此时的海报已经呈现出大致的效果。

❸优化细节。为了达到最终效果，还需要优化完善细节，比如字体的选择、阴影的处理等，最终得到效果精美、具有艺术感的海报成品。

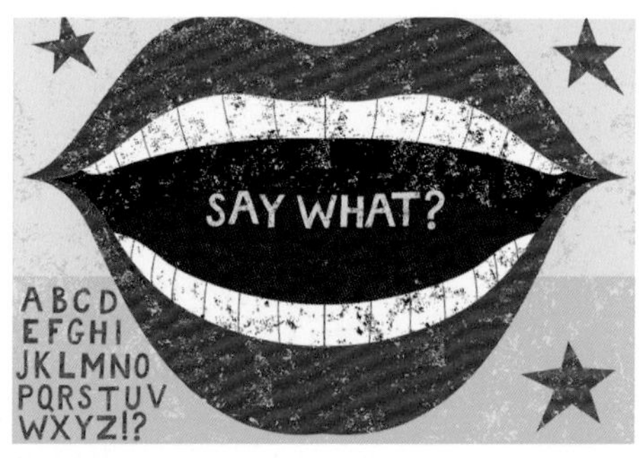

对文字细节进行调整，加入辅助的图形，再丰富肌理效果，使整个海报成品更具细节美感。

海报的版式编排特点

海报设计版面的编排一般采用简洁、概括、统一的构图，画面的安排要符合视觉流程的规律，便于阅读和记忆；务必令内容主次分明，重点突出，保证在“瞬间效应”的过程中快速传递主要信息；保证各组成要素之间在内容和形式上都有有机的联系，实现在视觉上和心理上的连贯。

海报设计的构成要素

海报的构成要素包括海报的图形、文字和色彩。

作为构成海报的重要元素之一，图形展示着非凡的视觉魅力，并左右着广告的传播效果。

海报设计的文字包括文案设计与字体设计两部分，肩负着传达观念与信息的重任。

色彩能够更准确地表达作品的情感，在很大程度上决定作品的成败，也是海报设计中不可或缺的构成要素。

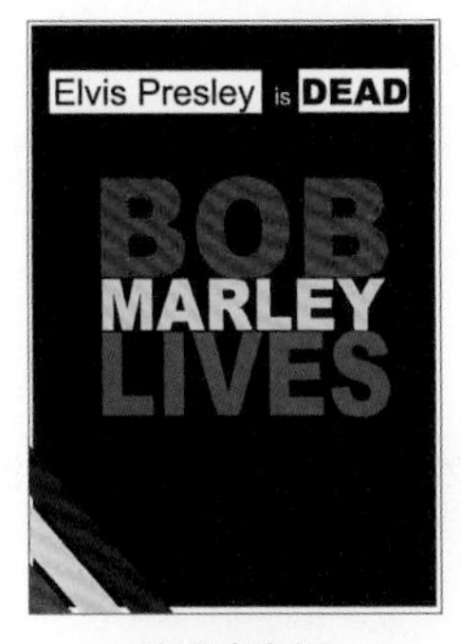

演唱会海报

公益海报

海报的构图方式

海报构图形式要求极端简约，需要对画面中一切复杂的形象做简洁的概括和归纳，通常有以下几种形式。

❶线条型构图，水平线型开阔、平静，垂直线型严肃、庄重、静寂。

❷正三角形构图，给人坚实、稳定的感觉。

❸圆形构图，柔和且具有内向、亲切、圆满的感觉。

❹曲线形、倒三角形构图，具有强烈的不稳定感，较活泼。

图为航空公司海报，将鹈鹕鸟模拟为客机，头部和颈部形成正三角形的构图，有稳定的感觉。

海报的视觉流程

一个好的海报设计，要符合合理的视觉流程。常用的海报设计视觉流程有以下三种类型。

❶单向视觉流程。包括水平、垂直、斜线等视觉流程。

❷曲线视觉流程。包括曲线、折线、弧线等视觉流程。

❸反复视觉流程。运用相同或类似的视觉元素，按照一定的规律连续排列，使视线沿一定的方向流动。

CHAPTER 09 时长：1 课时

实战案例解析

幼儿园招生海报设计

海报项目背景与文案

项目背景	项目名称	幼儿园招生海报设计
	目标定位	向企业合作方及广大的潜在客户群推广企业业务，树立品牌形象，加强认知度，企业形象推广营销
	项目资料	投放载体：宣传海报　广告尺寸：500mm×850mm 投放时间：长期使用　广告形式：电子海报的屏幕投放、纸质海报的张贴
文案	主要内容	幼儿园招生啦！语文、数学、英语、绘画、心算，赶快报名吧！ 在新的学期里，让我们在学校这个大家庭里笑脸愈加灿烂，我们的生活变得更加绚丽！同学们，准备接受新的挑战吧，老师相信你们会越来越棒的！
	联系方式	Tel: 010-87654XXX 81234XXX 81122XXX Add: 北京市朝阳区XX大街1号 Web: www.XXX.com
	辅助内容	少儿学前教育；报名有优惠，车接车送，一对一教学

设计思路分析

1 通过色底整合散乱的信息

在海报设计中，如果画面中的零散元素较多，重要的文字信息无法清晰表达时，可以加入一个相同色系的色底，使文字信息和其他元素隔离开，既保证了信息的直观性和可读性，又不会破坏整体的色彩氛围。如下图所示，下方仿“腰封”的文字色底使海报主题更加突出。

2 针对受众群体，选择合适的元素和配色

该项目为幼儿园招生海报设计，面向的群体为幼儿和家长。为了营造欢乐、健康、天真的氛围，可以选择卡通形象的矢量图作为装饰；在色彩上选择明亮、鲜艳的色调，采用全相型的配色，使整个海报的宣传更具有针对性。

实战案例

首先我们将海报尺寸设定为700mm×1000mm，幅面要足够大，才能引起路过的家长和孩子的注意。在图片素材的选择上，我们用孩子的写真照片作为贴图，再结合一些卡通矢量元素，起到活跃版面和气氛的作用。

a. 版面留白过多，配色与主题不搭

整个海报的标题字体尺寸较小，且装饰元素也很少，导致版心显得空旷；整个版面为蓝、白、黄配色，给人专业、严谨的印象，这样的配色更适合企业、商务人士，用在幼儿主题上显然不搭。

b. 曲线元素太少，缺少柔和感

版心采用了类似矩形框的几何元素，底纹为白色条纹，整体给人规矩、平庸甚至呆板的感受。对于幼儿主题来说，这样的元素则过于硬朗了。

a

b

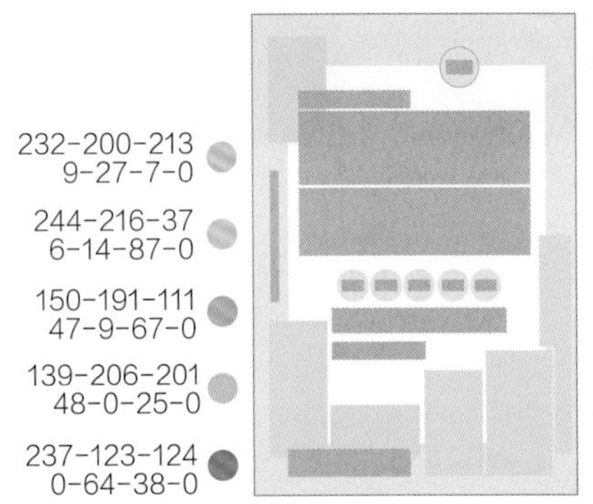

最终效果！

放大主标题文字，使海报的主题突出。色彩上选择明弱色调，全相型配色营造出欢乐、热闹的氛围。辅助的卡通图案与写真、文字内容相配合，深化主题并活跃了版面，更显活泼可爱。

电子乐演出宣传海报设计

海报项目背景与文案

项目背景	项目名称	电子乐演出宣传海报设计
	目标定位	向广大消费群体预告最新的电子乐演出活动，需告知演出地点、时间及嘉宾阵容等最重要的基本信息；同时对酒吧形象进行宣传
	项目资料	投放载体：宣传海报　　广告尺寸：380mm×540mm 投放时间：短期使用　　广告形式：电子海报的屏幕投放、纸质海报的张贴
文案	主要内容	主题信息：ELECTRONIC MUSIC - FEST 演出地址：DANCETOWN 演出时间：AUGUST-28/FRIDAY 嘉宾阵容：DJ FIRST, DJ SECOND, DJ THIRD, DJ FOURTH
	辅助内容	嘉宾的电子乐风格、收费标准、网址信息等

设计思路分析

1 设计出具有冲击力的版面

焦点式构图和聚集式构图常用于直观表现主题。二者的差异在于，焦点式构图通常将主体放在中央位置，通过次要元素来衬托，聚集式构图则是通过构图元素对视线进行有方向的指引。这两种构图均可塑造具有冲击力的版面，并且具有较强的力量感。

聚集式构图

2 确定符合主题的配色

根据项目的定位我们可以抓住几个配色的切入点：电子乐演出和酒吧形象宣传。我们可以从相关的实物照片中获取色彩，展现出动感、时尚的氛围。

3 通过对齐来整理信息

当信息繁多而杂乱时，可以通过对齐对信息进行分类。常用的对齐方式有：上对齐、下对齐、左对齐、右对齐、居中对齐。对齐不仅能使信息层次清晰，还可以撑起版面框架。

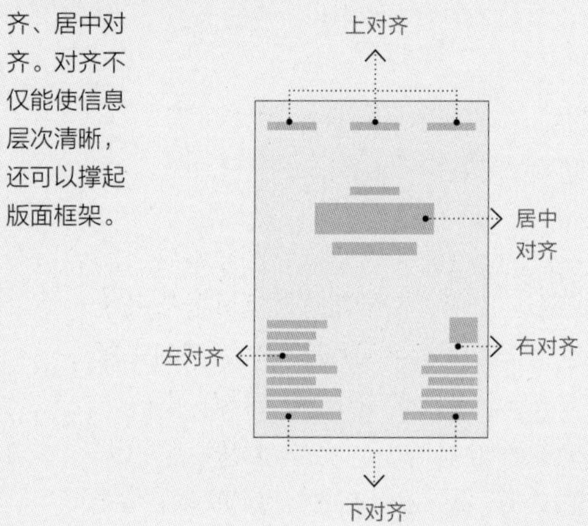

实战案例

根据项目的要求，将海报尺寸设定为380mm×540mm，设计时将分辨率设定为300dpi，方便后期纸质海报的印刷和电子海报的投放。海报的文字信息量较大，为了更好地展现宣传信息和氛围，仅选用抽象的矢量图形和文字元素，着重突出时尚、动感的氛围。

a. 配色沉闷，文字可读性较差

版面色彩以紫色为主，整体色调较暗，不够醒目，特别在夜晚或光线较暗的环境下很难吸引消费者。版面中的文字均为黑色，与紫色的明度差异不大，导致文字的可读性差。

b. 版面缺少力量感，信息层次不够清晰

版面色调明艳，紫色与黄绿色形成鲜明的对比，具有较强的视觉冲击力。不过字体较细，且大量选用白色，使整个版面过于清爽，缺少力量感和动感，不符合该演出的风格。

a

b

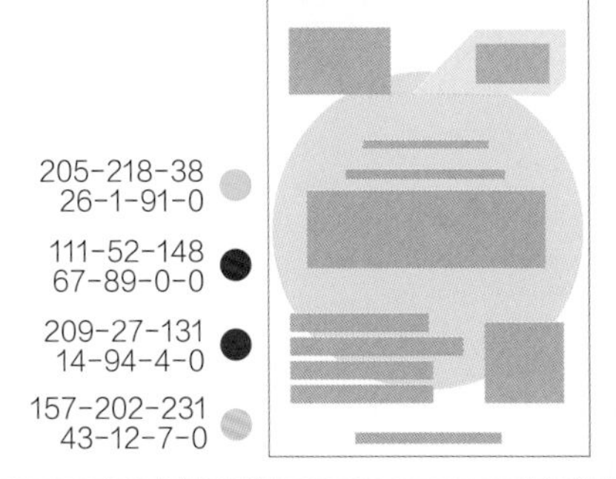

最终效果！

版式上采用焦点式构图，通过嫩绿色的色底与紫色渐变的圆形几何元素来确定版面框架。文字采用黑粗体，并对主题“FEST”进行字体设计，与背景相协调，使整个版面充满了动感和力量感，给人时尚、活跃的印象，对年轻消费者有较强的吸引力。

个人艺术展宣传海报设计

海报项目背景与文案

项目背景	项目名称	个人艺术展宣传海报设计
	目标定位	该个人艺术展的作品主要表现前卫、梦幻的未来科技主题，宣传海报要在展现展览风格的同时，吸引广大观展人员的注意力
	项目资料	投放载体：宣传海报　广告尺寸：1000mm×720mm 投放时间：长期使用　广告形式：宣传海报的张贴
文案	主要内容	展览主题：Amy Way Art House 展览城市：Berlin，London，Paris 观展时间：23-29 AUG, 2018
	辅助内容	宣传文案：Whatever you see，it's going to fade away；举办方信息

设计思路分析

1 巧用“3B”原则，增加版面的视觉吸引力

3B原则是从创意角度提出的，Beauty（美女）、Beast（野兽）、Baby（婴儿），通称“3B”原则。这三方面的元素符合人类关注自身生命的天性，最容易赢得消费者的注意力和喜欢。在选择设计素材时，可以从该原则入手。

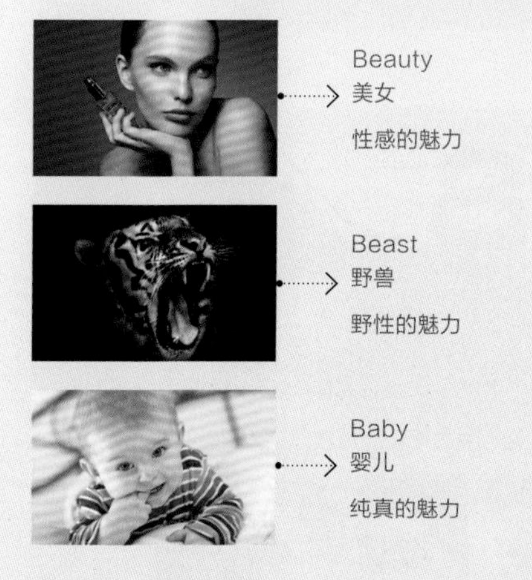

2 文字错位对齐，增强版面创意

在千篇一律的左、中、右对齐方式中，设计师很难在版式上有所突破，而错位对齐可以为文字编排增加更多变化和创意性。错位是建立在文字的正常阅读顺序基础上的，同时又营造出一定的视觉层次感，增强版面的视觉表现力。

错位的
对齐
ANOTHER
ALIGNMENT
OF TEXT
CHOREOGRAPHY

正常对齐
常规的左、中、右对齐方式已经很难满足当下个性化的设计需求，版面文字编排的创意性受到了很大限制。

错位的
对齐
ANOTHER
ALIGNMENT
OF TEXT
CHOREOGRAPHY

错位对齐
第一行字向左前进一个文字宽度，形成错位效果，制造出留白和层次感，让人眼前一亮。

3 故障艺术风格，展现前卫科技感

该艺术展旨在呈现梦幻的科技感，可以利用当下十分流行的故障艺术（Glitch Art）风格来呈现。

故障艺术就是利用常见的电子设备故障（花屏、死机）进行艺术加工，使故障缺陷形成独特的美感。常见的表现形式有误印、扭曲、视觉干扰、带有扫描线的RGB移位、马赛克等。故障艺术展现出的前卫时尚、科幻奇妙的效果深受年轻人喜爱。

带有扫描线的 RGB 移位效果

实战案例

考虑到宣传海报较长周期的使用，并且需要满足一定距离的可视范围，所以选择了1000mm×720mm的大幅面尺寸来吸引更多人的注意力，达到较好的宣传效果。在素材选择上遵循3B原则，选择女性人物作为素材，增强海报的视觉吸引力；在动作造型上，捕捉人物下坠的瞬间，来贴合宣传文案中“fade away”（消退，消失）的内容。

a. 人物素材过于写实，缺少梦幻感

版面中的人物主体风格十分写实，虽然本身具有较强的动感，但缺少装饰元素，使整个版面显得尴尬、僵硬，无法向人们正确传达展览的风格信息。

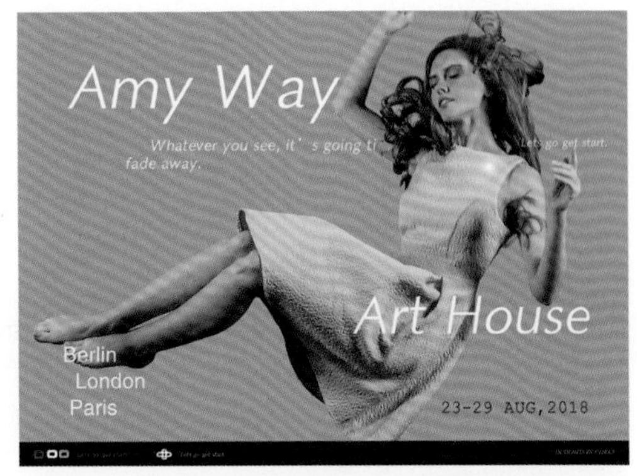

a

b. 主体较小，文字规整，版面空旷呆板

将人物主体进行黑白化处理，并点缀粉色光晕，在色彩上渲染了梦幻、失真的氛围；缩小主体后，空间感增强，但在构图元素较少的情况下，海报显得空旷、乏味。此外，左上角的文字均采用左对齐的方式，右下角则全部采用右对齐，使文字撑起了整个版式框架。但规整的文字减弱了海报前卫的印象，反而给人呆板的感觉。

b

c. 整体色彩对比弱，字体显得单薄

对版面主体进行视觉干扰处理，增加了前卫感和趣味性，文字色彩选择紫色和黄色的互补配色，增强了色彩跳跃感。但整个海报色调偏暗，明暗对比弱，视觉吸引力较弱，宣传效果不佳。

c

海报设计流行趋势

除了故障艺术风格，当下引人注目的视觉设计还有很多，比如纸艺拼贴、双重曝光、扫描线、污迹、双色调渐变、引人注目的荧光色等。多多尝试当下的流行趋势，对提升设计水平有很大的帮助。

修改方案

经过前文对错误的分析，我们对版式主要做出以下两个调整。首先，将人物主体的处理方式从“黑白+视觉干扰”变为“错位+颜色位移”。这样的处理既保留了原色彩，又形成了紫、黄双色调的倾向，显得梦幻又统一。其次，在文字的编排上，结合人物身体的错位，文字也相应地错位对齐，既增加了海报的趣味性，也使版面更加充实，重点信息更加集中。

将项目的“前卫、梦幻的未来科技主题”拆分为常见的配色意象，再重组搭配为兼顾前卫、梦幻、科技意象的配色方案。

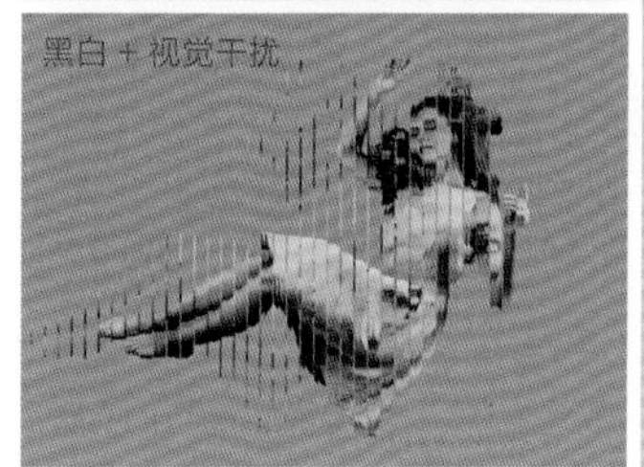

三种处理方式相比，原图过于普通单调；黑白+视觉干扰的方式在色彩上有一定的局限性，不适合表现梦幻、时尚的风格；错位+颜色位移则在色彩上充满张力，大幅度的错位也使版面设计有了更多可能。

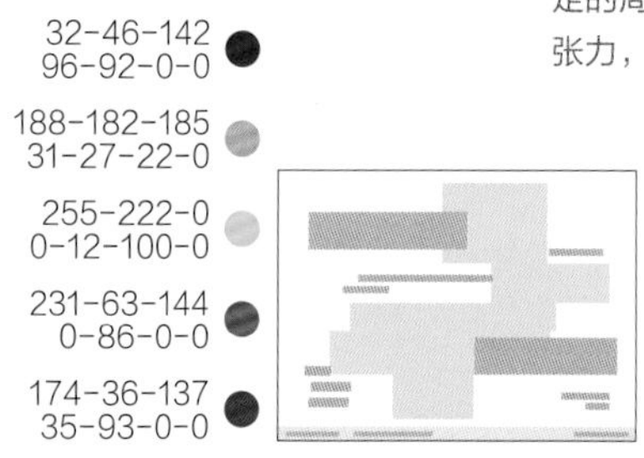

最终效果！

经过修改后的宣传海报在视觉吸引力上有很大提升。黄色和紫色的互补色配色为版面奠定了梦幻、前卫的基调，文字在保证阅读顺序的情况下编排较自由，整个海报设计个性化十足。

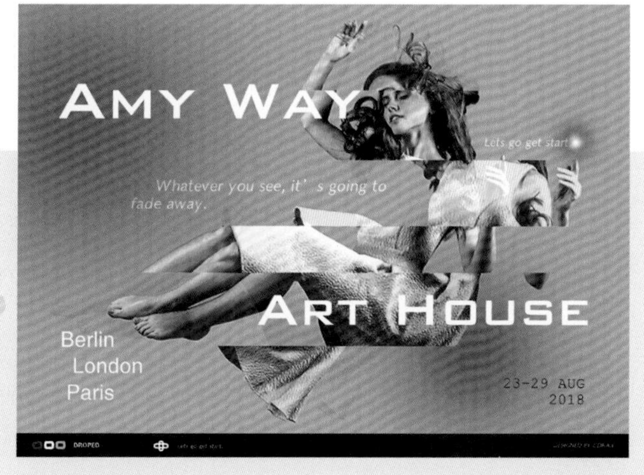

CHAPTER 09

时长：0.5 课时

优秀海报版式设计欣赏

音乐俱乐部活动海报

这是一张音乐俱乐部活动的宣传海报，使用了横向版面。整个版面以蓝天的写真图片满版展示，给人开阔的感觉，点明本次活动追求自然、舒适的露天音乐会主题。文字统一使用白色，左上角的主题文字使用较大的粗体分割处理，右下角的说明性文字使用较小的字号右对齐编排，形成对角式构图。整个版式给人畅快、宁静、舒适的感受。

儿童玩具海报

这是一张儿童玩具的宣传招贴，选择了甜美的粉红色作为版面主色，清澈的色调体现出孩子的天真可爱，给人温馨、幸福的感受。版面中的主要字体选择了圆体，符合可爱的感觉。文字信息的主次关系主要依靠字号的大小来区别。整体内容较为丰富但不混乱，充满欢乐的气氛。

护肤品广告海报

这是一组护肤品广告的宣传海报，产品居中排布；左上角和右下角分别设有荷花的装饰图案，白色线框使元素散乱的版面变得整洁、干净，整体呈现均衡的效果。海报以粉色调为主，搭配绿色给人青春、温和、舒适的印象，并且可以明确该护肤产品主要面向女性消费者。

饮料广告海报

这是一张饮料的宣传海报，使用了横向版面。整个版面以橙色为主色，给人热情的感觉。作为点缀色，蓝色与橙色对比强烈，很好地突出了饮料名称。文字信息极少，主要集中在左上角和右下角，这样可以使主体更加醒目，极富视觉冲击力，加强读者对产品的记忆。

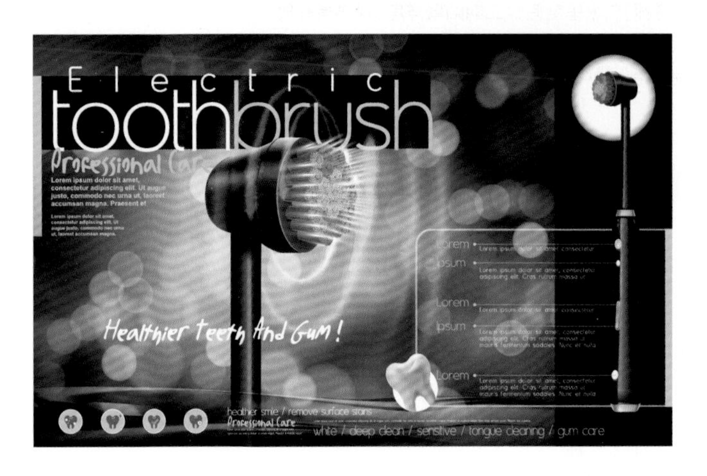

电动牙刷广告海报

这是一张电动牙刷的广告海报，居中展示了牙刷刷头细节，点明了海报的重点内容；右侧展示了完整的牙刷造型，详略得当。整体色彩为黑暗色调点缀明亮的黄色和蓝色，渲染出较强的科技氛围，给人新颖、专业的印象。

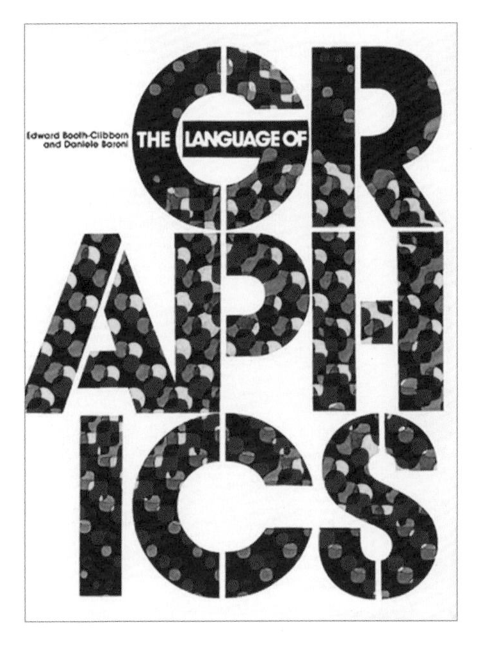

图形展览海报

这是一张图形展览的海报设计，但在版面内容的选择上并没有使用具象的图形，而是以“图形”的英文单词“GRAPHICS”作为整个版面的主要元素，进行了放大处理并且采用趣味性的色彩搭配，使文字图形化和艺术化。整个版面的信息量并不大，却完全不显单调，主次区分明确，主题十分突出并且远视性极强。

海报项目背景与文案

项目背景	项目名称	地产海报设计
	目标定位	向广大消费群体宣传楼盘，告知开盘时间，展示楼盘特色，提升品牌形象，力求给消费者留下良好的印象，进一步激发消费行为
	项目资料	投放载体：宣传招贴　广告尺寸：1000mm×700mm 投放时间：短期使用　广告形式：宣传招贴
文案	主要内容	这个夏天，我们在家里度假；二期阔景洋房5月热情开放 5月1日二期阔景洋房新品开盘，首付XX万起即可拥有，今年假期就在家里过！ 一次性付清全部房款者，享受全款立减5%的特大优惠，还有神秘大礼包！ 电话及地址
	辅助内容	开发商；销售许可证号；全程策划

图片素材

基本设计思路

1. 该海报需要张贴于大型商场入口处的展架中，因此选用较大的开本，将尺寸设置为1000mm×700mm。
2. 使用楼盘的实景写真照片作为版面主要素材，对读者进行直观展示。
3. 配合楼盘名称及开盘时间，色彩上以温暖、明亮、活泼为主。
4. 广告以展现楼盘的舒适度为主题，整体风格定位应该轻松、大众、明朗。

（答案见下载资源）

10
DM 单版式设计
了解 DM 单版式的设计特点，并通过不同的实操案例进行
学习、分析及练习。

10
CHAPTER

CHAPTER 10

时长：0.5 课时

DM 单版式设计必知必会

DM 单设计的特点

DM是Direct Mail的缩写，即直邮广告，指通过邮寄、赠送等形式直接传到人们手中的一种信息传达载体。

好的DM单设计能够直接让受众了解所传达的信息，起到很好的宣传效果。优秀的DM单设计具备以下几个特点。

❶新颖的创意，富有吸引力的设计语言。

❷有较强的针对性，可以直接将广告信息传递给相应的受众。

❸广告持续时间长，具有较强的灵活性。运用范围广，表现形式多样化，主要有传单、折页、请柬、宣传册、立体卡片等。

DM 单设计的尺寸及要素

DM单没有固定的尺寸，在尺寸选择上符合人们的阅读习惯，便于携带即可。根据DM单的开本形式，可以将DM单分为单页版式和折页版式。

名称	用途	开本
单页版式	主要用于DM单的正面和背面编排信息，一般用于活动介绍和产品推销	不限
折页版式	用于信息量较多的DM单，分两折页或多折页	一般不超过16K

❶外观要素。包括尺寸、纸张的厚度、造型的变化等，是刺激消费者的首要因素。

❷图像要素。DM单设计中的图像不仅要美观，还要简洁，并表现出新颖的创意和强烈的视觉冲击力。

图为蔬菜DM单，以手绘蔬菜图案作为主要元素，生动形象，给人清爽、亲切的感觉。

❸文案要素：DM单设计中的重点，能够充分体现宣传的有效性。设计时需要以突出字体为表现手法，表现出产品性能与消费者之间的利益关系。

折页版式

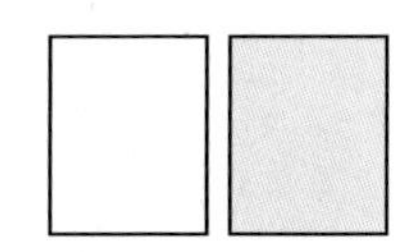

单页版式

DM单的版式编排特点

DM单的版面编排要求造型别致有趣味，令人耳目一新，这样才能最大限度地发挥宣传作用；制作要精美，所选素材要让人舍不得丢弃；广告主题的口号一定要响亮，能引发受众的好奇心。在对DM单进行版式编排时应注意以下几点。

常见的基本版式

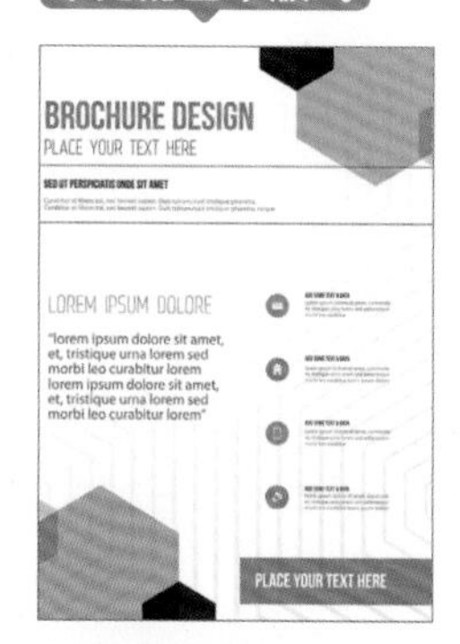

左对齐使版式看起来统一和谐，便于阅读，最为常见。

中心对齐使版面具有稳定性，但容易造成版面呆板。

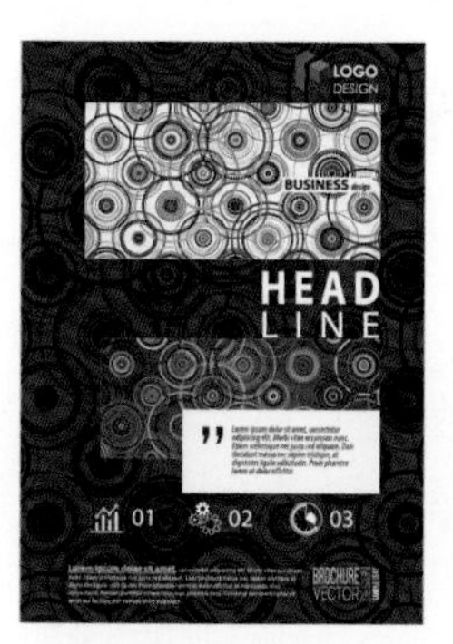

右对齐版式比较新颖，打破视觉常规，突显个性化。

镶嵌，把文字放入方框中，突出重要信息。

版式的平衡

在设计DM单版式的时候，最重要的是追求版式的平衡。版式平衡是指设计元素及留白之间的关系，平衡效果好的版式设计会给人美的视觉感受。

图为某公司DM宣传单，几何图形营造出立体感，文字和辅助图形呼应，整体给人平衡的美感。

视觉冲击力

DM单设计除了采用本身具有视觉吸引力的图片，还可以依靠运动、体积、画面扩展、前后顺序等来突出强调主题，引发观者的阅读兴趣。

图为某街拍自媒体DM单，前卫时尚的配色、图形与线框的分割加强了信息组之间的对比效果。

实战案例解析

城市之泪环境宣传 DM 单设计

DM 单项目背景与文案

项目背景	项目名称	城市之泪环境宣传DM单设计
	目标定位	让人们意识到城市污染的严重性，宣传保护环境、保护水源，进而呼吁人们保护环境
	项目资料	投放载体：宣传DM单　广告尺寸：190mm×210mm 投放时间：6月5日环境保护日　广告形式：宣传DM单的发送
文案	主要内容	城市环境污染是指在城市的生产和生活中，向自然界排放的各种污染物超过了自然环境的自净能力，污染物遗留在自然界中，并导致自然环境性质和功能发生变异，破坏了生态平衡，给人类的身体和生活带来危害
	辅助内容	水域污染、土壤污染、大气污染带来的影响

设计思路分析

1 元素提取整合

在深入了解DM单主题想传达的信息后，从主题出发，提取设计中的主要元素，从眼泪、水源中提取水滴的形状，既是水滴又是泪滴，达到一语双关的效果。

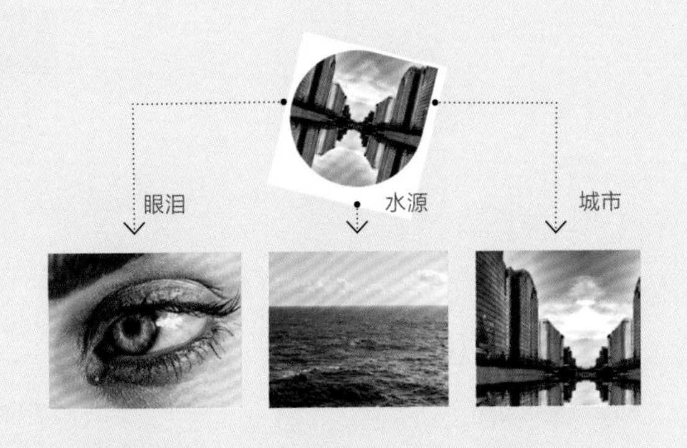

2 制造前景和背景关系

可通过背景虚化衬托前景，调节透明度或蒙版等制造前后关系，以达到主次分明、层次丰富的效果。

3 配色影响版面效果

该项目为环境保护宣传，配色上不宜选择暖色系和高纯度颜色，尽量选择简洁、深沉的颜色。

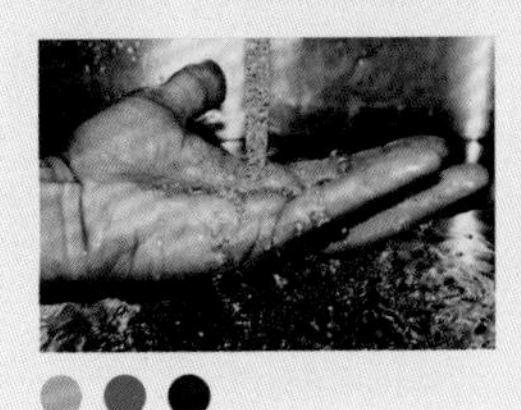

实战案例

因为宣传的信息量不是很大，因此我们将DM宣传单定位为单页（双面），这样在能够容纳信息的情况下便于发送和受众携带。

配色太过深沉，整体感觉压抑

整个版面都是以黑白灰为主，背景大面积的黑灰色，图片也是灰色，文字也是黑白两色，视觉冲击力是有了，但给阅读者的整体感受很压抑、沉闷。

图片主次关系不清晰，
文字和图片排版不协调

整个版面中，主要图片和辅助图形的大小没有太大区别，主次关系没有表现出来；文字排版没有平衡统一感，第一面的文字居中在下部分，整个画面有下沉之感，第二面居中对齐的排版方式显得太过呆板。

42-43-45
82-76-73-50

176-177-176
36-28-27-0

158-122-74
45-55-77-1

197-209-41
29-6-91-0

最终效果！

将Logo的图形适当缩小，水滴图片适当做了改变，字体的颜色和位置做了调整，主标题换成白色和绿色，增加了可阅读性。文字信息组区分明显，增强了版面的节奏感。

宠物之家 DM 单设计

DM 单项目背景与文案

项目背景	项目名称	咕噜噜 · 宠物之家DM单设计
	目标定位	向广大宠物主介绍咕噜噜 · 宠物之家的服务内容，使宠物主了解宠物能够在这里得到全方位的悉心照顾。扩大知名度，宣传企业形象
	项目资料	投放载体：DM单　屏幕尺寸：210mm×285mm 投放时间：长期使用　形式：电子设备浏览
文案	主要内容	咕噜噜 · 宠物之家GOLOLO PET FAMILY 细致科学的健康维护，均衡全面的营养美食，时尚可爱的形象设计
	辅助内容	宠物们的欢乐大家庭！ 地址：北京市XXX大街XX号，咨询电话：010-87654XXX 网站：www.XXX.com

设计思路分析

1 分析目标定位 制定版式布局

该宣传DM单的目的是向广大宠物主介绍宠物之家的服务内容，宣传企业形象。因此在版式设计上要能够让阅读者清晰直观地看出以上目的，图像素材的尺寸大小、图片与文字的联系等都要考虑到。

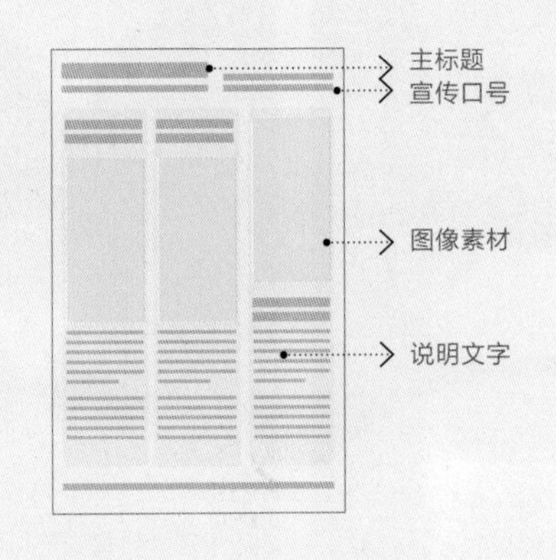

2 根据主题内容确定配色

该项目为宠物店宣传，所以在配色上宜选择暖色系和高纯度的颜色。黄色是有彩色系里面色彩明度最高的颜色，具有轻盈、明亮的特质，是代表阳光、年轻、温暖和快乐的颜色，所以主配色选择了黄色系。辅助色则选择黑色和红色。

3 构图元素形状的确定

通常方形代表规整、安宁、稳固、安全等，是熟悉的和值得信任的形状，圆形代表和谐、可爱、圆满和完整。此次DM单动物的图片作为主要元素，裁剪成圆角方形，可增加图版率，同时增强宠物主的信任感。

圆角方形

圆形

实战案例

根据项目的需求，将DM单的尺寸设置为210mm×285mm，符合常规的标准尺寸。运用可爱的宠物图像作为版面的主要素材，使主题明确，一目了然。选择较为轻松活泼的字体，突显宠物可爱的特点。版面整体效果要给阅读者温暖、可爱的感觉，符合宣传的主题。

版面色彩浅淡，文字透底色

整个版面中，字体、图片都偏浅色，没有突出信息组的对比效果，导致版面主次关系不明。主标题文字透底色，破坏了文字阅读的顺畅感和主题信息的统一感。

字体刻板，色彩缺少层次感

将主标题的位置做了调整，主副标题的颜色改为黑色，使色彩有了层次感。但是黑色容易给人刻板严肃的印象，难以表现宠物的活泼可爱感，因此还需进一步修改。

版式编排位置欠佳，图片和文字联系不紧密

将图像素材剪裁成圆形，编排位置欠佳，阅读者难以抓住图文之间的必然联系。

主题字体位置不当，编排方式单调拥挤

将店名的字体更换为活泼可爱的卡通字体，在主题下面加上了宣传口号，使版面内容更加具体，能让阅读者全面了解宠物之家，但主标题位置还有待调整。此外，将素材图像裁剪成圆角方形，在图像下方空白处添加说明文字，使图文之间的联系更加紧密。但美中不足的是三张图的编排方式完全相同，显得单调而拥挤。

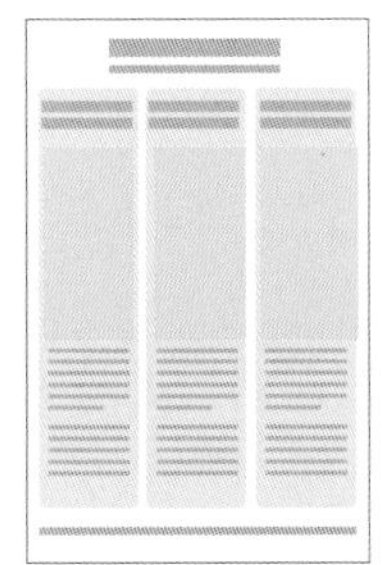

修改方案

经过前文的错误分析，我们对版式做出以下调整。

先将图片素材裁剪为圆角方形，使素材的形状、大小、色调保持某些共同点，并列进行排版，产生整体感；再对店名和宣传口号的位置进行适当调整，寻找最佳位置；然后对字体进行调整，更换为活泼字体，突显宠物主题氛围。

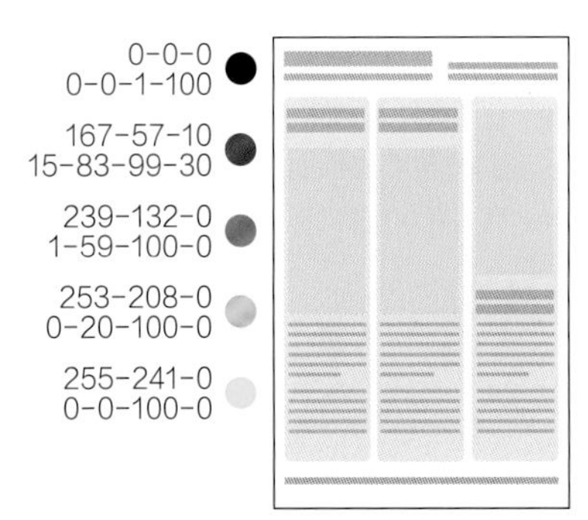

最终效果！

经过修改，将店名移到版面左上角的视觉中心处，在右上角放置宣传口号，使内容更加丰富。将第三张图像中的宠物与文字位置对调，在版面中形成跳跃感、节奏感。添加小狗脚印造型的矢量图形，使版面更加活泼，层次感更强。整体给人温暖、欢乐、轻松的感觉。

SECTION 3

CHAPTER 10

时长：0.5 课时

优秀 DM 单版式设计欣赏

饰品店 DM 单

下图为某卡通玩偶系列饰品店的宣传DM单，整个版面编排中，饰品图片占比面积很大，以可爱的形象激发消费者的购买欲。整个版面给人活泼、热闹的感觉。

音乐活动 DM 单

下图是前卫的音乐活动的宣传DM单，以明快的蓝色为主配色，将创意图形作为主要素材放在版面中央。字体设计都有很强的手绘感，给人无拘无束、自由自在的感觉。

快餐店 DM 单

下图为某快餐店的活动DM单，整体运用暖色调，以食物图片填满整张DM单作为背景，能抓人眼球，刺激浏览者的食欲，从而进店消费。

橄榄油 DM 单

下图为某品牌橄榄油的宣传DM单，以矢量图形作为主要元素，生动直观地展现了橄榄油的原材料，以黄绿色为主色调，给人健康自然的感觉。

书法培训机构 DM 单

右侧两个图为书法培训机构的DM宣传单，目的是向广大群众宣传该书法培训机构的特点，扩大知名度，吸引群众报名参加。版面以毛笔书法笔触作为主要素材，造型飘逸洒脱，具有很强的视觉冲击力。以圆形和方块等几何图形作为辅助图形，方中带圆，加强了版面的整体感。以黑色和金色为主配色，几何图形做了渐变色处理，有烫金的视觉效果，突显质感。整个版面层次分明，给人高雅的感觉，与主题契合。

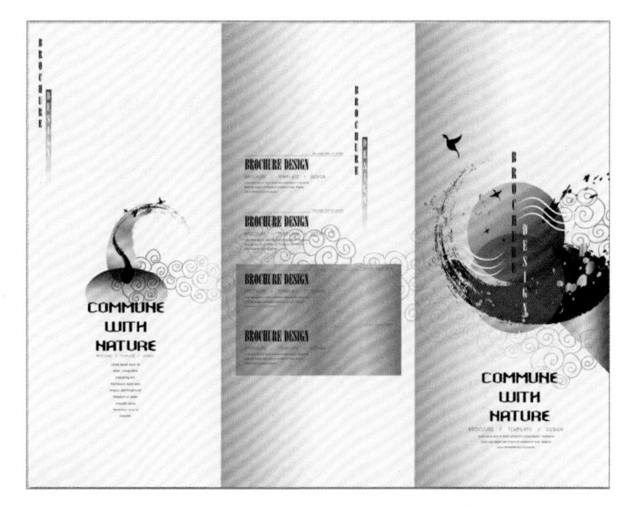

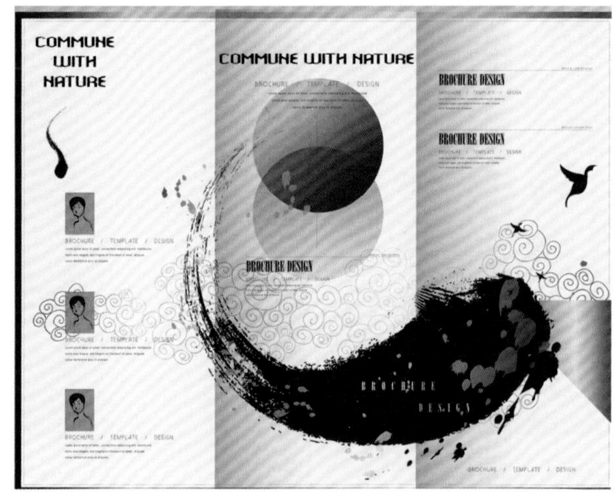

健身机构 DM 单

下面两个图为某健身机构的DM单，目的是向广大群众宣传健身机构的特点，扩大知名度，吸引群众报名。版面以运动实物图和矢量图为素材，让阅读者清晰、直观地接收DM单的内容。用几何图形辅助区分信息版块，增加了版面的层次感。以黄蓝互补色为主配色，增强视觉冲击力。整个版面节奏感十足，给人运动、速度、有力量的感受。

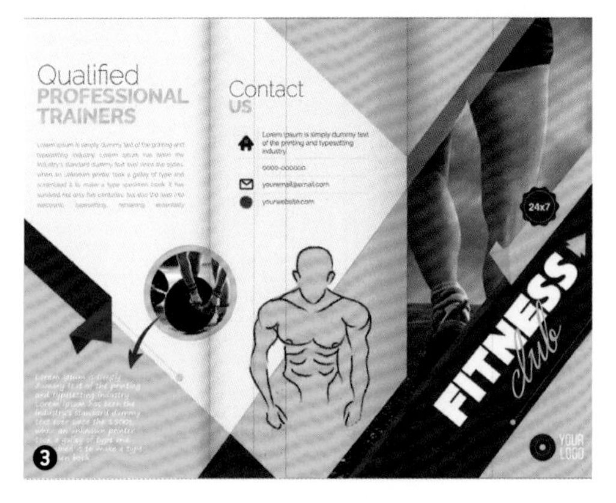

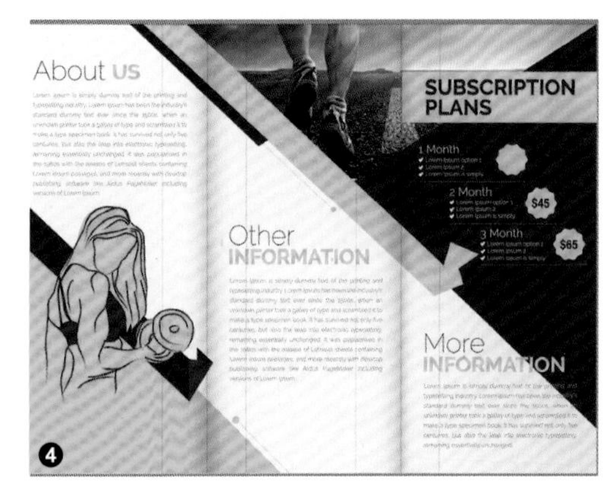

根据 DM 单设计要求及图片素材，做一个护肤品广告的 DM 单设计方案。

宣传项目背景与文案

项目背景	项目名称	护肤品DM单设计
	目标定位	向广大消费者介绍品牌最新推出的补水面霜，使消费者充分了解这款产品的良好功效，以促进销售，同时宣传品牌，提高认知度
	项目资料	投放载体：DM单　　广告尺寸：185mm × 285mm 投放时间：短期使用　　广告形式：DM单的发放
文案	主要内容	清爽乳霜，适用于中性至混合性肌肤，绒缎般柔滑的白色乳霜，专为喜欢轻盈质地的女性而设计……

图片素材

基本设计思路

1. 配合产品属性，选择产品写真与体现产品特性的人物及风景写真图像作为版面主要素材。

2. 版面色彩以产品本身的色彩为主，辅助的写真图像也围绕产品色彩做细微的变化。

3. 为体现产品属性，整个版面应该体现清爽、透气、时尚、轻松的感觉。

（答案见下载资源）

11

包装版式设计

了解包装的版面设计特点，并通过不同的实操案例进行学习、分析。

CHAPTER

CHAPTER 11

时长：0.5 课时

包装版式设计必知必会

包装设计的特点

包装作为实现商品价值的手段，在生产、流通、销售和消费领域发挥着重要的作用，是企业界、设计界不得不关注的内容。包装的功能主要是保护商品、传达商品信息、方便使用和运输、促进销售、提高产品附加值。按产品内容可分为日用品类、食品类、烟酒类、化妆品类、医药类、文体类、工艺品类、化学品类、五金家电类、纺织品类、儿童玩具类、土特产类等。

包装设计的尺寸

包装设计没有固定尺寸规定，在设计时需根据产品大小来决定包装的尺寸。在设计时需检视产品结构及配件的摆放方式、纸张厚度，并考虑包装材料缓冲时所需要的距离等条件，计算出包装的尺寸。

护肤品瓶贴尺寸100mm×150mm

饼干盒尺寸210mm×142mm×145mm

包装设计的流程

❶调研分析。根据产品的市场情况制定新的市场切入点，深入调研目标消费群体的特点，来制定产品销售方式与包装形象设计的重点。

❷制定设计方案。制定视觉传达表现的重点和包装结构设计的方案，并对竞争对手的同类产品包装进行研究。准确地表现出包装的结构特征、编排结构和主体形象的造型。

❸平面设计。接下来是包装平面部分的设计，包括以下三个部分的设计。

a.图形素材。对于表现精细的插画，先有大致效果即可，摄影图片则运用类似的照片或效果图替代。

b.文字部分。包括品牌字体、广告语、说明文字等。

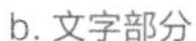

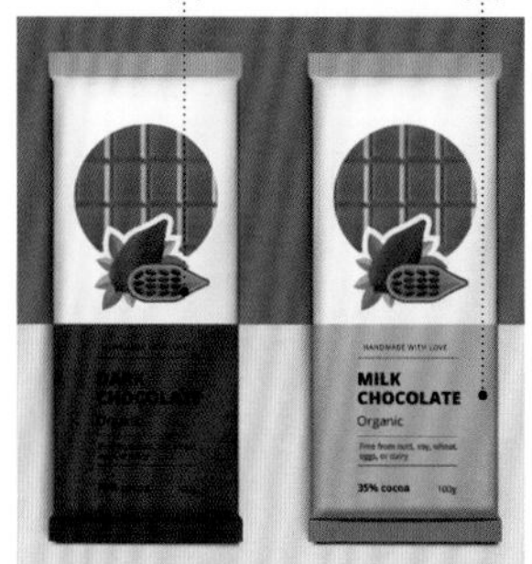

c.包装结构。设计具体的盒形结构，便于包装展开图的版式编排。

c. 包装结构

❹立体效果。平面部分设计出来后，制作成实际尺寸的彩色立体效果。通过立体效果来检验设计的实际效果及包装结构的不足，并反复改进，最终完成设计。

该包装设计成猕猴桃造型，外形独特、趣味性十足，能快速吸引消费者眼球。

包装的版式编排特点

包装设计需要考虑货架印象、可读性、外观图案、商标印象、功能特点的说明、卖点等因素。因此，设计包装版式时需要注意以下几点：视觉冲击力强，主题鲜明突出，要让消费者一眼就能看出包装的内容是什么；形式与内容统一，不能把食品类包装设计得像洗涤剂包装；强化整体布局，产品特点突出，一定要使包装的主体重心足够抢眼。

包装设计的构成要素

❶外形。商品包装的外形会影响包装给人的视觉感受和使用体验。包装外形应符合产品属性，如方形盒可使装箱体积最小，适合牛奶包装，圆形盒则适合礼品包装。

该护肤品包装外形丰富多样、大小不一，变化中又不失统一，都采用了圆弧外形，符合护肤品细腻的特点。

❷构图。主要指产品形象与辅助装饰形象，将商品包装展示面的商标、图形、文字组合排列，形成完整的画面展示产品。

该果汁包装展示面构图以水果图片为主要素材，放大突出水果细节，效果抢眼，激发受众的购买欲。

❸色彩。色彩是美化和突出产品的重要因素，要求醒目、协调、符合产品属性。如红色、橙色、黄色等暖色调给人温暖的感觉，适合用于食品类包装；蓝色给人现代感，适合用于科技类产品包装。

该包装色彩与产品属性对应，采用同色系对比，展示出同系列产品的共性和统一性。

❹材料。包装材料会影响商品包装的视觉感受。如玻璃材质往往给人时尚、清爽的感觉，适合做液体类产品的包装；原木材质往往给人生态、自然的感受，适合做高端产品的包装。

该包装采用硬纸筒材质，能有效维持冰淇淋形状，不易损坏，功能性强，给人干净卫生、可靠的感觉。

SECTION 2

CHAPTER 11

时长：1 课时

实战案例解析

咖啡袋版式设计

包装项目背景与文案

项目背景	项目名称	咖啡袋版式设计
	目标定位	向广大消费者介绍咖啡的信息、特点、味道、价格等，激发消费者的购买欲
	项目资料	投放载体：纸袋包装　　单面尺寸：100mm×205mm 投放时间：长期使用　　形式：展示及销售
文案	主要内容	咖啡名称、品牌LOGO、咖啡豆和咖啡杯的图片
	辅助内容	咖啡豆的产地、咖啡豆的品质、每袋产品的重量

设计思路分析

1 分析产品，进行版面布局

主要素材和文字的图版率大小十分重要。两个版面都是采用了居中对齐的排版方式，图a的图文长短相同，显得呆板，图b主次版块分明。

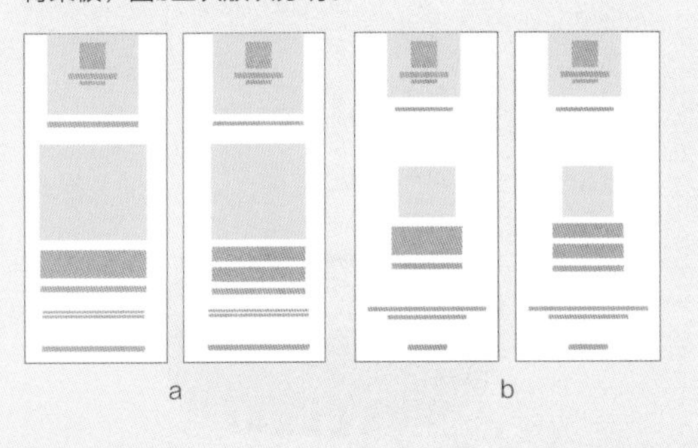

2 提取产品 Logo，确定版面素材

从咖啡包装主题出发，提取咖啡豆、咖啡杯矢量图作为版式中的图像素材。咖啡豆形象与COFFEE相结合，设计出该咖啡包装的Logo。

3 不同材质可以让设计达到最佳效果

纸质包装材料保护性能优良、印刷性能好、复合加工性好；木质包装材料古朴自然，精工细作，弧度美观。此次咖啡包装选择木质材料，能很好地表现该咖啡产品自然无添加的特点。

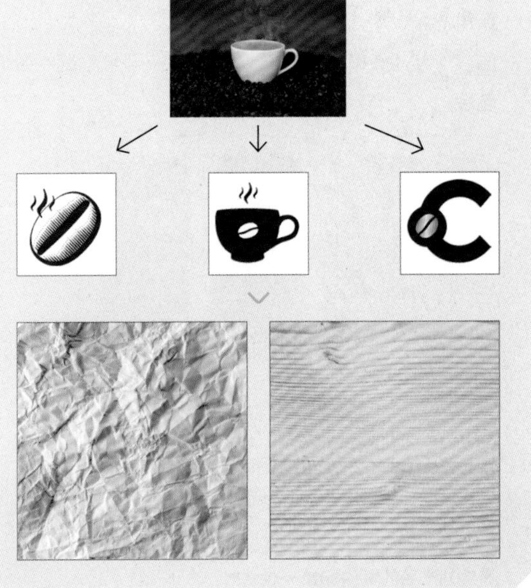

实战案例

首先我们要确定版面的尺寸，为了便于携带，将尺寸设置为100mm×205mm。该咖啡属于优质品牌，所以版面设计、色彩基调应简洁大气，主题突出明了。

a. 结构单一，背景缺乏变化

版面运用了左对齐的版式，显得很呆板。主要图形素材、辅助图形和背景都是单色填充，缺乏变化，没有透气感。

b. 色彩单调，字体、辅助图形刻板

版面色彩单一无亮点，辅助图形为方形，整体比较沉闷。主标题、副标题均为黑体，在版面中没有达到突出的效果，没有体现出该咖啡的高品质感。

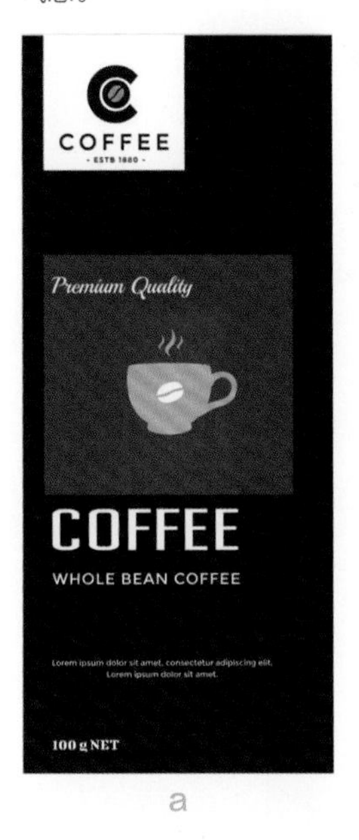

a

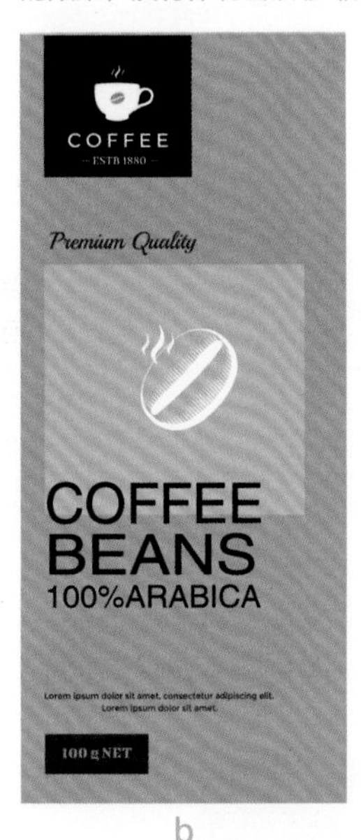

b

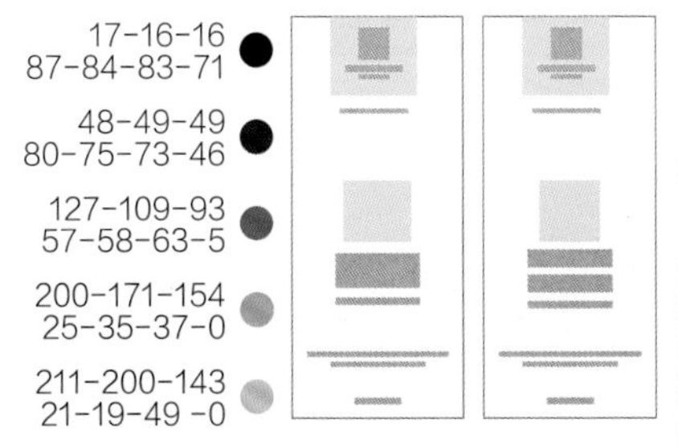

最终效果！

改变图a中图形和文字的颜色，并做烫金效果，给人高端的视觉感受。给a、b两个版面的背景分别添加菱形渐变色质感和木材质纹理效果，表现出该产品自然原生态的特点。把方形图形换成不规则图形，加上线框，增加细节装饰感。

果醋包装版式设计

包装项目背景与文案

项目背景	项目名称	果醋包装版式设计
	目标定位	向消费者介绍果醋的口感及特点，刺激消费者的视觉感受，进而购买产品。扩大品牌知名度，宣传品牌理念
	项目资料	投放载体：纸盒包装　屏幕尺寸：100mm×205mm 投放时间：长期使用　形式：销售
文案	主要内容	果汁名称、苹果图片、果汁热量
	辅助内容	果汁品质、条形码、产品容量

设计思路分析

1 增大图版率，提升第一印象和易读性

放大图片的比例，把图片作为版面中的主角，突出图片细节，能显著地表现出图片的魅力，给人留下深刻的货架印象，提升产品包装的易读性。

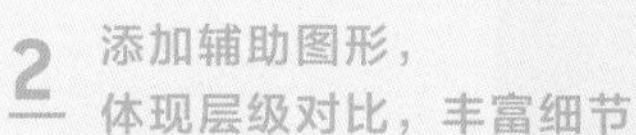

2 添加辅助图形，体现层级对比，丰富细节

通过添加辅助图形划分层次，表现出信息的主次，丰富细节，增强版面精致感，让观者在阅读时感受到明显的变化，有喘气的时间。

添加辅助图形前

添加辅助图形后

3 寻找色相鲜明、对比强烈的对比色配色思路

强烈的色彩对比会给人带来欢快的视觉感受。此次饮料包装中运用了红、绿色稳定的对比搭配，看起来夸张，组合起来却很稳定，使版面富有张力。

对比色比较

邻近色比较

实战案例

为了展现这款果醋独特的味觉体验，我们在版式上尽量做到亮点突出，视觉冲击力强。运用对比色的激烈碰撞，黑与白的视觉差，给消费者留下深刻的货架印象，从而激发购买欲。

a. 整体色彩平淡，视觉感受弱

整体运用了邻近色配色，明度都在一个水平，导致版面平淡乏味，留不住消费者目光。

b. 版式结构单一，信息层级主次不突出

该版面构图没有突出的点，主标题不够抢眼，版面信息层级比较平均，没有鲜明的对比效果，显得比较平淡。

a

b

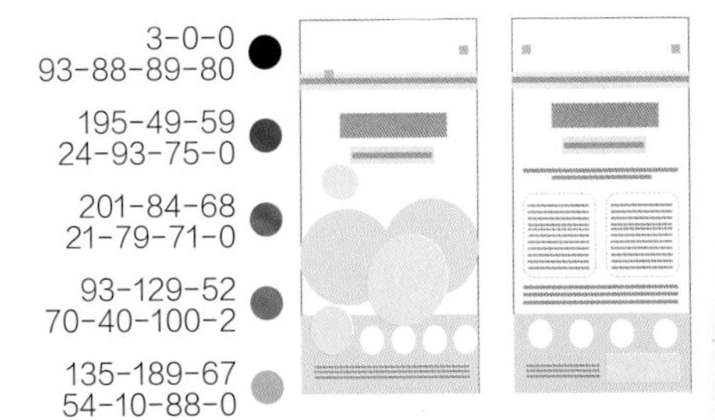

最终效果！

将苹果图片放大放在视觉中心位置，与绿色色块形成强烈对比。把黄色背景换成黑色，让主题从版面中跳出来，丰富整体的层次感、跳跃感。将图b中的主标题与说明文字区分开来，主次分明。整体视觉效果强烈，货架印象深刻。

早餐谷物牛奶包装版式设计

包装项目背景与文案

项目背景	项目名称	早餐谷物牛奶包装版式设计
	目标定位	为早餐谷物牛奶设计奶盒包装，体现产品类型及定位，同时对产品外观进行美化和宣传，以达到促进购买的目的
	项目资料	投放载体：牛奶盒　　屏幕尺寸：75mm×100mm 投放时间：长期使用　　形式：展示及销售
文案	主要内容	杏子口味的谷粒早餐奶，补充钙、维生素和矿物质 100%的有机产品
	辅助内容	最好的早餐选择，最棒的零食陪伴

设计思路分析

1 体现理性、可信任感

对于包装来说，辨识度高的字体设计是关键，有助于读者在快速浏览时找到关键信息。选用粗大的字体，将有效提升辨识度。整齐的排版给人理智感，色彩能体现健康、自然感即可。

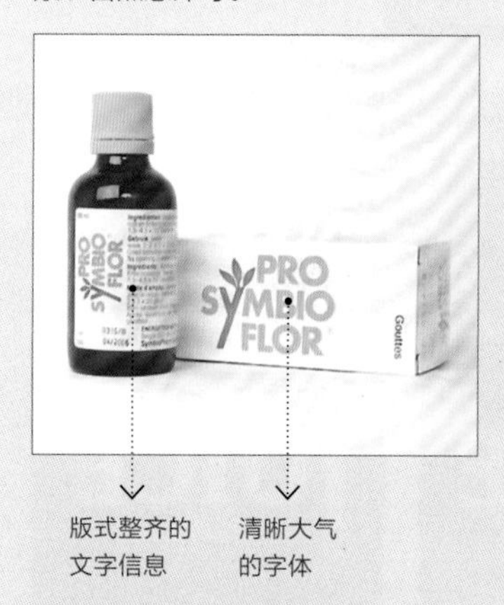

2 立体与扁平化，影响整个包装的风格

扁平化包装设计引领了现代时尚的潮流风格。扁平化包装以简单直接的传达方式，友好地传达信息，减少消费者的认知障碍。此次包装设计采用立体化风格，增强真实感。

3 错位编排，最大限度地展示文字的魅力

错位能营造一定的阅读顺序和视觉层次感。如右图的两个版面中，同样的文字和素材，a版式文字正常横版对齐编排，给人整齐规整的视觉感受；b版式文字运用错位的编排方式，改变了阅读顺序，更具创意感。

a

b

实战案例

首先将尺寸大小设置为75mm×100mm，方面携带。以实物图和大量的矢量图形作为主要素材，做到立体与扁平化的和谐搭配。色彩上以黄色为主基调，表现早餐奶阳光、健康的特质。

a. 冷暖调不当，与内容不统一

整体冷色调，没有体现出玉米谷物和杏子的主要信息，消费者无法直观地看出来是早餐奶。背景和色块之间过渡不自然，缺乏空间感。

b. 缺少实物素材，立体感不强

大部分素材为矢量图形，过于扁平化。版面中缺少实物素材，且素材和文字集中在中间，版面下方留白较多，给人不完整的视觉感受。

a

b

c. 文字透底，降低了可读性

主标题字体做了描边效果，字体偏细，减弱了辨识性，缺乏信任感。

d. 错位排版方式，分散视觉中心

将字体调大调粗，提高辨识度。但把主标题散点排列，改变了阅读顺序，挡住了一部分主要素材。文字信息组之间没有区分开，主标题与副标题对比关系不鲜明。

c

d

描边

在包装设计中运用了元素描边的技巧，描边可以让主题突出，与其他信息区分开。描边分为空心描边、立体描边、多层描边、堆叠描边、粗略描边等，可结合版面实际情况选择合适的类型。

字体设计 —空心描边→ 字体设计

字体设计 —立体描边→ 字体设计

修改方案

经过前文的错误分析，我们总结出以下几点快速找到版式问题的技巧。

版式规范。检阅版面中的图文信息间的联系是否紧密；主标题是否突出，是否抓人眼球；对齐方式是否合适等。

层级关系。观察版面层级信息是否有鲜明的对比效果，对比效果强弱会影响版面层次感。

色彩搭配。色彩大基调应该与产品主题一致，能体现产品的信息。

信息归类。信息组的归类一定要区分开，纯文字形式的表达方式欠缺变化时，可以借助辅助图形使信息明确，丰富画面。

细节处理。查看文字大小、间距、行距、颜色是否合适；图片大小是否影响视觉焦点。

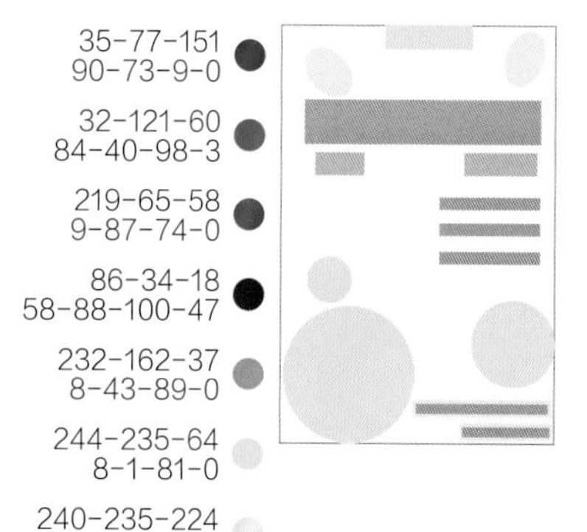

最终效果！

经过修改后的主标题更明确，能一眼看出产品的主题。为次要文字信息的底图添加描边和阴影效果，增强版面丰富感和立体感。版面整体改为充满阳光、温暖的暖色调，象征着充满阳光的早晨由一杯谷粒奶开始。

根据包装设计要求及图片素材，做一个意大利面的包装设计方案，让其以直观的形象刺激消费者的食欲和购买欲。

包装项目背景与文案

项目背景	项目名称	意大利面包装设计
	目标定位	为意大利面添加外包装盒，保护产品。同时对产品外观进行美化和宣传，以吸引消费者的注意，促进购买
	项目资料	投放载体：纸盒包装　　屏幕尺寸：210mm×142mm×45mm 投放时间：长期使用　　形式：展示及销售
文案	主要内容	肉丸意大利面 世界美食大集合系列 无需下锅烹煮，不再添加配料，微波加热即食，美味即刻上桌……
	辅助内容	精心挑选顶级食材，用心烹制 两人份经济装 净含量……

图片素材

基本设计思路

1. 以产品写真图像作为版面主要素材，一目了然，实物的写真更能引起人的食欲。
2. 版面色彩以食物本身的色彩为主，其他色彩应该以突出和烘托食物的色彩为标准。
3. 为配合产品给人的印象，版面应该以表现轻松、活泼的感觉为主。

（答案见下载资源）

12 图书杂志版式设计

了解图书杂志版面设计特点，
并通过实操案例进行学习、赏析。

CHAPTER

CHAPTER 12

时长：0.5 课时

图书杂志版式设计必知必会

图书杂志设计的特点

图书杂志设计包含开本、字体、版面、插图、封面、护封、纸张、印刷、装订和材料等艺术设计。在一定的开本上，把书籍原稿的体裁、结构、层次、插图等方面做艺术而又合理的处理，将大量的信息有序地组织起来，传达给读者。书籍设计也被称为装帧设计，最重要的特点是注重形式与内容的统一，考虑读者的年龄、职业、文化程度，是艺术与技术的结合。

杂志设计又叫期刊设计，是图片与文字的混合设计，根据杂志的特性将这两种元素以不同形式编排，创造出该杂志特有的形式。杂志版式设计既具有刊物内容和编排规范的从属性，又包含平面设计艺术创造的独立性。

图书杂志的开本大小

图书杂志的开本需要根据印刷品的特征来决定，最常用的图书杂志开本有以下几种类型。

❶诗集。通常用比较狭长的小开本。

❷经管、理论、小说类书籍。常用A5开本（148mm×210mm）和异16开（170mm×240mm）。

❸儿童读物。以大开本为主，如210mm×260mm。

❹画册。开本比较多元化，接近正方形的居多。

❺杂志。常见的杂志开本为正16开（185mm×260mm）和大16开（210mm×285mm）。

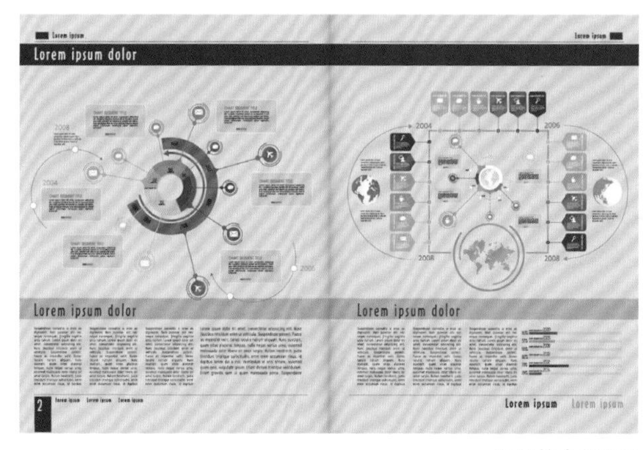

16开的企业画册

图书杂志设计的流程

❶确定基调：首先需要确定整本书的基调。深刻理解主题，找到要表现的重点。

❷分解信息：使主题内容条理化、逻辑化，寻找各主题间的内在关系。

❸确定符号：把握贯穿全书的视觉信息符号，可以是图像、文字、色彩、结构、阅读方式、材质工艺等，一定要全书统一。

❹确定形式：创造符合表达主题的最佳形式，按照不同的内容赋予其合适的外观。

❺语言表达。信息逻辑、图文符号、传达构架、材质特点、翻阅秩序等都是书籍的设计语言。

❻具体设计。将书籍主题、形式、材质、工艺等特征综合整理，进行具体的设计，将心中的书籍物化。

❼阅读检验。阅读整个设计稿，从整体性、可视性、可读性、归属性、愉悦性、创造性六个方面去检验。

❽美化版面。通过书籍设计将信息进行美化编织，使书籍具有丰富的内容显示，并以易于阅读、赏心悦目的表现方式传递给读者。

图书杂志的版式编排特点

好的图书杂志封面设计应该在内容的安排上做到繁而不乱、层次分明、简而不空，最重要的是突出整本书的主题。内页则要以简洁流畅作为编排标准，不能过于花哨，应保证读者能够顺利地阅读完全书内容。

图书杂志设计中的构成要素

图书设计的构成要素为文字、图形、色彩，根据书的不同用途和受众，将三者有机结合起来，形成不同性质的印刷品。既要表现出图书的丰富内涵，还要以传递信息为目的，以具有美感的形式呈现给读者。

图书设计主要包括封面与内页两大部分。在封面设计中，要将图文、色彩等元素进行合理的排列组合，运用夸张、象征等手法，体现出图书的主题，起到吸引读者目光的作用。内页设计则需要把握整体内容的连贯性，并通过配色、版式等元素让内容与视觉效果相映成辉。

封面设计

杂志内页设计

图书杂志的编排基础

图书设计包括封面、扉页、目录、正文等诸多内容。封面是其中非常重要的一环，是整个书籍装帧设计艺术的门面。

图书杂志的封面通常以书名为主，字体较为醒目，字号较大，配合书籍的内容，搭配整体感较强的背景图像。杂志则以杂志名和封面人物（事件）为主体，内页的文章标题则作为次要信息排布在两侧。图书杂志的内页构图多以网格编排为主，根据不同的风格定位，对栏数、图像、字体等元素进行灵活编排，使版面在统一中有丰富的变化，保证读者的阅读兴趣。

小说、文集等内页往往以大量文字为主，小开本的书籍内页设置通栏即可，开本较大时则需要设置两栏或三栏，以减轻阅读压力，避免阅读跳行的情况。

杂志、报刊等印刷品的版式更多样化，图文信息丰富，多以网格系统为编排基础，既可以保证图片尺寸的多样性，又可以灵活变化，延伸出不同的版式。

CHAPTER 12

时长：1 课时

实战案例解析

美妆杂志内页版式设计

杂志项目背景与文案

项目背景	项目名称	美妆杂志内页版式设计
	目标定位	作为护肤品推荐页，首先要向读者清晰地展示产品信息，整体风格清爽简约，对产品品牌形象有良好的宣传效果
	项目资料	投放载体：美妆杂志　尺寸：210mm×285mm 投放时间：月刊　形式：杂志发售
文案	主要内容	主推产品的广告图、名称、宣传语
	辅助内容	产品的详细介绍

设计思路分析

1 大小对比，深化主题

图a中的人物插画大小都相同，均匀地排布在版面中，虽然色彩鲜艳但并没有给人留下深刻的印象。图b中间的人物被放大后，通过图片之间的强烈对比，整个版面更具张力。

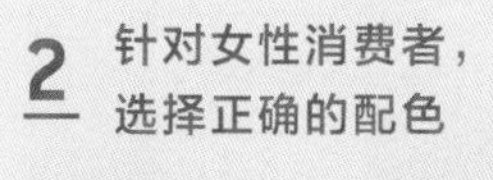

2 针对女性消费者，选择正确的配色

女性配色的要点：色相常使用暖色，特别是红、紫色系；较高的色彩明度可以给人轻柔的感觉。在设计美妆杂志的版式时，我们必须要考虑这类配色方案去迎合女性群体。

实战案例

首先我们将杂志开本设置为210mm×285mm，确定杂志的两页内容为护肤品推荐页，主要面向女性消费者，并且版面要呈现出清爽、简约的色彩氛围，表现该护肤品牌想要展现的柔和、舒适、清新的产品特质。注意图片素材的使用，展示单品图片和完整的广告图片时一定要主次分明。

版面主体覆盖订口，影响内容的表达

跨页的护肤品广告的主体刚好分布在杂志的订口位置，订口作为书本装订的地方，附近要素一般阅读较困难，给人不好的观感，降低了产品的宣传效果。

带色底图片使版面拥挤，文字层级混乱

图中左侧的单品图片保留了色底，选择浅绿色和粉色迎合整个版面风格，但减少了留白空间，给人拥挤、沉闷的感觉，降低了品牌宣传效果；且左侧图片的排布参差不齐，文字段落也略显混乱。

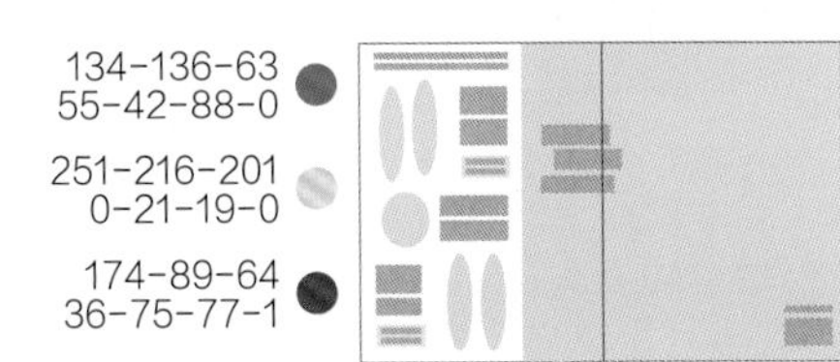

最终效果！

将左页图片退底处理并加上阴影，注意阴影投射方向要和右侧广告中的一致，这样处理使所有商品处于同一维度，给人和谐、舒适的感受，也增加了两页的关联性。退底图还增加了留白，整体塑造了清爽、简约、舒适的品牌形象。

旅游杂志内页设计

杂志项目背景与文案

项目背景	项目名称	旅游杂志内页设计
	目标定位	向广大读者介绍阿姆斯特丹的风土人情及历史事件，多方位展示景点特色，力求让读者加深对景点的认识
	项目资料	投放载体：旅游杂志　　尺寸：210mm×285mm 投放时间：月刊　　形式：杂志发售
文案	主要内容	景区之声 阿姆斯特尔河从市内流过，从而使该城市成为欧洲内陆水运的交汇点。阿姆斯特丹是一座奇特的城市。全市共有160多条大小水道，由1000余座……
	辅助内容	景区历史 阿姆斯特丹在中世纪初还是个渔村，1926年才建市。19世纪初成为荷兰王国的首都。16世纪前荷兰长期处于封建割据状态。16世纪初受西班牙统治，在此之前……

设计思路分析

1 根据氛围选择适当的字体

当遇到具有文化背景的项目时，我们可以通过色彩或图片来渲染氛围，但字体的选择同样不可忽视。对于西方文化氛围，中文可以选择细线体、宋体，英文选择有衬线装饰的字体或罗马体等；东方文化氛围下，中文宜选择书法体，英文选择细线体等。

西方文化氛围

CULTURE
文化

东方文化氛围

2 吸取图片色彩作为字体、图形的颜色

杂志报刊类的印刷品的图文信息往往很丰富，灵活的排版中也常出现许多装饰图形。如何让元素众多的版面显得统一、协调呢？我们可以从色彩入手，吸取图片中具有代表性的色彩作为文字、图形的色彩，这样既减少了版面中的色彩数量，又强化了文字与图片之间的联系。

标题文字颜色： 

实战案例

首先我们将杂志的开本设置为210mm×285mm。根据项目的定位，多方位展示阿姆斯特丹的景点特色，在图片素材上重点挑选当地的自然景观、历史建筑等写真摄影，其中主图的选择要考虑有较明显色彩倾向的图片，以便用这个颜色来统一全局。

右页版面过于拥挤，图文展示单调

左页中的大图做出血展示，但由于图片本身构图并不完美，全幅面展示反而暴露了缺点。左页下方和右页右侧的小图全部靠右出血编排，但并未起到扩大视野的效果。左页中的年度大事记的文字编排显得呆板、乏味，只是单纯的图文展示。

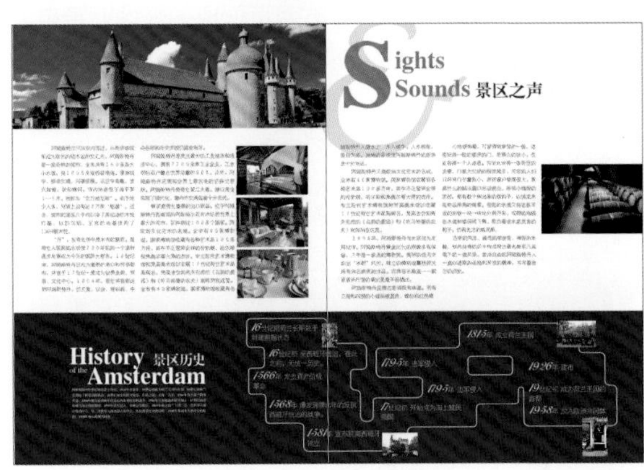

底色面积大、明度低，版面缺乏均衡感

文章标题的字体进行了重组，增加了设计感，但左页的文字和图片之间的间距太小，太过拥挤；年度大事记结合蜿蜒的曲线编排，增加了趣味性，但大面积深蓝色的色底带给人沉闷、低落的情绪。

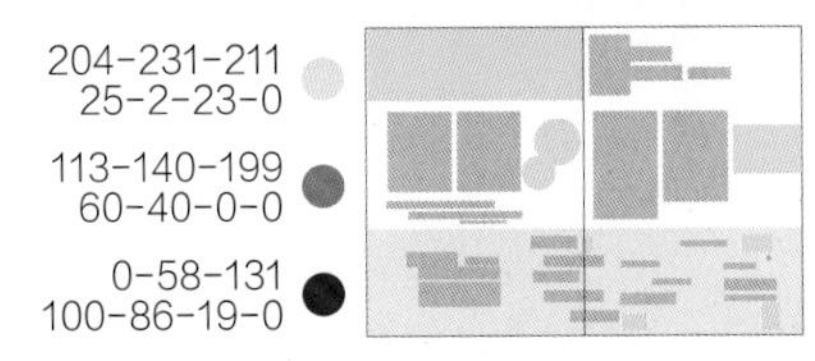

最终效果！

提取重点文字，进行大小错落的处理，辅以蓝色，与色块呼应并做重点提示。在蓝色色块的左侧叠加了一张景区图片，隐约透出图案的轮廓，丰富了色块的层次。左页的两张小图进行了圆形剪裁，使版面更具变化和活力。

时长：0.5 课时

优秀图书杂志版式设计欣赏

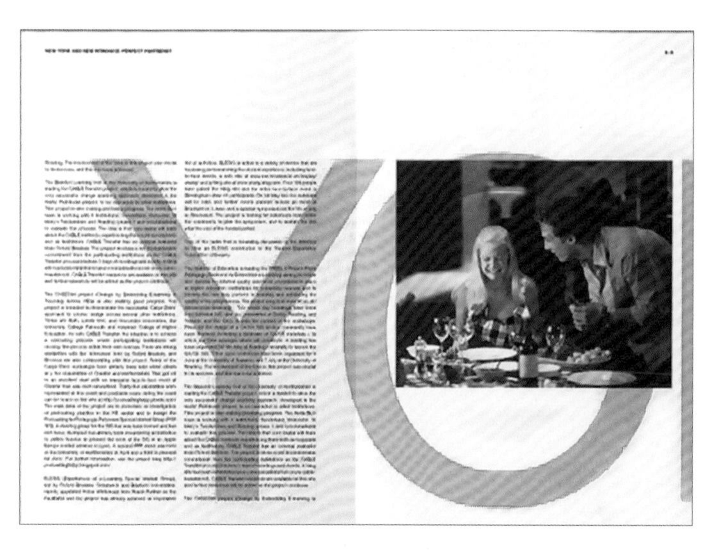

时尚杂志内页

这是一本时尚杂志的内页版式设计，左页使用了双栏编排，利于文字阅读。右页使用了一张黑白写真图片，由于左右两页之间缺乏整体感，因此提取了文字内容中的关键字母进行放大处理，并填充半透明的黄色，使左右两页形成关联性。黄与黑的色彩搭配也使版面呈现出都市风格的时尚感。

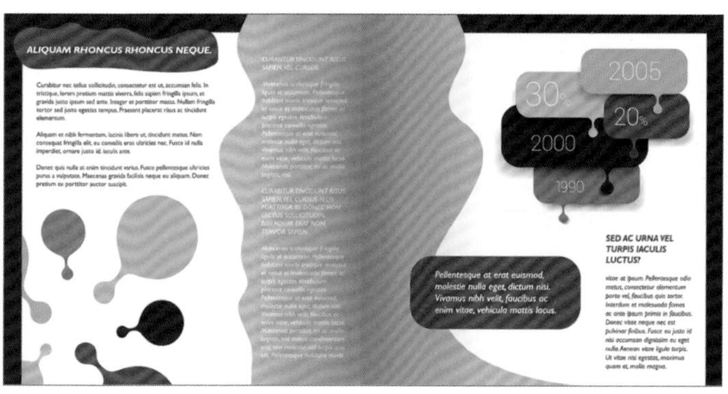

企业画册内页

这是一本企业宣传画册的内页，版面中没有图片素材，文字和数据信息较多，但加入了色彩丰富的图形元素，并且均为柔和的曲线，营造了轻松、愉快的氛围，同时也塑造了开放、自由、积极的企业形象。

家居杂志内页

这是一本家居杂志的内页版面设计，以室内家具写真图片为主要素材，左页使用满版图展示，视觉冲击力较强，标题及重点段落叠加在图片上，图文融合，丰富层次。右页的图片放置在版面右上角，文字分三栏，与图片边缘对齐编排。整个版面色调温暖柔和、层次分明，给人宁静、平和、舒适的视觉感受，与主题呼应。

格林童话新编绘本

采用左文右图的编排，使阅读清晰流畅。左页的文字采用栏宽较窄的通栏编排，以避免视觉疲劳，正文与标题使用不同的颜色并错位编排，打破了文字栏的单一感。右页图像中的彩虹跨页延伸到左页，加强了左右页之间的联系，使整体感更强。左页的大面积留白与右页的满版编排形成对比，整个版面呈现出动感、趣味、舒适的视觉感受。

设计类杂志内页

右图为某设计类杂志的内页，这个版式设计的精妙之处在于采用三种方式来增加左右两页的连接性。首先是底纹和字体都用到了蓝色，增加了页面的统一感；其次是下方的蓝、灰色横条直接越过订口连接了左右页，在结构上直接表明两页的关系；最后是通过左右页上方的留白，仿佛打通了两页的空间，使整个版面显得清透、舒畅。

平面设计杂志内页

这是一本平面设计杂志的内页版面设计，以各种图形、摄影作品图片作为主要元素。左右页运用三栏不对称式构图，图片以偏暗的浊色调为主，给人低调、高端、时尚的感觉。文字段落使用左对齐编排，同时与下方的小图对齐。整个版式给人规则、整齐的感觉，层次清晰，阅读流畅。

下方为男性时尚杂志设计的两个内页，一个为人物专访页面，一个为十月事件速览。请思考目前版式设计上存在的一些问题，以及如何优化修改。

（答案见下载资源）